聚集诱导发光丛书

唐本忠　总主编

聚集诱导发光之可视化应用

吕　超　管伟江　田　锐　著

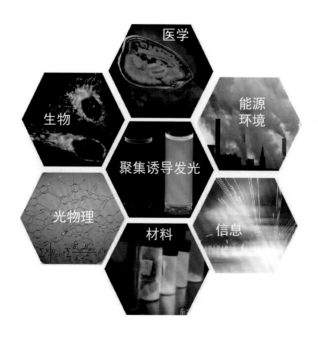

科学出版社

北　京

内 容 简 介

本书为"聚集诱导发光丛书"之一。可视化应用是聚集诱导发光（AIE）材料最重要的实际应用领域之一，建立高效、便捷和灵敏的 AIE 可视化体系是当前热点研究领域。本书总结并概括了 AIE 在可视化应用中取得的成果、面临的挑战及未来的发展机遇。全书分为六章：第 1 章绪论，简要概述荧光显微可视化的定义、方法、原理和发展史；第 2 章介绍了 AIE 分子自组装可视化研究；第 3 章介绍了 AIE 分子对物理化学动态过程的可视化研究；第 4 章介绍了 AIE 分子对材料结构、性能的可视化研究；第 5 章介绍了 AIE 分子在生物领域可视化中的应用；第 6 章介绍了 AIE 分子在药物递送过程中的可视化研究。

本书可供高等院校及科研单位从事可视化研究的相关科研与从业人员使用，也可作为高等院校材料、化学、生物及相关专业的研究生和高年级本科生的专业参考书。

图书在版编目（CIP）数据

聚集诱导发光之可视化应用 / 吕超，管伟江，田锐著. —北京：科学出版社，2023.3

（聚集诱导发光丛书 / 唐本忠总主编）
国家出版基金项目

ISBN 978-7-03-075079-2

Ⅰ. ①聚… Ⅱ. ①吕… ②管… ③田… Ⅲ. ①光学-研究 ②光化学-研究 Ⅳ. ①O43 ②O644.1

中国国家版本馆 CIP 数据核字（2023）第 040634 号

丛书策划：翁靖一
责任编辑：翁靖一 宁 倩 / 责任校对：杜子昂
责任印制：师艳茹 / 封面设计：东方人华

科 学 出 版 社 出版
北京东黄城根北街 16 号
邮政编码：100717
http://www.sciencep.com

北京九天鸿程印刷有限责任公司 印刷
科学出版社发行 各地新华书店经销

*

2023 年 3 月第 一 版 开本：B5（720 × 1000）
2023 年 3 月第一次印刷 印张：13 3/4
字数：278 000

定价：168.00 元
（如有印装质量问题，我社负责调换）

聚集诱导发光丛书

编 委 会

总　序

光是万物之源，对光的利用带来了人类社会文明，对光的系统科学研究创造了高度发达的现代科技。而对发光材料的研究更是现代科技的基石，它塑造了绚丽多彩的夜色，照亮了科技发展前进的道路。

对发光现象的科学研究有将近两百年的历史，在这一过程中建立了诸多基于分子的光物理理论，同时也开发了一系列高效的发光材料，并将其应用于实际生活当中。最常见的应用有：光电子器件的显示材料，如手机、电脑和电视等显示设备，极大地改变了人们的生活方式；同时发光材料在检测方面也有重要的应用，如基于荧光信号的新型冠状病毒的检测试剂盒、爆炸物的检测、大气中污染物的检测和水体中重金属离子的检测等；在生物医用方向，发光材料也发挥着重要的作用，如细胞和组织的成像，生理过程的荧光示踪等。习近平总书记在 2020 年科学家座谈会上提出"四个面向"要求，而高性能发光材料的研究在我国面向世界科技前沿和人民生命健康方面具有重大的意义，为我国"十四五"规划和 2035 年远景目标提供源源不断的科技创新源动力。

聚集诱导发光是由我国科学家提出的原创基础科学概念，它不仅解决了发光材料领域存在近一百年的聚集导致荧光猝灭的科学难题，同时也由此建立了一个崭新的科学研究领域——聚集体科学。经过二十年的发展，聚集诱导发光从一个基本的科学概念成为了一个重要的学科分支。从基础理论到材料体系再到功能化应用，形成了一个完整的发光材料研究平台。在基础研究方面，聚集诱导发光荣获 2017 年度国家自然科学奖一等奖，成为中国基础研究原创成果的一张名片，并在世界舞台上大放异彩。目前，全世界有八十多个国家的两千多个团队在从事聚集诱导发光方向的研究，聚集诱导发光也在 2013 年和 2015 年被评为化学和材料科学领域的研究前沿。在应用领域，聚集诱导发光材料在指纹显影、细胞成像和病毒检测等方向已实现产业化。在此背景下，撰写一套聚集诱导发光研究方向的丛书，不仅可以对其发展进行一次系统地梳理和总结，促使形成一门更加完善的学科，推动聚集诱导发光的进一步发展，同时可以保持我国在这一领域的国际领先优势，为此，我受科学出版社的邀请，组织了活跃在聚集诱导发光研究一线的十几位优秀科研工作者撰写了这套"聚集诱导发光丛书"。丛书内容包括：聚集诱导发光物语、聚集诱导发光机理、聚集诱导发光实验操作技术、力刺激响应聚集诱导发光材料、有机室温磷光材料、聚集诱导发光聚合物、聚集诱导发光之簇发光、手性聚集诱导发光材料、聚集诱导发光之生物学应用、聚集诱导发光之光电器件、聚集诱导荧光分子的自组装、聚集诱导发光之可视化应用、聚集诱导发光之分析化学和聚集诱导发光之环境科学。从机理到体系再到应用，对聚集诱导发光研究进行了全方位的总结和展望。

　　历经近三年的时间，这套"聚集诱导发光丛书"即将问世。在此我衷心感谢丛书副总主编彭孝军院士、田禾院士、于吉红院士、秦安军教授、王东教授、张浩可研究员和各位丛书编委的积极参与，丛书的顺利出版离不开大家共同的努力和付出。尤其要感谢科学出版社的各级领导和编辑，特别是翁靖一编辑，在丛书策划、备稿和出版阶段给予极大的帮助，积极协调各项事宜，保证了丛书的顺利出版。

　　材料是当今科技发展和进步的源动力，聚集诱导发光材料作为我国原创性的研究成果，势必为我国科技的发展提供强有力的动力和保障。最后，期待更多有志青年在本丛书的影响下，加入聚集诱导发光研究的队伍当中，推动我国材料科学的进步和发展，实现科技自立自强。

中国科学院院士

发展中国家科学院院士

亚太材料科学院院士

国家自然科学奖一等奖获得者

香港中文大学（深圳）理工学院院长

Aggregate 主编

　　可视化，虽是人们耳熟能详的词汇，但不同领域、不同行业的人对可视化认知的深度和广度存在差异性。使用可视化技术对材料结构及生物化学过程进行成像是探索材料特性和生命过程最直观的方法。改善可视化图像的对比度是获得更精细的材料结构信息和更准确的动力学过程的重要方法。近年来，由于其超高的图像对比度，荧光可视化技术已成为可视化领域中发展最快的技术之一。荧光图像的高对比度来自荧光团发出的荧光信号与周围暗场背景之间的显著差异。因此，设计和合成具有较高发光效率的荧光团并开发合理的可视化系统是提高成像分辨率和检测灵敏度的关键。近几十年来，化学家已经开发了数千种荧光探针以满足特定的实际需求，这大大扩展了荧光可视化技术的应用范围。多种可视化系统的构建也进一步丰富了荧光可视化技术在化学、生物学和材料领域的应用。

　　聚集诱导发光（aggregation-induced emission，AIE）材料与物理、化学、生物的交叉研究主要集中于设计及合成特殊的 AIE 材料对物理、化学、生物过程进行实时可视化分析。通过 AIE 材料在不同微环境下的光学变化，既能够对材料发生的物理和化学过程进行可视化，又能够实时监测和长期跟踪生物过程的动态变化，从而获得高分辨率、高灵敏度和高选择性的可视化。本书从 AIE 分子的化学结构出发，筛选了 AIE 分子在自组装可视化、物理化学过程可视化、材料结构和性能的可视化、生物大分子及生物化学过程可视化和药物递送过程可视化等领域的具有代表性的发展及其应用。AIE 分子在物理、生物、化学中的应用研究方兴未艾，化学、材料学和物理、生物科学的交叉融合极大地促进了 AIE 探针的发展。我们相信，在未来会有更多的研究者参与到这项令人兴奋的研究中，引发更多有趣的想法，不断提供 AIE 材料在物理、生物化学过程可视化方面可靠、有效的依据，进一步扩大过程可视化范围、实现实时监控和长期追踪，在物理、生物、化学研究领域进一步发挥其自身的巨大价值。

　　本书是 AIE 在材料与物理、生物、化学科学等领域交叉产生的一系列原创性成果的系统归纳和整理，有望对 AIE 材料在生物、化学、材料等学科中的发展起到较好的推动作用。本书可供高等院校及科研单位从事可视化研究的相关科研与从业人员使用，也可作为高等院校材料、化学、生物及相关专业研究生和高年级本科生的专业参考书。

　　本书的完成离不开各高等院校及研究所科研工作者在 AIE 领域的杰出工作和支持，在此表达诚挚的谢意。在本书的撰写过程中，得到了研究生仲进攀、田明策、唐晓芳、肖秀、姚瑞瑞、朱亚萍、李钰捷、王沛力、黄煜辉、高硕的协助，在此表示感谢。同时，作者衷心感谢丛书总主编唐本忠院士、常务副总主编秦安军教授及科学出版社丛书策划编辑翁靖一等对本书出版的大力支持。

　　由于时间仓促及作者水平有限，书中难免有不妥之处，期望读者包涵和指正。

作　者

2023 年 1 月

●●● 目 录 ●●●

绪　论

1.1 ▶ 引言

使用可视化技术对材料结构、物理化学过程及生物过程进行成像研究是探索其内在机制最直观的方法[1-5]。改善可视化图像的对比度能够获得更精细的结构信息和更准确的动力学过程。近年来，具有高对比度图像的荧光可视化技术已成为可视化领域中发展最快、应用最广的技术之一[4,5]。荧光图像的高对比度来自荧光团发出的荧光信号与周围暗场背景之间的显著差异。因此，开发具有高发光效率的荧光团产生强荧光信号、构建先进可视化系统捕获处理荧光信号，是提高成像分辨率和灵敏度的关键。

早期的荧光可视化方法是使用紫外光激发荧光团，并用裸眼观察荧光信号的产生或猝灭，从而实现对外部刺激的视觉感知。由于裸眼无法感知紫外光，因此激发光源的光辐射背景在视场中表现为暗场，与荧光信号形成鲜明对比。随着不同类型的荧光团被相继开发出来，激发光源的波段从紫外区域扩展到了近红外区域。与之相匹配的荧光可视化技术，需要设计合理的光路对激发光和发射光进行有效的分离，才能拓宽荧光可视化的实际应用。随着仪器制造的发展，荧光显微镜可视化技术应运而生。这项技术优化了光路并解决了光谱学问题，同时，它还具有显微成像功能，使得观察材料微观结构中的荧光信号成为研究热点。早期的荧光显微镜技术可以借助宽视野荧光显微镜获得微米级的荧光可视化信息，但是不能排除非焦平面荧光信号的干扰，导致图像的对比度难以达到微观可视化的要求[5]。通过将针孔结构引入光路，发展出激光扫描共聚焦显微镜（confocal laser scanning microscope，CLSM），所获取的荧光图像的分辨率可以提高到 200 nm。进一步使用步进电机控制 CLSM 的扫描高度，可以获得垂直方向的荧光图像切片，通过三维重构技术能够无损地实现三维结构可视化。这些功能使研究人员能够更深入地分析材料的结构信息，并将荧光可视化的应用前景推向新的高度。之后，超高分辨率显微镜的出现将荧光可视化技术的分辨率提高到 30 nm 甚至更小尺度，与电子显微镜的分辨率水平相接近[6]。

目前，荧光可视化技术不仅成为化学和生物学领域的主要研究方法，而且在材料科学和工程领域也逐渐显现出非凡的应用潜能[4, 5]。自 2001 年聚集诱导发光（AIE）的概念被提出以后，研究者已经开发了数千种 AIE 荧光材料，以满足特定的成像分析与可视化需求[7-9]。与传统荧光团相比，AIE 荧光团具有非平面的分子构象和独特的光学性质。大多数的传统荧光团通常只能在低浓度下工作，用以避免聚集导致猝灭（aggregation-caused quenching，ACQ）的问题；而 AIE 荧光团在低浓度时往往处于无荧光状态，当高浓度形成聚集体时产生强荧光。更有意思的是，通过吸附、包被、自组装等方式将低浓度的 AIE 荧光团制备成聚集体时，可以获得高发光效率和高光稳定性的 AIE 纳米粒子。优异的光学性质和生物相容性使得 AIE 荧光团在荧光可视化方面备受青睐。在本章内容中，首先对常用可视化技术的工作原理、发展历史和现状进行简单介绍，重点突出荧光可视化技术。随后，围绕荧光团和荧光可视化技术两个部分进行展开。对于荧光团，主要概述了荧光产生的物理学基础、荧光团的激发和发射光谱、AIE 现象和原理、荧光标记的类型和注意事项等；对于荧光可视化技术，主要讨论了宽场荧光显微镜和激光扫描共聚焦显微镜的光路构造和成像特点，并选择一些有代表性的例子介绍了 AIE 分子及其制备的 AIE 纳米粒子在显微成像中的应用概况。

1.2 显微可视化技术分类

显微镜，特别是光学显微镜一直是提升人类视觉能力的首要工具。在 19 世纪末，Ernst Karl Abbe 提出光学显微镜的极限分辨率由入射光的波长（大约 0.5 μm）所决定[1]。之后，科学家为了突破光学显微镜分辨率的极限，陆续开发出了电子显微镜、原子力显微镜（atmic force microscope，AFM）、超高分辨率显微镜和纳米显微镜等先进显微可视化系统。为了更好地理解和运用可视化技术，有必要了解各种可视化技术的发展历史、工作原理和现状。结合本书所讨论的对象，对电子显微镜和原子力显微镜两个类别进行概述，着重讨论荧光显微镜（包括传统的宽视野荧光显微镜、激光扫描共聚焦显微镜和超高分辨率显微镜等）。

1.2.1 电子显微镜

电子显微镜，作为一种重要的成像分析工具，能够在原子尺度提供关于位置、性质甚至是价原子的相关信息。Paul Dirac 提出了波粒二象性之后，Hans Busch 展示了磁场可以使电子束偏离或聚焦的技术，Ernst Ruska 和 Max Knoll 利用该技术于 1931 年首次在自制仪器上实现了 17 倍的放大倍数[10]。在随后的两年时间内，Ernst Ruska 改进的电子显微镜可以获得 50 nm 的分辨率。电子显微镜分辨率的提升在第二次世界大战后得到迅速发展[1]：20 世纪 50 年代中期，实现了大约 1 nm 的晶格分辨率；20 世纪 70 年代初，出现了重金属原子（如钍和金）的原子分辨率图像，引发了在原子尺度进行缺陷研究的热潮；到世纪之交，大多数商用电子显微镜的分辨率能达到 0.1～0.2 nm。

随着研究热点转向纳米材料，研究人员需要在低压加速的条件下获得原子尺度的结构信息。球差校正技术应运而生，这使得透射电子显微镜（transmission electron microscope，TEM）的分辨率不再受限于棱镜质量，而是由原子本身的静电势和热运动所决定[11, 12]。现在，球差校正透射电子显微镜（spherical aberration corrected TEM，STEM）可以在 40 keV 或更低的加速电压下实现亚埃米分辨率，电子能量损失能谱（electron energy loss spectroscopy，EELS）和能量色散 X 射线谱（X-ray energy dispersive spectrum，EDX）模式下也可以获得相同水平的电子信息[13]。但是，对于三维物体，大多数电子显微镜图像是其在二维平面的投影，导致可视化结果与实际情况出现偏差。例如，对集成电路中原始微结构的探究，必须获取到材料的三维形态、结构组成和物理特性。为了解决这个问题，通过引入数字图像采集技术、提高对不同电子光学或样品条件下图像的采集能力，发展出可以对纳米结构和化学成分进行三维分析的电子断层扫描和电子全息技术（图 1-1）[14-17]。

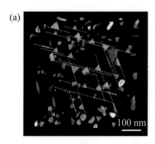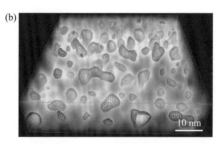

图 1-1　（a）STEM 断层扫描铝锗合金上锗沉淀物的分布及形貌后获得的三维重构图；（b）等离子体断层扫描二氧化硅基质中的不规则形状硅颗粒

1.2.2　原子力显微镜

原子力显微镜利用探针扫描固体表面，以获得具有原子级分辨率的表面信息，从而实现微观尺度的生物量和非生物量的可视化研究[18-21]。原子力显微镜具有优越的可操控性，能够在组织、细胞、病毒、蛋白质、核酸和生物材料的表面建立适当的可视化系统[22-24]。此外，原子力显微镜可以在亚纳米级到微米级的生物界面进行高信噪比成像，同时定量分析并呈现被测物体的物理、化学和生物学性质，如实时检测配体与受体之间的键合过程，评估抗体的抗菌作用，定量分析分子、细胞和组织之间的相互作用及描绘生物分子在界面反应中的自由能分布[25-28]。

原子力显微镜的主要成像原理是用配有分子水平探针的悬臂扫描样品表面，利用探针的可伸缩性对样品表面进行轮廓分析并获得可视化图像[19]。由于样品表面在分子尺度上通常是褶皱的，因此需要将激光束从悬臂的背面投射到位置敏感的光电二极管上，通过这种方式使悬臂倾斜并改变探针的位置［图 1-2（a）］。位置信息由反馈系统读取，然后通过改变作用力来控制探头和待测样品之间的垂直高度。在早期的原子力显微镜成像过程中，操作人员需要经常调整成像作用力和成像条件，以避免非均相生物表面变形。现代的原子力显微镜控制系统可以准确有效地控制作用力，避免样品变形和损坏[24, 28]。随后，通过成像系统将探针在离散点处获得的高度数据可视化为样品的地形图。这些可视化图像的分辨率可以达到纳米级，因此可以使用此方法观察一系列原生生物系统，包括细胞膜、病毒、原纤维、核酸和蛋白质［图 1-2（b）～（f）］[29-33]。

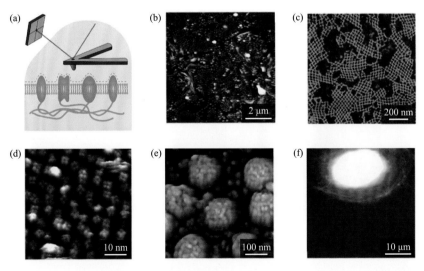

图 1-2　（a）AFM 的成像原理及其对生物界面的表征：AFM 描绘生物界面的过程（虚线表示），悬臂上的探针通过扫描样品的表面获取形貌信息；（b）相分离膜暴露于赖氨酸六氯化物树枝状大分子后的胶束化；（c）RNA 链的自组装；（d）MlotiK1 钾离子通道；（e）在感染的 3T3 细胞表面培养的莫洛尼氏鼠白血病病毒；（f）在纤连蛋白包被的基质上生长的纤维原细胞

1.2.3　荧光显微镜

人类的眼睛依靠色彩的对比度去感知世界。为此，各种创新性方法被发展出

来增强显微图像的对比度，为可视化技术在生物学和材料科学领域的应用开辟了新天地[34]。通过使用合适的染料对样本进行特异性染色，就可以在裸眼和光学显微镜下观察到具有高对比度的样本结构信息。以生物组织样本为例，最早是由意大利的生理学家 Camillo Golgi 和西班牙的病理学家 Santiago Ramóny Cajal 完成染色和显微成像的，该成果于 1906 年获得了诺贝尔生理学或医学奖[35]。随后，荷兰科学家 Frits Zernike 提出相衬概念，使得不染色观察亚细胞结构成为可能，该成果于 1953 年获得诺贝尔物理学奖[36]。为了显示出待测物体的三维结构，波兰科学家 Jerzy Nomarski 发明了差分干涉对比技术，将入射光分成两个间隔很近的偏振光束（偏振面彼此垂直），当它们穿过样品时，引起的干涉可以产生高度差呈现可见的颜色和纹理变化[37]。此外，利用光穿过待测样品时偏振特性的变化，发展出偏光显微镜[38]。

目前，基于荧光染色的可视化技术是获取高对比度图像的最高效方法。顾名思义，荧光染色是使用荧光染料对样本进行染色，通过吸收特定波长范围内的激发光而发射出更长波长的荧光，其吸收和发射波长范围可以从紫外（UV）光到近红外（NIR）光区域。荧光染色由于对待测样本是特异性标记和点亮，因而具有高的对比度、灵敏度和特异性。在荧光染料发展上，荧光蛋白的使用是一项革命性创新，直接导致了许多荧光显微镜技术的诞生，促进了光学显微镜和细胞生物学的快速发展（图 1-3）[39]。Osamu Shimomura、Martin Chalfie 和钱永健（Roger Y. Tsien）因"发现和开发绿色荧光蛋白"而获得了 2008 年诺贝尔化学奖[40]。另外，随着荧光可视化技术的飞速发展，逐步诞生了 CLSM 和超分辨率荧光显微镜等可视化技术[34]。Eric Betzig、Stefan W. Hell 和 William E. Moerner 因"发展超分辨率荧光显微镜"于 2014 年被授予诺贝尔化学奖[6]。

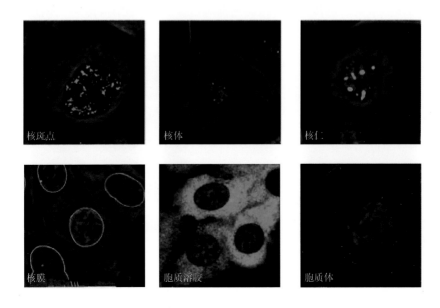

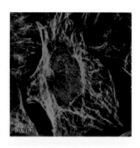

脂滴 线粒体 微管

图 1-3　通过免疫荧光显微镜在细胞图谱中注释的亚细胞结构（节选）

定位于代表性细胞系结构的蛋白质（绿色），微管由微管蛋白抗体（红色）标记；细胞核用 4′6-二咪基-2-苯基吲哚（DAPI）（蓝色）复染，图片的边长（比例尺）是 64 μm

1.3　荧光显微可视化的成像优势

1.3.1　高对比度

高对比度对于可视化的重要性是不言而喻的。以自然现象为例，在日光照射下，几乎不可能在草丛、灌木和树林里观察到萤火虫；但是，在夜间则可以清楚地看到发光的萤火虫。无论是白天还是黑夜，萤火虫发出几乎相同的光，能否可视化的关键在于萤火虫周围的背景是亮色的还是暗色的。类似地，在光学显微镜下观察特定的样品时，样品与背景之间的对比度越高，越容易观察到清晰的图像。荧光可视化技术使被荧光分子标记的待测样品受激发后发光，以非荧光分子为主的周围环境显示为黑色背景，从而实现高对比度成像（图 1-4）。

(a)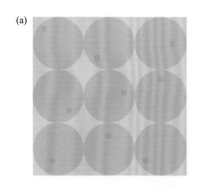　　(b)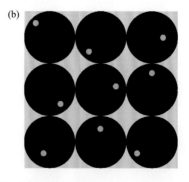

图 1-4　显微学中图像对比度的重要性

（a）在浅灰色背景下的深灰色点几乎无法被检测出来；（b）相同位置的荧光点可以在黑色背景下被轻易地识辨出来

1.3.2 高特异性

同样以萤火虫为例，夜晚萤火虫的运动轨迹和停留位置能够被清楚地捕获到，而其他不发光的昆虫在该区域活动时，与暗色背景融合而不被观察到，体现出萤火虫的特异性。类似地，当荧光分子选择性地结合样品或者样品的某些特性能转化为特定的荧光信号，那么荧光可视化技术就能够实现可视化的高特异性和专一性（图 1-5）。

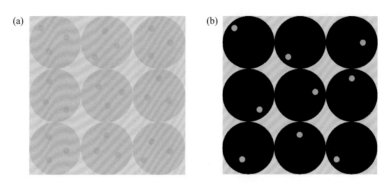

图 1-5　显微学中图像特异性的重要性

（a）相似的深灰色点难以辨别和区分；（b）荧光分子选择性结合或者特定响应的荧光点可以被轻易地识辨出来

1.3.3 高灵敏度

进一步扩展萤火虫的类比，在黑暗背景下只需要一点点亮光，萤火虫就能够轻易地被观察到。现阶段的荧光显微镜，随着高灵敏检测器和摄像头的发展，已经能够检测样品中的单个分子（图 1-6），例如，单分子闪烁或通过 Förster 共振能量转移检测独立分子之间的相互作用[41-43]。不过，荧光显微镜的分辨率依旧需要进一步提升。回到萤火虫的类比，当观察到萤火虫的光晕之后，还需要进一步观察萤火虫的大小和形状。在荧光显微镜下，假如荧光亮点代表荧光分子，那么可以通过观察荧光亮点的运动来表示荧光分子的空间位置和轨迹。但是，荧光分子的大小和形状仍然是未知的。超分辨率荧光显微镜的发展正在不断地提升荧光显微镜的分辨率以解决这一问题。

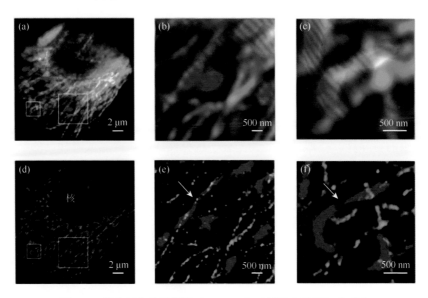

图 1-6 单分子定位显微镜（SMLM）对量子点进行双色成像

（a）、（d）HepG2 细胞的宽场荧光图像和 SMLM 荧光图像，青色和红色分别代表免疫组化染色的微管和线粒体；（b）、（c）和（e）、（f）分别是（a）和（d）中正方形区域的放大图像

1.4 荧光显微可视化的理论基础

1.4.1 荧光的产生

荧光团是一类具有特殊性质的分子或纳米晶体，在吸收特定能量的光子后发出较低能量的光子，导致发射光的颜色与激发光的颜色相比发生红移。整个过程中，非荧光团不会产生发射光。这种光物理过程可以很好地通过雅布隆斯基图（Jablonski diagram）进行总结说明（图 1-7）[44-47]，是荧光显微镜能够获得高图像对比度的基础。

以荧光分子为例，其构成原子共用分子轨道中的离域电子。电子的基态是典型的单线态（表示为 S_0），此时轨道中的两个电子的自旋方向相互反平行。当吸收了一个光子时，它的一个电子将跃迁到高于基态的轨道。与基态相比，激发电子的自旋方向不发生翻转，继续与留在基态轨道中的单个电子的自旋方向反平行。但是，原子核周围电子的总电荷分布发生变化。由于电子改变电荷分布的过程在飞秒级，而质量更大的原子核需要皮秒的时间才能弛豫到新的电子分布状态，那么被激发的电子将重新定域到更高的轨道，距原子核的距离也将更远，并且由该状态引起的分子结构的弛豫通常将触发整个分子的振动。分子的振动能通过与周围的溶剂分

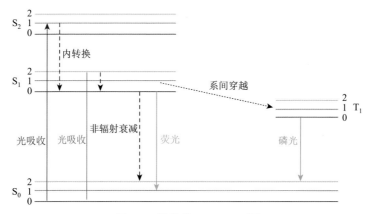

图 1-7 简化的 Jablonski 图

辐射和非辐射跃迁分别由实线和虚线表示；单分子荧光研究表明分子有时会形成不发荧光的分子构型，该状态的寿命可从微秒到秒，分子脱离这种状态后会回到正常的荧光发射过程，称为"可逆"光漂白；如果这种现象重复发生，分子就会产生"闪烁"现象；分子从 S_1 或者 T_1 衰减的另一种方式是"不可逆"光漂白，对分子结构造成不可逆破坏

子发生碰撞而转化为热量，整个分子将衰减为第一激发单重态 S_1 的振动基态[48]。此时，分子的能量仍高于基态的能量，无法长时间维持，分子保持在 S_1 的时间表示为激发态寿命 τ。当荧光分子返回基态 S_0 时，以光辐射的形式释放出能量，称为辐射衰减；以与周围溶剂分子碰撞的形式释放能量而不发射光子，称为非辐射衰减。S_1 到 S_0 的衰减过程同样会改变电子在原子核周围的分布，当电子到达振动的激发态时，衰减到电子基态的过程就会终止。此时，分子会将振动能量转移到周围环境中，并迅速返回到 S_0 的振动基态。此外，还有通过系间穿越进行弛豫的第三种衰变途径，伴随电子自旋方向的改变，即从 S_1 达到三重态 T_1。如果电子从 T_1 返回到 S_0，它们需要再次更改自旋方向，与留在基态轨道中的电子的自旋方向反平行。这是一个需要几微秒甚至数小时才能完成的慢过程，其间可能伴随着光子的发射，被称为磷光。

1.4.2 荧光的激发与发射

用于激发的光子能量必须足够高，以使分子越过基态 S_0 和激发态 S_1 之间的能隙。该能隙的存在决定了分子激发所需的最小光子能量。在整个分子中，额外的平移能级、旋转能级及分子所处的不同环境都会轻微改变光谱跃迁能。因此，室温下的分子将吸收并发射连续的能量带，而不是尖锐的光谱线。通常将基于能量或基于波长的荧光激发绘制为荧光激发光谱。将该光谱绘制为在特定激发波长下分子的荧光发射强度对激发波长的函数。相应地，荧光发射光谱表明，由在选定吸收波长下激发的分子发射的荧光强度被绘制为荧光发射波长的函数[45]。最长

的吸收波长对应于 S_1 的最低振动能级至 S_2 的最低振动能级，最短的发射波长对应于相同能级之间的去激发过程，两者均发生在不同的波长下。因为周围溶剂分子在激发态寿命内的再定位将减少激发态的能量并增加基态的能量，最终导致发射光子能量的减少。溶剂分子的这种再定位过程称为溶剂弛豫。吸收峰和发射峰之间的波长变化称为斯托克斯位移（Stokes shift），是溶剂弛豫导致分子在 S_1 和 S_0 状态下的振动能损失而引起的[46]。图 1-8 显示了荧光素、Texas Red 和 Cy5 的荧光激发和发射光谱。在每个激发光谱中都有一个最大的特征峰，代表具有最高跃迁概率的波长位置。激发光谱出现肩形峰的原因是分子跃迁到 S_1 的更高振动态。由于衰减过程是从 S_1 的振动基态到结构相似的 S_0，所以荧光发射光谱通常与激发光谱呈镜像关系[47]。根据此特性，可从光谱中直接读出斯托克斯位移的大小。

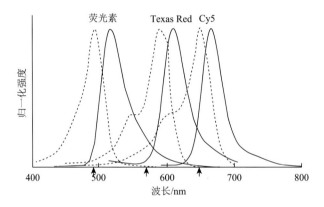

图 1-8　荧光素、Texas Red 和 Cy5 的荧光激发（虚线）和发射（实线）光谱

箭头所指的位置是在荧光显微镜中用于激发这些染料的常用激发波长

1.4.3　AIE 现象与机理

AIE 是与荧光团聚集相关的一种光物理现象，有别于大多数共平面分子聚集体的光物理过程，不发光的 AIE 分子伴随聚集体的形成而具有发光性质[7-9]。AIE 现象可以通过典型的 AIE 分子，如六苯基噻咯（HPS），进行可视化观察 [图 1-9（a）]。HPS 具有扭曲的构象，易溶于四氢呋喃，在纯四氢呋喃溶剂中表现为无荧光，随着四氢呋喃中水的比例提高，HPS 溶解度变差，产生分子聚集体，表现出强绿色荧光[8]。与之相比，二萘嵌苯（perylene，又称苝）是共平面发光分子，易溶于四氢呋喃，在纯四氢呋喃溶剂中发出强蓝色荧光，随着溶剂中水的比例增加，二萘嵌苯溶解度变差，开始形成聚集体，其荧光强度也随之减弱 [图 1-9（b）]，表现出 ACQ 现象[8]。

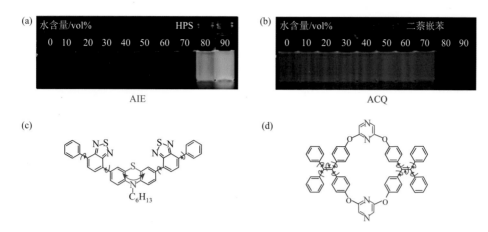

图 1-9　HPS（a）和二萘嵌苯（b）在含有不同水量的四氢呋喃/水混合溶剂中的荧光照片（浓度：20 μmol/L），HPS 显示 AIE 效应，二萘嵌苯显示 ACQ 效应，vol%表示体积分数；吩噻嗪衍生物（c）和氧杂杯芳烃（d）的分子结构

　　AIE 机理可以揭示 AIE 现象的本质，指导开发出各种各样的新型 AIE 体系。目前受到广泛认可的机理有分子内转动受限（RIR）、分子内振动受限（RIV）和分子内运动受限（RIM）[7-9]。考虑到分子运动包含振动和转动，RIM 机理具有两层含义：一方面可以把 RIR 和 RIV 两种机理归结为 RIM 机理；另一方面 RIM 还代表 RIR 和 RIV 两种机理同时起作用[49]。如图 1-9（c）所示，吩噻嗪衍生物具有非共平面的蝴蝶状分子构象，包含吩噻嗪核、苯环和苯并噻二唑[50]。它在纯四氢呋喃溶剂中没有荧光，而在含水超过 70%的四氢呋喃溶剂中具有明亮的红色荧光，表现出明显的 AIE 效应。密度泛函理论优化的基态构象表明，吩噻嗪核是弯曲构象，具有可振动性；苯环和苯并噻二唑则具有可转动性。因此，其在单分子时的无荧光现象由两个因素共同造成：吩噻嗪核的振动运动及苯环和苯并噻二唑的转动运动，促进了激发态能量的非辐射衰减。而在聚集态时，分子振动与转动都会被有效限制，从而有利于激发态能量的辐射衰减。这种情况下，即分子同时含有可振动或可弯曲的核与可转动的苯环时，AIE 机理只能是 RIM。此外，一些大环化合物的 AIE 效应也经历了 RIM 过程。例如，氧杂杯芳烃［图 1-9（d）］的非对称相连的吡嗪基团具有倾斜的分子构象，可以在氧桥连接处以类似"拍打"的方式进行分子振动；而二苯亚甲基和苯基转子则可以进行分子转动[51]。

1.5　荧光标记

　　荧光可视化的应用前景很大程度上取决于用于标记的荧光分子的物理和化学

性质，如光稳定性、选择性、激发和发射波长、生物相容性等。如图 1-10 所示，目前有大量的 AIE 荧光团可供科研人员选择，包括 HPS、四苯乙烯（TPE）、二苯乙烯基蒽（DSA）、氰基二苯乙烯（CN-DBE）、三苯胺（TPA）衍生物、四苯基吡嗪（TPP）等[52-55]。

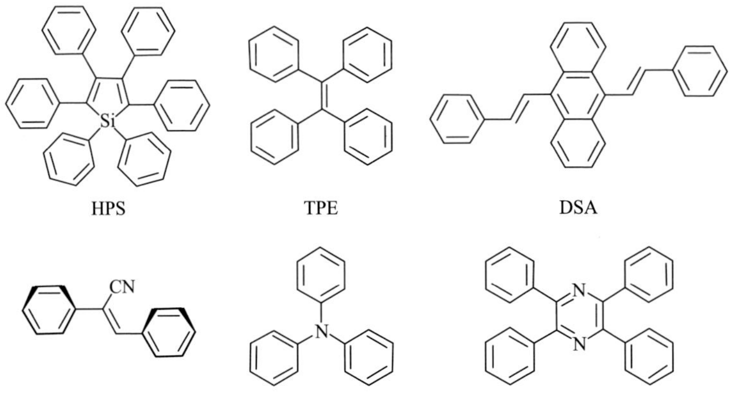

图 1-10　典型的 AIE 荧光团

实际应用中所需的特殊性质可以确定方法的检测限、体系的动力学范围、针对特定目标和事件的信号值的可靠性及对不同目标进行平行实验的可能性。通常，合适的 AIE 标记分子应该具有足够的光稳定性，能够被普通的激发光源激发，并且在该激发下基质不产生荧光背景信号，具有足够的亮度从而被常用仪器检测到。对于生物学应用，AIE 标记分子及其组装体还应该能够溶解在缓冲溶液、细胞培养基或体液中。此外，一些潜在的影响因素也需要被考虑到，如 AIE 标记分子的空间效率和尺寸效应、受 pH 影响的荧光发射性质、转运到细胞中的可能性、亚细胞器的靶向性、潜在的细胞毒性及信号重复性等问题[7-9]。表 1-1 描述了荧光关键性质及其潜在的实验应用前景。光学性质包括激发光谱、发射光谱、吸光系数和荧光量子产率（QY）。从显微镜硬件的角度来看，荧光标记物的光学性质应与可用的激发光源和检测器匹配。有机 AIE 分子的激发光谱由独立的吸收带组成，普遍具有可调的斯托克斯位移，激发光源范围可以从紫外光区域到接近最大发射峰波长。从样品的角度来看，激发光波长的选择需要满足最佳的荧光发射穿透性能和最少的自发荧光。由于在长波长范围内光毒性和光散射最低，因此在细胞成像中经常使用具有最大激发/发射波长在 NIR 区域的荧光标记物。值得注意的是，最常见的内源性荧光团（如芳香族氨基酸、还原型辅酶、黄素辅酶等）的荧光发射峰位于蓝绿色区域[56]。

表 1-1 荧光标记分子的主要性质

性质		定义/作用
光学性质	激发光谱	不同波长的光激发生色团产生荧光的能力
	吸光系数 ε_λ[L/(mol·cm)]	定量表征荧光团在特定波长 λ 吸收光子的能力
	发射光谱	不同波长处的荧光发射
	斯托克斯位移	激发谱带和发射谱带之间的位移
	荧光量子产率	发出的光子数和吸收的光子数的比值
	分子亮度	表示不同荧光团在相同激发下发射光子的相对速率
	光稳定性	抗光漂白能力，相同时间间隔内荧光猝灭率
物理化学性质	尺寸	大部分情况下越小越好
	材料	可能会影响化学稳定性、毒性及功能化的方式
	溶解度	大部分生物应用需要良好的水溶性
	细胞毒性	影响样品活性
	光毒性	影响样品活性
	共轭化学	影响标记的目标物
	目标物位置	影响共轭的选择
	目标物的代谢	决定活细胞内标记结构的时间稳定性

在激发光处的吸光系数代表了荧光团吸收光子的能力，因此吸光系数应尽可能高。有机染料的吸光系数通常在 $10^4 \sim 10^5$ L/(mol·cm) 的范围内，具有共平面结构的主发射带与激发光谱相比具有 20～40 nm 的位移，而 AIE 分子一般具有更大的斯托克斯位移（>60 nm）。显然，大的斯托克斯位移有利于高效滤除激发光的干扰。作为有机染料，AIE 分子的荧光发射峰半峰宽为 70～100 nm。另外，荧光发射效率可由荧光量子产率（荧光团发射的光子数与吸收的光子数之比）定量表示。如果荧光团需要更高的亮度，还必须具有足够的吸收光子的能力，由此引入分子亮度的定义，即量子产率与激发波长（$\varepsilon_{\mathrm{exc}}$）处吸光系数的乘积。除了这些光学性质外，一些最基本的物理化学性质也主导着特定荧光标记物的选择。例如，生物成像时，有机染料原本是疏水的，其水溶性随着分子大小的增加而降低，往往需要修饰额外的带电基团来实现增溶。作为一种固有的物理特性，荧光标记物的大小会根据类型的不同而有很大差异。在传统的衍射限制的荧光显微镜中，荧光标记物的尺寸会引入无法忽略的位置误差。虽然超分辨率显微镜的发展很好地解决了这个问题，但是通常较小的标记物具有更好的组织穿透力，并且对生物样品的生理影响较小[57]。

细胞毒性是另一个重要参数，特别是对于活细胞和有机体的长期实验。目前，来源于生物分子衍生物的荧光标记物（如荧光蛋白）是解决此问题的最佳选择。荧光染料对整个系统的毒性一般较低，但染料在细胞内的特定位置的积聚有可能产生局部毒性。如果用化学稳定的外壳（如硅球和聚合物）对荧光染料进行包裹，则能有效降低潜在的毒性。相比于 ACQ 荧光分子在包裹后高度聚集导致荧光猝灭，AIE 分子则表现出更高的荧光量子产率和荧光信号。除了化学毒性外，光毒性也是一个需要考虑的因素[58]。当荧光团被激发时，它可能会与分子氧反应生成一系列活性氧（ROS），这些 ROS 对样品中蛋白质、核酸和其他生物分子的破坏作用导致光毒性。类似地，光漂白问题通常也是由 ROS 带来的。其中，单线态氧具有极高的反应性，对有机染料结构中的共轭 π 电子系统造成不可逆的破坏。通过减少激发光能并引入 ROS 捕获剂，可以使光毒性和光漂白的影响最小化。最后，荧光团和目标物的特异性结合是选择合适荧光标记物的重要指标。根据目标物结构中可用于再修饰/结合的官能团类型和数量，对荧光标记物使用特定的官能团进行修饰，以促进标记目标物。

1.6 荧光显微可视化技术的分类

1.6.1 宽场荧光显微技术

荧光可视化技术要求显微镜的光路能够引入较短波长的入射光，以激发待测样品中的荧光物质产生荧光发射光，将相对弱荧光发射光与相对强入射光分离后引入检测器[4]。高效的分离既要做到激发光和荧光发射光的分离，又要保证图像进入观察者的眼睛或电子探测器时具有高对比度。如图 1-11（a）所示，早期的荧光显微镜使用透射照明的方式激发样品，并在光路上放置一块遮光滤光片，防止激发光进入人眼。随后，倒置荧光显微镜（结构类似于用于研究金属表面的反射光显微镜）被发展出来，可以更安全、更容易地分离激发光和荧光发射光。在具体的光路中，卤素灯发出的激发光通过二向色镜反射到样品，激发后的样品产生荧光发射光。二向色镜与入射光成 45°角放置，从而允许特定波长的光通过并使那些更长波长的光通过，即二向色镜的作用是将激发光反射掉并使荧光发射光通过［图 1-11（b）］。应当注意的是，激发光到荧光发射的转换效率通常不高，仅小部分激发光子可以被转换为更长波长的光子并被接收为荧光信号。此外，由于样品的荧光发射指向所有方向，物镜只能收集选定的光锥（荧光发射光的一部分），如图 1-11（c）所示，需要使用高质量的滤光片来选择所需的激发光波长（激发滤光片）和荧光发射光谱（发射滤光片）。

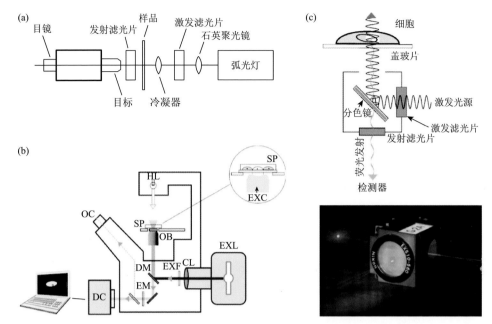

图 1-11 （a）早期荧光显微镜的结构示意图；（b）倒置荧光显微镜的构造示意图，HL：卤素灯，SP：样品，OB：物镜，OC：接目镜，DC：数码摄像头，EXL：激发光源，CL：聚光透镜，EXF：激发滤光片，DM：二向色镜，EM：发射光滤片，EXC：入射到样品上的激发光；（c）荧光显微镜过滤模块构造示意图（包含激发滤光片、二向色镜、发射滤光片）和照片（反射绿光但是透过红光）

1.6.2 激光共聚焦显微技术

荧光显微镜的分辨率是实现微观信息可视化的关键因素[59]。分辨率的定义为样本上仍可作为独立实体区分的两个点之间的最小距离。1846 年，Carl Zeiss 开始研发具有高空间分辨率的光学显微镜。之后，Ernst Karl Abbe 加入了 Carl Zeiss 的研发团队，并从理论上推导了光学显微镜的分辨率极限。该推导基于 George Airy 的早期理论成果，即显微镜物镜有限开口处的衍射光是决定分辨率的最主要因素，导致所有光学显微镜（包括荧光显微镜）的分辨率都有一个基本的极大值。光通过理想透镜中的圆孔时发生的衍射图样称为艾里斑。艾里斑的尺寸由光学镜头对的半角（θ）和成像介质的折光率（n）确定，即显微镜的衍射极限（d）近似为 $d = \lambda/2n\sin\theta$，其中 λ 是照明光的平均波长，$n\sin\theta$ 被定义为数值孔径（NA）。随后，Ernst Karl Abbe 和 Hermann von Helmholtz 共同提出了可以分离和识别物体的最小距离 $\Delta x = \lambda/2$NA，由于空气的 n 约为 1，光学显微镜中使用的最短波长约是 400 nm，最佳分辨率约为 200 nm。

在此基础上，Lord Rayleigh 研究了一个理想点物体在三维空间中成像的条件

（瑞利判据），即两个物体能够被分辨的最小距离 Δx 为艾里斑中心到第一黑圆的距离 $\Delta x = 0.61\lambda/\mathrm{NA}$。尽管瑞利判据通常被用于评估衍射限制的分辨率，但显微镜的实际分辨率通常由图像的对比度、光子统计分布及测试方法的信噪比决定。对此，天体物理学家 Sparrow 对分辨率极限提出了另一个定义（斯派罗判据），即在两个点扩散函数（PSFs）之间的倾角无法被检测到之前，相邻两个信号都能被区分开。在实际使用中，由于荧光显微镜的激发光不限于焦平面，检测器获得的图像信息不仅来自焦平面，也会有不在探测器对焦平面内的发光点的荧光发射光在空间中扩散，从而增加了背景信号的强度。此外，对于生物样品，普遍存在像丁铎尔效应（由相似的光波长和粒径引起的光散射）这样的光散射干扰，来自样品内部非焦平面的光子会被重新引导到焦平面内并随之产生背景信号的扩散。显然，提高图像对比度有助于在实际情况中提升荧光显微镜的空间分辨率，是实现微观信息可视化的前提。

在 20 世纪 50 年代晚期，Marvin Minsky 为了能够对厚组织（如脑组织）进行成像分析研发了激光共聚焦显微镜。通过将两个针孔同时放置在显微镜的成像平面内，限制激发光和检测光以消除焦平面外的光信号，实现"共聚焦"[60]。与宽场荧光显微镜相比 [图 1-12（a）]，共聚焦荧光具有光学层切功能，能够清晰地揭示 HeLa 细胞中被荧光染色的肌动蛋白丝的微观结构信息 [图 1-12（b）][61]。

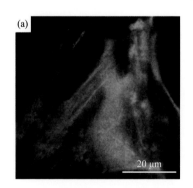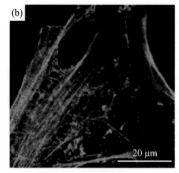

图 1-12　HeLa 细胞肌动蛋白丝的宽场和共聚焦图像

（a）在宽场显微镜下，图像显示模糊且荧光背景信号可见；（b）在激光共聚焦显微镜下，肌动蛋白丝的荧光清晰可见且不受焦平面外荧光的干扰；这两张图片阐明了激光共聚焦显微镜能够大幅度提升纵向分辨率并提供更多的细胞结构信息

1. 激光共聚焦显微镜构造及成像原理

图 1-13 展示的是激光共聚焦显微镜的光路示意图[62]。连续的激光束被用作激发光源（图 1-13 中黑色虚线），这种情况下不再需要针孔去过滤激发光源。在光路中，激发光束经由一系列透镜扩展开后被二向色镜反射，通过物镜照射到样

品上，激发样品产生荧光信号（图 1-13 中绿色实线）。随后，样品内部一小部分区域产生的荧光信号被同一个物镜收集，再次穿透二向色镜并最终到达检测器。

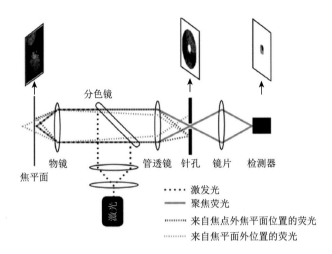

图 1-13 激光共聚焦显微镜中共聚焦检测针孔的功能示意图

激发光束（黑色虚线）被聚焦到一个样品上，来自焦平面的光（绿色实线）能够穿过针孔并到达检测器，来自焦点附近位置的光（红色虚线）和另一个焦平面的光（蓝色虚线）会被针孔过滤掉

共聚焦检测针孔决定了哪些光最终能够到达检测器：由激发光束照射样品产生的荧光光子能够穿透针孔并被检测到（图 1-13 中绿色实线）。非焦平面的光（也就是那些和针孔不共聚焦的光）被针孔屏蔽。图 1-13 中蓝色虚线表示的是样品在不同垂直焦平面上产生的光子。这束光聚焦在显微镜的内部，也就是和针孔在不同的焦平面上，因此这束光大部分被针孔所屏蔽。相同地，来自检测位置同一焦平面附近位置产生的背景光虽然能聚焦到针孔的同一平面（图 1-13 中红色虚线），但是聚焦位置没有正对针孔，因此也会被屏蔽。虽然到达检测器的光会大幅减少，但共聚焦针孔的存在会显著提升图像的信噪比[63]。由于只有焦平面发出的光子能够被检测到，所以如图 1-13 所示光路中细胞成像图片显示的那样，检测样品的某个光切面将成为可能。

信号光通过针孔之后，剩下的光束被立刻导向检测器内，检测器可能是光电倍增管（PMT）、雪崩光电二极管（APD），或者在转盘式扫描共聚焦显微镜（SDCM）中使用的电荷耦合（CCD）摄像头。甚至可以在针孔后面的光路中引入光学元件，例如，添加一个单透镜实现探测器表面针孔的成像。此外，添加一些额外的光学元件如偏振分光镜或者二向色镜也是可能的。但在增加额外的光学元件之前需要重新校准透过针孔的光，然后再将其聚焦到对应的检测器上。

2. 激光共聚焦显微镜的扫描模式

扫描是激光共聚焦显微镜成像的另一个重要方面[64]。扫描的体积通常受衍射光的限制，导致共聚焦显微镜难以像宽场荧光显微镜一样立即获得整个图像。荧光信号穿透共聚焦针孔之后通常需要用点探测器或者摄像头的少量像素点进行检测。为了获得样品的荧光图像，激光共聚焦显微镜需要对整个样品进行扫描，这种扫描模式及针孔使激光共聚焦显微镜和其他光学仪器在成像原理上不同。激光共聚焦显微镜的种类也可以根据扫描模式分为阶段扫描和激光扫描。

阶段扫描是最直接、最简单的样品扫描方法[65-69]。该扫描在 Minsky 最初的共聚焦显微镜中被成功使用。扫描过程中光学元件保持固定，每一个点的荧光强度被测定之后再移动样品到下一个位置。阶段扫描有以下优点：使用阶段扫描的激光共聚焦显微镜构造中需要的光学元件数量最少，扫描过程很稳定，可以轻易地与其他系统连接起来。现代的压电扫描器能够快速精确地在三维空间内移动样品并实现阶段扫描[65, 66]，在 Z 轴方向的扫描尤其重要，因为科研工作人员更希望利用激光共聚焦显微镜的光学层切功能获取样品的三维信息[67-69]。但是，阶段扫描有一个明显的缺点：需要移动样品。生物样品通常对移动非常敏感，如果样品在扫描过程中有位移，那么记录的图像可能被割裂开。此外扫描过程中处理样品会变得更加困难，例如，使用微量注射器加入溶液时需要保证样品固定在扫描台上。压电扫描器的最大移动速度也是受限的，这意味着压电扫描头移动到一个新的位置之前，需要几毫秒甚至更多的时间进行调整，因此很难将压电扫描器应用于需要快速精确控制样品的操作中。

激光扫描是将激发光束照射到样品上，并在扫描过程中保持样品固定[70]。1987 年，White 等成功地将激光扫描技术与激光共聚焦显微镜相结合。如图 1-14（a）所示，激光共聚焦显微镜的光路结构中安装了两面紧靠的镜子，用于扫描光路垂直的两束光。为了防止光束被物镜切割，在扫描镜后面的光路上需要放置一个中调望远镜，用于在两面镜子的中间位置（物镜后孔处）进行成像。当改变光束的发射角度时，激发光束和物镜之间的位置能够保持相对固定。也就是说，虽然激发光照射到样品上的位置会随着镜子的位置改变，但是光路进入物镜后孔的位置会保持固定。后来，激光共聚焦显微镜的光路结构被进一步改进，中调望远镜被安装在两面镜子之间，用于将第一个镜子中的图像投影到第二个镜子上，另外一面中调望远镜用于对物镜后孔上的第二个镜像成像［图 1-14（b）］。在该结构下，激发光束会被固定到物镜后孔上并穿过物镜，并由两面镜子之间的夹角决定激发光照射到样品上的位置。如果使用一对由采集软件控制的电流镜，则可以消除 X 和 Y 维度的光束，并实现视频速率的扫描[71]。另外，激光扫描对光学元件的校准有极高的要求，需要精密的光学元件尽可能地消除离轴球面像差和色差，并避免激光束的轴偏移[72]。

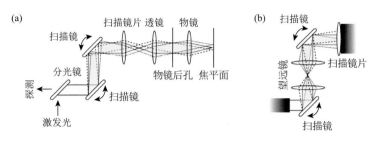

图 1-14 激光扫描的两种模式

（a）将两面镜子紧靠在一起，中调望远镜通常和镜筒透镜一起用于成像到两面镜子中间的位置（物镜后孔位置），中调望远镜保证扫描过程中激发光束不会被物镜后孔切割；（b）将中调望远镜放在两面扫描镜之间，这样能使第一面镜子成像到第二面镜子上，然后成像到物镜后孔上

1.6.3 超分辨率显微技术

1. 受激发射损耗显微镜

受激发射损耗（stimulated emission depletion，STED）显微镜是超分辨技术的一种，通过选择性地激活荧光从而最小化照射点来提供超分辨图像[6]。在 STED 显微系统中，两束激光同时照射样品，其中一束为激发光，另外一束为损耗光。前者使物镜焦点艾里斑范围内的荧光分子处于激发态，后者通常是环状的，使物镜焦点艾里斑边沿区域处于激发态的荧光分子通过受激辐射损耗过程返回基态而不辐射荧光，从而只留下中心点发射 [图 1-15（a）]。这项技术的操作过程中通常需要强大的激光功率，容易导致荧光团的提前破坏而无法完成。显然，STED 显微镜的分辨率与荧光团的性能密切相关。AIE 分子具有高亮度和光稳定性，能够实现更好的分辨率，其较大的斯托克斯位移将使 STED 光束激发的背景最小化从而有利于成像过程，是 STED 显微成像的潜在候选者。

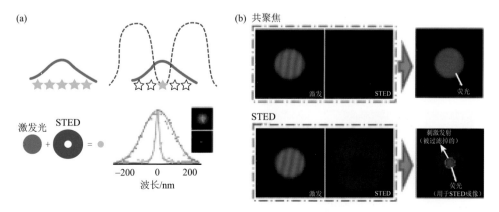

图 1-15 （a）STED 的原理示意图；（b）共聚焦显微镜和 STED 显微镜的光点示意图

以典型的 AIE 分子 HPS 为例，STED 常用有机染料香豆素 102 作为参照，详细研究了其用于 STED 显微成像的性能[73]。在 17.2 μW 的激发光和 25 mW 或 5.5 mW 的 STED 光束条件下，通过反复开启和关闭 STED 光束，对 HPS 和香豆素 102 的荧光行为进行调控。当 STED 光束处于开启状态时，荧光发射耗尽，荧光强度降低；当 STED 光束处于关闭状态时，荧光强度恢复。结果表明，HPS 的荧光强度在重复开启和关闭 STED 光束的情况下保持不变，而香豆素 102 的荧光强度则衰减了 60%。HPS 还表现出比香豆素 102 更高的受激发射耗竭效率，在 135 mW 的 STED 光束流强度下，HPS 的发射效率降到了原始值的 70% 以下，而香豆素 102 的发射效率仍然在原始值的 78% 左右。值得注意的是，香豆素 102 的浓度比 HPS 高 7 倍。这些结果表明，HPS 等 AIE 分子是优良的 STED 候选探针。

进一步，AIE 纳米粒子也表现出优异的 STED 应用性能[74, 75]。将红光 AIE 分子 TTF 与 SiO$_2$ 复合得到平均粒径为 24.3 nm 的 TTF@SiO$_2$ 纳米粒子，其吸收峰、发射峰和斯托克斯位移分别为 510 nm、660 nm 和 150 nm[74]。当使用 594 nm 的激发光和 775 nm 的 STED 光时，TTF@SiO$_2$ 纳米粒子的受激发射损耗率高达 60% 以上，在重复开启和关闭 STED 光的过程中几乎没有荧光信号的损失。将 STED 激光功率提高到 312.5 mW，受激发射损耗率可提高到 70%，保证了 STED 显微成像的低荧光本底和高横向分辨率。STED 成像结果显示，TTF@SiO$_2$ 纳米粒子的横向分辨率高达约 30 nm，与它们的实际粒径接近。这一分辨率比共聚焦显微镜下获得的分辨率高 8 倍 [图 1-15（b）]。

此外，利用 AIE 分子的自组装性能构筑小尺寸超稳 AIE 纳米粒子的策略也可以很好地用于 STED 成像[75]。AIE 分子被氧杂环烷功能化得到 Red-AIE-Oxe（图 1-16），然后通过纳米沉淀法制备成 Red-AIE-Oxe 纳米粒子。通过紫外光照射，氧杂环烷基团发生光交联形成平均尺寸约为 15 nm 的超稳定纳米粒子。这些交联的 AIE 纳米粒子可以进一步与靶向基团（如链霉亲和素）键连以获得特异性。利用链霉亲和素和生物素之间强烈的特异相互作用，AIE 纳米粒子被引导到生物素标记的抗体上，从而选择性地结合到相应的蛋白质上。STED 成像结果显示，微管图像分辨率可以提高到 95 nm，从而获取微管的精细结构（图 1-16）。这一策略有望成为实现亚细胞特异性和超分辨成像的通用方法。

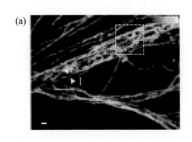
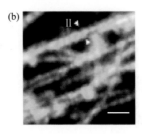
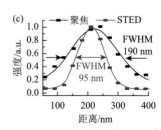

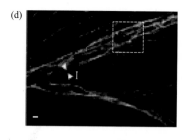
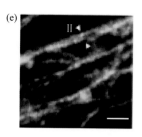
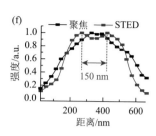

图 1-16 用 Red-AIE-Oxe 纳米粒子标记的微管成像

共聚焦（a）和 STED（d）图像；（b）和（e）分别是（a）和（d）中标记框区域的放大视图；（c）和（f）分别表示（a）与（d）中 I 和（b）与（e）中 II 的箭头指示位置的荧光强度分布；FWHM 表示最高谱带的半高宽；比例尺：1 μm

2. 随机光学重建显微镜

随机光学重建显微镜（stochastic optical reconstruction microscope，STORM）是另一种可以提供高分辨率的先进技术[76]。与 STED 不同，STORM 是一种基于单分子定位的超分辨率成像技术。这项技术的原理是，如果收集到足够数量的光子，并且附近没有其他类似的发光团，就可以高精度地对单个分子进行定域（最小可达 1 nm）。整个过程需要：①稀疏地开启光学可分辨的荧光团子集；②确定活化荧光团的位置；③重复上述两个过程；④根据所有活化荧光团的位置信息重建图像（图 1-17）[77]。

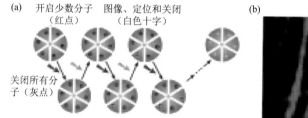
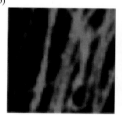
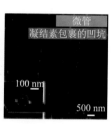

图 1-17 （a）STORM 原理示意图；（b）多色三维 STORM 图像

目前，能够可逆地在开启和关闭状态之间切换或者从暗态不可逆地转变到荧光态的光开关荧光团可适用于 STORM 成像。光开关荧光团的性能是影响 STORM 成像质量的关键因素。用于 STORM 成像的理想荧光团不仅需要具有高荧光量子产率和低背景噪声以实现高定位精度，还需要具有低开关占空比（处于开启状态的时间比例）以提供有效的定位。AIE 的聚集开启荧光特性非常适合用于 STORM 成像[78-81]。通过将 TPE 和二噻吩乙烯（DTE）偶联制备光开关 AIE 分子 DTE-TPE，可以分别在紫外光和可见光下的关闭和开启状态之间切换[78]。DTE-TPE-O 在溶液态和聚集态都不发光，而 DTE-TPE-C 在聚集态发射绿蓝光，在溶液态不发光（图 1-18）。利用 DTE-TPE 的光开关特性，在 STORM 下观察 DTE-TPE 的旋涂薄膜，获得了 81 nm 的高分辨率。用于 STORM 生物成像的其他 AIE 分子将在生物成像部分进行论述。

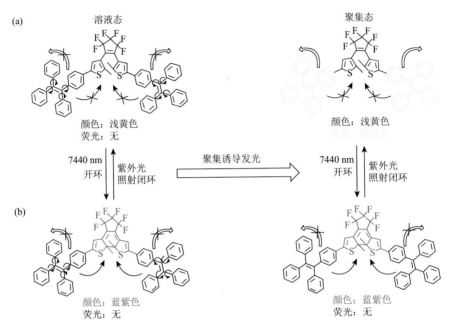

图 1-18　DTE-TPE-O（a）和 DTE-TPE-C（b）光开关示意图

1.6.4　荧光寿命显微成像技术

荧光寿命成像显微镜（fluorescence lifetime imaging microscope，FLIM）是一种基于测量标记染料或研究材料本身光致发光（PL）衰减时间的显微可视化技术。由于荧光团的荧光寿命取决于其分子环境，而与其他变量（如染料浓度或激发光源的功率）的相关性较小，因此 FLIM 成像不易受操作变量的影响，能够给出重复性较好的结果。基于 RIM 这一机理，可以设想 AIE 分子对周围环境的黏度变化具有高灵敏的响应。在黏度大的环境中，触发 RIM，有利于辐射衰变而开启荧光；在黏度小的环境中，难以触发 RIM，从而有利于非辐射衰变而削弱荧光。进一步地，随着环境黏度的增加，AIE 分子的荧光寿命会变长。因此，基于 AIE 分子的荧光寿命变化，可以使用 FLIM 实现环境黏度的可视化[82, 83]。

AIE 分子 TPE-Cy 是一种 pH 敏感型探针，在不同条件下分别显示红色（酸性）和蓝色（碱性）荧光[83]。从化学结构上看，TPE-Cy 的酸式型体和碱式型体（TPE-Cy-OH）具有不同共轭程度，TPE-Cy 对 pH 的光学响应是外部 pH 导致的两种型体的可逆转化［图 1-19（a）］。其中，TPE-Cy-OH 的荧光强度和荧光寿命均与黏度呈正相关：通过将溶液从纯乙二醇替换为含 99.8%甘油的乙二醇，其荧光强度提高了 18 倍，荧光寿命从 0.65 ns 增加到 1.65 ns［图 1-19（b）］。当 TPE-Cy 通过细胞膜扩散到细胞中时，大部分细胞质区域显示 TPE-Cy-OH 的蓝色荧光。在 600 nm 的双光子激发下，细胞内 TPE-Cy 的信号发射峰在 490 nm 处，可与 350 nm 左右的自发荧光很好地分离［图 1-19（d）］。对活 HeLa 细胞的荧光寿命成像表明，

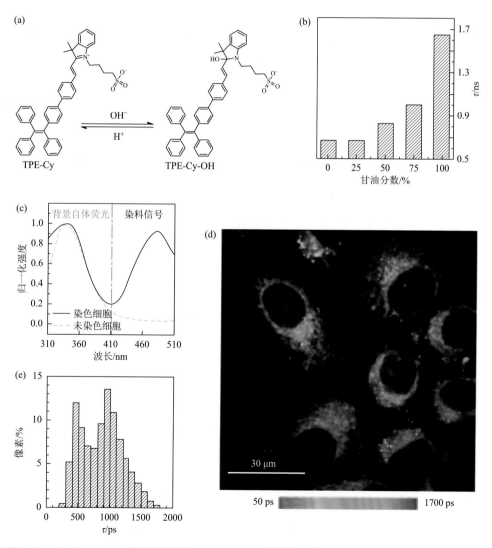

图 1-19 （a）TPE-Cy 的结构及其向 TPE-Cy-OH 的转化；（b）TPE-Cy-OH 在不同黏度下的荧光寿命；（c）细胞自发荧光和双光子激发的 TPE-Cy 荧光比较；TPE-Cy 染色 HeLa 细胞的 FLIM 图像（d）和荧光寿命分布直方图（e），双光子激发波长为 600 nm

荧光寿命分布在 300～1500 ps 的宽范围内 [图 1-19（e）]，这揭示了细胞内部的多种微环境。脂滴的寿命最短，约为 500 ps，这可能是由脂滴的松散堆积所致，表明存在高流动性的环境。

1.6.5 荧光各向异性显微成像技术

荧光各向异性显微镜（fluorescence anisotropy microscope，FAIM）通过检测平行和垂直于激发光的偏振荧光的强度差异进行成像。在均质溶液或无定形聚集体中，荧光团是无规取向的，导致发射光是各向同性的，即在所有方向上的发射强度相同。当无规取向的荧光团通过形成晶体或附着在主导荧光团取向的较大分子上时，发生定向化导致发射光被极化，即增强荧光各向异性信号。通过映射这些各向异性信号，可以对限制荧光团自由取向的局部环境实现可视化。

利用 AIE 分子附着到生物活性大分子上，就可以通过 FAIM 观测这些分子的生物学活性。例如，TPE-Py-NCS（NCS 表示异硫氰酸酯）是一个含有胺反应活性的 AIE 分子，可以与蛋白质上的氨基反应 [图 1-20（a）][84]。进入细胞后，TPE-Py-NCS 会附着在细胞内部广泛的蛋白质网络上，包括膜结合细胞器中的蛋白质网络，其荧光团的各向异性信号能反映出可自由旋转荧光团周围的排除体积。在FAIM 图像中，红色区域表示荧光各向异性大的区域，蓝色区域表示荧光各向异性小的区域 [图 1-20（b）]。利用渗透压应激药物山梨糖醇处理细胞，红色的比例相应增加，反映出荧光各向异性的增加及大分子堆积效应的增加。在有/没有山梨糖醇处理的细胞 FAIM 图像中，荧光各向异性分布图显示，最大群体的各向异性从对照组的 0.29 增加到用 450 mmol/L 山梨糖醇处理后的 0.35 [图 1-20（b）]。此外，

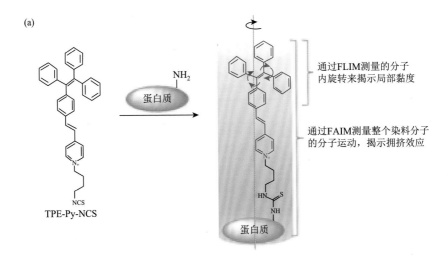

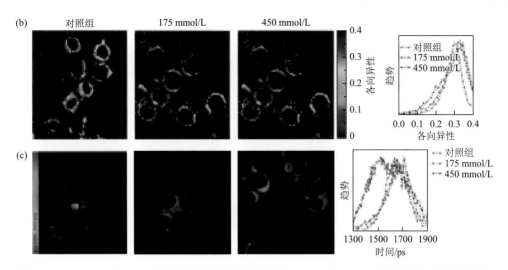

图 1-20　（a）TPE-Py-NCS 通过胺反应标记蛋白质及 FLIM 和 FAIM 监测细胞中微环境变化原理；用不同浓度的山梨糖醇处理 30 min 的固定化 Neuro 2A 细胞的 FAIM 图像和相应的荧光各向异性分布图（b），以及 FLIM 图像和荧光寿命分布图（c）

随着山梨糖醇浓度逐渐增加，观察到各向异性增加了 0.1～0.2，表明荧光团和它们所附着的蛋白质处于两种不同的环境中。结合 FLIM 观察发现，当山梨糖醇浓度增加到 450 mmol/L 时，出现了大量 1.5 ns 的短荧光寿命物种，而荧光寿命较长的物种依旧保持在 1.66 ns［图 1-20（c）］。长荧光寿命物种的恒定寿命表明蛋白质网络的局部黏度在渗透胁迫下没有显著变化；而短荧光寿命物种的出现与 FAIM 数据一致，表明进一步增加渗透压会导致一些 AIE 荧光团与蛋白质网络松散地结合。

1.7　本章小结

　　传统的宽场荧光显微镜结构简单、操作方便，是化学生物实验室中广泛使用的基础可视化设备。随着科学研究的不断深入，传统的宽场显微镜难以满足人们对获取更详细样品信息的需求，如显示更精细的亚细胞结构，精确跟踪物理、化学、生物过程的动态变化，探测细胞内的生物参数等。随后发展的激光共聚焦显微镜，能够获得更清晰的高对比度图像和无损的三维重构图像，已经成为目前主要使用的进阶可视化设备。进一步地，超分辨率成像技术的现世使光学显微镜的分辨率超过了光的衍射极限，逐渐接近了电子显微镜的分辨率水平。此外，利用荧光颜色和强度以外的荧光寿命或偏振信号发展出来的 FLIM 或 FAIM 可视化技术，可以同时测量多种荧光参数来提高识别的准确性。

　　另外，荧光团是决定荧光成像质量、图像分辨率及获得目标信息的关键之一。

为了正确和更好地使用荧光可视化技术，需要持续开发在荧光亮度、荧光开/关切换、光稳定性、环境敏感性等方面具有优异光学性能的荧光材料。AIE 材料是当前最重要的一类高性能荧光材料，已经在荧光可视化方面表现出优异的应用性能和广泛的适用能力。除了继续设计和发展新型结构的 AIE 材料外，如何将已有的 AIE 材料制备成粒径为几纳米的高亮度、高稳定的 AIE 纳米粒子，是进一步提高成像分辨率的重要突破口。当前，大多数 AIE 材料是基于其固有的带电性或疏水性进行分析检测的，其选择性或靶向性有必要进行更大提升，如对 AIE 纳米粒子表面进行多样的功能化或对 AIE 分子结构进行靶向基团修饰等。

参 考 文 献

[1]   Tendeloo G V，Bals S，Aert S V，et al. Advanced electron microscopy for advanced materials. Advanced Materials，2012，24（42）：5655-5675.

[2]   de la Mata M，Molina S I. STEM tools for semiconductor characterization：beyond high-resolution imaging. Nanomaterials（Basel），2022，12：337.

[3]   Garcia R，Herruzo E T. The emergence of multifrequency force microscopy. Nature Nanotechnology，2012，7：217-226.

[4]   Lichtman J W，Conchello J A. Fluorescence microscopy. Nature Methods，2005，2（12）：910-919.

[5]   Teng X，Li F，Lu C. Visualization of materials using the confocal laser scanning microscopy technique. Chemical Society Reviews，2020，49（8）：2408-2425.

[6]   Blom H，Widengren J. Stimulated emission depletion microscopy. Chemical Reviews，2017，117（11）：7377-7427.

[7]   Hong Y N，Lam J W Y，Tang B Z. Aggregation-induced emission：phenomenon，mechanism and applications. Chemical Communications，2009，29（29）：4332-4353.

[8]   Mei J，Leung N L C，Kwok R T K，et al. Aggregation-induced emission：together we shine，united we soar! Chemical Reviews，2015，115（21）：11718-11940.

[9]   Zhao Z，Zhang H K，Lam J W Y，et al. Aggregation-induced emission：new vistas at the aggregate level. Angewandte Chemie，2020，59（25）：9888-9907.

[10]   Ruska E. The development of the electron microscope and of electron microscopy. Bioscience Reports，1987，7（8）：607-629.

[11]   Haider M，Uhlemann S，Schwan E，et al. Electron microscopy image enhanced. Nature，1998，392（6678）：768-769.

[12]   Urban K W. Studying atomic structures by aberration-corrected transmission electron microscopy. Science，2008，321（5888）：506-510.

[13]   Urban K W. Is science prepared for atomic-resolution electron microscopy? Nature Materials，2009，8（4）：260-262.

[14]   Baumeister W，Grimm R，Walz J. Electron tomography of molecules and cells. Trends in Cell Biology，1999，9（2）：81-85.

[15]   Midgley P A. An introduction to off-axis electron holography. Micron，2001，32（2）：167-184.

[16]   Kaneko K，Inoke K，Sato K，et al. TEM characterization of Ge precipitates in an Al-1.6at% Ge alloy. Ultramicroscopy，

2008，108（3）：210-220.

[17] Gass M H，Koziol K K K，Windle A H，et al. Four-dimensional spectral tomography of carbonaceous nanocomposites. Nano Letters，2006，6（3）：376-379.

[18] Gerber C，Lang H P. How the doors to the nanoworld were opened. Nature Nanotechnology，2006，1（1）：3-5.

[19] Binnig G，Quate C F，Gerber C. Atomic force microscope. Physical Review Letters，1986，56（9）：930-933.

[20] Drake B，Pratre C B，Weisenhorn A L，et al. Imaging crystals，polymers，and processes in water with the atomic force microscope. Science，1989，243（4898）：1586-1589.

[21] Radmacher M，Tillamnn R，Fritz M，et al. From molecules to cells：imaging soft samples with the atomic force microscope. Science，1992，257（5078）：1900-1905.

[22] Ando T，Uchihashi T，Kodera N. High-speed AFM and applications to biomolecular systems. Annual Review of Biophysics，2013，42（1）：393-414.

[23] Zhang S，Aslan H，Besenbacher F，et al. Quantitative biomolecular imaging by dynamic nanomechanical mapping. Chemical Society Reviews，2014，43（21）：7412-7429.

[24] Dufrene Y F，Ando T，Garcia R，et al. Imaging modes of atomic force microscopy for application in molecular and cell biology. Nature Nanotechnology，2017，12（4）：295-307.

[25] Frisbie C D，Rozsnyai L F，Noy A，et al. Functional group imaging by chemical force microscopy. Science，1994，265（5181）：2071-2074.

[26] Hinterdorfer P，Dufrene Y F. Detection and localization of single molecular recognition events using atomic force microscopy. Nature Methods，2006，3（5）：347-355.

[27] Muller D J，Helenius J，Alsteens D，et al. Force probing surfaces of living cells to molecular resolution. Nature Chemical Biology，2009，5：383-390.

[28] Dufrene Y F，Martinez-Martin D，Medalsy I，et al. Multiparametric imaging of biological systems by force-distance curve-based AFM. Nature Methods，2013，10（9）：847-854.

[29] Galvagnion C，Buell A K，Meisl G，et al. Lipid vesicles trigger α-synuclein aggregation by stimulating primary nucleation. Nature Chemical Biology，2015，11：229-234.

[30] Lind T K，Zielińska P，Wacklin H P，et al. Continuous flow atomic force microscopy imaging reveals fluidity and time-dependent interactions of antimicrobial dendrimer with model lipid membranes. ACS Nano，2014，8（1）：396-408.

[31] Ko S H，Su M，Zhang C，et al. Synergistic self-assembly of RNA and DNA molecules. Nature Chemistry，2010，2（12）：1050-1055.

[32] Mari S A，Pessoa J，Altieri S，et al. Gating of the Mloti K1 potassium channel involves large rearrangements of the cyclic nucleotide-binding domains. Proceedings of the National Academy of Sciences of the United States of America，2011，108（51）：20802-20807.

[33] Gudzenko T，Franz C M. Studying early stages of fibronectin fibrillogenesis in living cells by atomic force microscopy. Molecular Biology of the Cell，2015，26（18）：3190-3204.

[34] 杨治河，闫丽，李红林，等. 现代显微成像技术及其在细胞生物学中的应用. 解剖学报，2018，49（6）：846-851.

[35] de Felipe J. The dendritic spine story：an intriguing process of discovery. Frontiers Neuroanatomy，2015，9：14.

[36] Zernike F. The concept of degree of coherence and its application to optical problems. Physica，1938，5（8）：785-795.

[37] Preza C，Snyder D L，Conchello J A. Theoretical development and experimental evaluation of imaging models for differential-interference-contrast microscopy. Journal of the Optical Society of America A，1999，16（9）：2185-2199.

[38] Zheng H，Xu R S，Zhang J L，et al. A comprehensive review of characterization methods for metallurgical coke structures. Materials，2022，15（1）：174.

[39] Thul P J，Akesson L，Wiking M，et al. A subcellular map of the human proteome. Science，2017，356（6340）：820.

[40] Tsien R Y. The green fluorescent protein. Annu Review Biochemistry，1998，67：509-544.

[41] Sauer M，Heilemann M. Single-molecule localization microscopy in eukaryotes. Chemical Reviews，2017，117（11）：7478-7509.

[42] Kondo T，Chen W J，Schlau-Cohen G S. Single-molecule fluorescence spectroscopy of photosynthetic systems. Chemical Reviews，2017，117（2）：860-898.

[43] Jares-Erijman E A，Jovin T M. FRET imaging. Nature Biotechnology，2003，21（11）：1387-1395.

[44] Jablonski A. Efficiency of anti-Stokes fluorescence in dyes. Nature，1933，131（3319）：839-840.

[45] Lakowicz J R. Principles of Fluorescence Spectroscopy. 3rd ed. New York：Springer，2006.

[46] 许金钩，王尊本. 荧光分析法. 3版. 北京：科学出版社，2016.

[47] Schulman S G. Molecular Luminescence Spectroscopy. New York：Wiley Interscience，1993.

[48] Sinnecker D，Voigt P，Hellwig N，et al. Reversible photobleaching of enhanced green fluorescent proteins. Biochemistry，2005，44（18）：7085-7094.

[49] Tu Y J，Zhao Z，Lam J W Y，et al. Mechanistic connotations of restriction of intramolecular motions（RIM）. National Science Review，2021，8（6）：260.

[50] Yao L，Zhang S T，Wang R，et al. Highly efficient near-infrared organic light-emitting diode based on a butterfly-shaped donor-acceptor chromophore with strong solid-state fluorescence and a large proportion of radiative excitons. Angewandte Chemie，2014，53：2119-2123.

[51] Zhang C，Wang Z，Song S，et al. Tetraphenylethylene-based expanded oxacalixarene：synthesis，structure，and its supramolecular grid assemblies directed by guests in the solid state. Journal of Organic Chemistry，2014，79（6）：2729-2732.

[52] Hu R R. Leung N L，Tang B Z. AIE macromolecules：syntheses，structures and functionalities. Chemical Society Reviews，2014，43（13）：4494-4562.

[53] Chen M，Li L Z，Nie H，et al. Tetraphenylpyrazine-based AIEgens：facile preparation and tunable light emission. Chemical Science，2015，6（13）：1932-1937.

[54] Kokado K，Sada K. Consideration of molecular structure in the excited state to design new luminogens with aggregation-induced emission. Angewandte Chemie，2019，58（26）：8632-8639.

[55] Xu W，Lee M M S，Zhang Z，et al. Facile synthesis of AIEgens with wide color tunability for cellular imaging and therapy. Chemical Science，2019，10（12）：3494-3501.

[56] Guo Z Q，Park S，Yoon J，et al. Recent progress in the development of near-infrared fluorescent probes for bioimaging applications. Chemical Society Reviews，2014，43（1）：16-29.

[57] Dempsey G T，Vaughan J C，Chen K H，et al. Evaluation of fluorophores for optimal performance in localization-based super-resolution imaging. Nature Methods，2011，8（12）：1027-1036.

[58] Bernas T，Zarebski M，Dobrucki J W，et al. Minimizing photobleaching during confocal microscopy of fluorescent

probes bound to chromatin: role of anoxia and photon flux. Journal of Microscopy, 2004, 215 (3): 281-296.

[59] White J G, Amos W B, Fordham M. An evaluation of confocal versus conventional imaging of biological structures by fluorescence light microscopy. The Journal of Cell Biology, 1987, 105 (1): 41-48.

[60] Minsky M. Memoir on inventing the confocal scanning microscope. Scanning, 1988, 10 (4): 128-138.

[61] Conchello J A, Hansen E W. Nhanced 3-D reconstruction from confocal scanning microscope images. I. Deterministic and maximum likelihood reconstructions. Applied Optics, 1990, 29 (26): 3795-3804.

[62] Paddock S. Confocal Microscopy. Oxford: Oxford University Press, 2001.

[63] Sandison D R, Piston D W, Williams R M, et al. Quantitative comparison of background rejection, signal-to-noise ratio, and resolution in confocal and full-field laser scanning microscopes. Applied Optics, 1995, 34 (19): 3576-3588.

[64] 李茜, 李路海. 激光扫描共聚焦显微镜在形状测量上的应用研究. 分析仪器, 2018, 6: 137-140.

[65] Conchello J A, Kim J J, Hansen E W. Enhanced three-dimensional reconstruction from confocal scanning microscope images. II. Depth discrimination versus signal-to-noise ratio in partially confocal images. Applied Optics, 1994, 33 (17): 3740-3750.

[66] Verveer P J, Swoger J, Pampaloni F, et al. High-resolution three-dimensional imaging of large specimens with light sheet-based microscopy. Nature Methods, 2007, 4 (4): 311-313.

[67] Neil M A, Juskaitis R, Wilson T. Method of obtaining optical sectioning by using structured light in a conventional microscope. Optics Letters, 1997, 22 (24): 1905-1907.

[68] Hanley Q S, Verveer P J, Jovin T M. Optical sectioning fluorescence spectroscopy in a programmable array microscope. Applied Spectroscopy, 2016, 52 (6): 783-789.

[69] Agard D A. Optical sectioning microscopy: cellular architecture in three dimensions. Annual Review of Biophysics and Biomolecular Structure, 1984, 13 (1): 191-219.

[70] Stutz G E. Laser scanning system design. Photonics Spectra, 1990, 24: 113-116.

[71] Callamaras N, Parker I. Construction of a confocal microscope for real-time x-y and x-z imaging. Cell Calcium, 1999, 26 (6): 271-279.

[72] Hell S, Reiner G, Cremer C, et al. Aberrations in confocal fluorescence microscopy induced by mismatches in refractive index. Journal of Microscopy, 1993, 169 (3): 391-405.

[73] Yu J X, Sun X H, Cai F H, et al. Low photobleaching and high emission depletion efficiency: the potential of AIE luminogen as fluorescent probe for STED microscopy. Optied Letters, 2015, 40 (10): 2313-2316.

[74] Li D Y, Qin W, Xu B, et al. AIE nanoparticles with high stimulated emission depletion efficiency and photobleaching resistance for long-term super-resolution bioimaging. Advanced Materials, 2017, 29 (43): 1703643.

[75] Fang X F, Chen X Z, Li R Q, et al. Multicolor photo-crosslinkable AIEgens toward compact nanodots for subcellular imaging and STED nanoscopy. Small, 2017, 13 (41): 1702128.

[76] Rust M J, Bates M, Zhuang X. Sub-diffraction-limit imaging by stochastic optical reconstruction microscopy (STORM). Nature Methods, 2006, 3: 793-795.

[77] Fernandez-Suarez M, Ting A Y. Fluorescent probes for super-resolution imaging in living cells. Nature Reviews Molecular Cell Biology, 2008, 9 (12): 929-943.

[78] Li C, Gong W L, Hu Z, et al. Photoswitchable aggregation-induced emission of a dithienylethene-tetraphenylethene conjugate for optical memory and super-resolution imaging. RSC Advances, 2013, 3 (23): 8967-8972.

[79] Gu X G, Zhao E G, Zhao T, et al. A mitochondrion-specific photoactivatable fluorescence turn-on AIE-based

bioprobe for localization super-resolution microscope. Advanced Materials，2016，28（25）：5064-5071.

[80] Lo C Y，Chen S J，Creed S J，et al. Novel super-resolution capable mitochondrial probe，MitoRed AIE，enables assessment of real-time molecular mitochondrial dynamics. Scientific Reports，2016，6：30855.

[81] Zhao N，Chen S J，Hong Y N，et al. A red emitting mitochondria-targeted AIE probe as an indicator for membrane potential and mouse sperm activity. Chemical Communications，2015，51（71）：13599-13602.

[82] Gao M X，Hong Y N，Chen B，et al. AIE conjugated polyelectrolytes based on tetraphenylethene for efficient fluorescence imaging and lifetime imaging of living cells. Polymer Chemistry，2017，8（26）：3862-3866.

[83] Chen S J，Hong Y N，Zeng Y，et al. Mapping live cell viscosity with an aggregation-induced emission fluorogen by means of two-photon fluorescence lifetime imaging. Chemistry: A European Journal，2015，21（11）：4315-4320.

[84] Soleimaninejad H，Chen M Z，Lou X，et al. Measuring macromolecular crowding in cells through fluorescence anisotropy imaging with an AIE fluorogen. Chemical Communications，2017，53（19）：2874-2877.

AIE 分子自组装可视化研究

2.1 引言

　　自组装过程在自然界中是一常见现象，例如，细胞膜是由磷脂双分子层自组装而成；DNA 分子的双螺旋结构也是由氢键和磷酸二酯键的连接自组装而成。受自然界启发，研究者通过各种方法制备了多种自组装体。最早的自组装可以追溯到 1913 年，到目前为止，化学家已经构建了从纳米到毫米甚至更大尺度的自组装结构。基于分子间非共价相互作用，如氢键、卤素键、配位作用、疏水作用、范德瓦耳斯力、静电作用等，可以精确控制构筑大量的新组装体，从而构筑先进功能材料[1]。因此，自组装在分子识别、生物成像、催化剂、药物传输领域引起了极大的关注。

　　AIE 分子由于具有优异的光稳定性、低背景、独特的荧光行为等优点，广泛地应用于光电子学显示、生物成像等，成为研究的热点。将 AIE 分子引入自组装过程，通过 AIE 分子特殊的荧光性能，有望实现对自组装过程转变的可视化，为自组装过程提供丰富的信息，进而为新型自组装材料的设计提供新的思路。本章主要介绍了 AIE 分子在自组装过程中的可视化应用。

2.2 晶体形成及转变过程可视化

　　晶体是由分子、原子、离子等在三维空间周期性排列而成的，当原子、离子或分子根据其固有性质沿三维空间的特定方向组装时，就会发生结晶过程[2]。晶体的性能由其结构和化学成分决定，不同的晶体具有独特的物理性能。晶体的电学、磁学、光学和力学等性质，赋予了晶体多样的材料角色，如半导体晶体、光学晶体、绝缘晶体等可以用于通信、集成电路、生物医学材料等，这些晶体材料与空间、电子、新能源开发等科学研究息息相关，可以说晶体是现代正常生活和科学技术发展中不可缺少的重要角色。

晶体形成过程研究涉及对晶体从母相开始生长的界面的观察，从而研究其生长机制。金属和简单化合物等材料中晶体的生长过程比较简单，利用建模、模拟计算方法已经建立了一定的认识。而有机分子的晶体生长环境严苛、过程较为复杂，形成的晶体通常很小，需要依赖透射电子显微镜、原子级电子成像和分子模拟等技术进行实时监测。这些技术不仅需要昂贵高科技仪器，而且在结晶过程中的晶相-非晶共存区域观测也不清晰，因此并不能有效地进行原位观察[3]。一种方法是利用溶液或悬浮液中的微胶体颗粒作为模型系统来研究相变和成核。虽然这种方法对实验设备的要求很低，可以用普通光学显微镜记录下来，但这种模型系统是在设置情况下模拟的、不真实的，因此也不能普遍应用[4]。

AIE 材料的发现使结晶过程的原位实时监测成为可能。将具有 AIE 性质的基团引入有机分子体系，利用结晶过程中分子运动受限从而诱导体系发光，将有机分子的荧光发射与结晶过程连接起来，不仅可实现结晶过程的可视化，还将实现固态下晶相转化过程的可视化（图 2-1）。

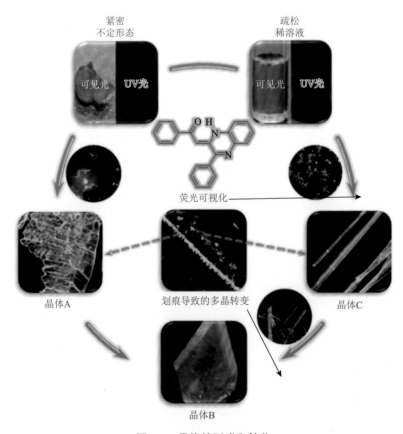

图 2-1　晶体的形成和转化

2.2.1　结晶过程原位观察

晶体的形成是分子从非晶态向晶态转变的过程。然而结晶过程往往发生在封闭的环境中，很难通过外界的表征手段直接观察到结晶过程。研究具有 AIE 性能分子的结晶过程，可以通过 AIE 分子的荧光发射波长及发射强度的变化，实现晶体结晶过程的可视化原位、实时观察，为分子结晶过程提供新的认识。

结晶过程伴随着荧光变化，而荧光变化的本质在于分子聚集排列方式的不同，因此可以实现对微观分子层面的监测。在以上理论的基础上，继续研究同分异构分子和系列衍生物分子的结晶性质，将对晶体材料开发产生重要意义[5]。

在溶液结晶过程中，晶核的形成对晶体生长具有重要的意义。经典的成核理论认为，结晶过程是分子或原子聚集在一起，以结晶的形式排列，随着其他分子一个接一个地增加，使晶格扩展，一步形成晶核，晶核通过微小的波动达到临界大小，并成长为稳定的晶体。然而，有些计算和实验结果无法通过经典的成核理论来解释，很多结晶过程中间会经过一个性质介于非晶态与晶态的中间态——两步成核模型[6, 7]。

Ye 等[8]设计了一种新型的 TPE 衍生物 1, 2-双(7-溴-9, 9-二丁基-芴基)-1, 2-二苯乙烯（BBFT），其结晶相呈蓝色荧光发射（466 nm），非晶态呈黄绿色（525 nm）。其发射波长差别约为 60 nm，可以有效区分晶态和非晶态。在温和的条件下，通过溶剂蒸气熏蒸可以实现非晶态和晶态的转变。通过在荧光显微镜下监测材料的荧光发射行为来监测结晶过程的细节。在乙醇蒸气熏蒸下，该液滴为圆形，呈绿色荧光 [图 2-2（a）]，在暴露于乙醇蒸气中 10 h 后，从圆心开始变为蓝色，而且在明显的蓝色核周围有浅蓝色光环，应该是介于绿色非晶态和蓝色结晶相之间的中间状态 [图 2-2（b）]。随着时间的推移，蓝色区域变得更大。50 h 后，每个粒子的核心的大部分变成蓝色，中间的环逐渐消失，蓝色区域也逐渐向外扩张 [图 2-2（c）和（d）]，表明了粒子从核心结晶向外生长。通过 TEM 对这一结晶过程进行验证发现，核心区域的颜色比外部区域的颜色更深，表明结晶作用使得核心区域的密度更大。继续延长结晶时间，粒子的外壳仍有亮绿色荧光，说明外壳仍处于非晶态，从核中自发生长的晶体不能穿透粒子壳而使整个粒子结晶。因此，通过合理地引入 AIE 发光基团，设计荧光分子，可以实现分子结晶过程的原位和直接观察。

许多有机分子表现出特有的光谱变化，这种变化取决于它们的电子状态、组

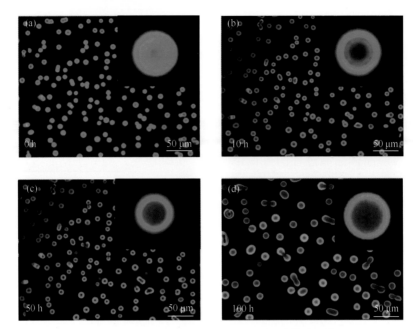

图 2-2 微粒在乙醇蒸发前后不同时间的荧光图像

装方式、大小及所处的环境。在过去的十余年中，已经有许多关于有机分子中 AIE 的报道，将 AIE 引入有机分子，能够帮助了解晶体的聚集动力学。

氰基苯磺酰化的 1-氰基-反式-1, 2-双-(4′-甲基联苯)-乙烯（CN-MBE）分子是一种具有 AIE 性质的有机分子,利用荧光显微镜对溶剂蒸发过程中 CN-MBE 发射的光谱和强度变化进行了表征，实现了晶体形成过程的可视化[9]。二氯乙烷（DCE）液滴中的 CN-MBE 分子在溶剂蒸发过程中的荧光显微镜图像如图 2-3 所示，初

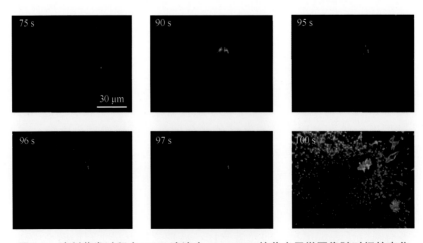

图 2-3 溶剂蒸发过程中 DCE 液滴中 CN-MBE 的荧光显微图像随时间的变化

始的 75 s 内，液滴中没有荧光显示，90 s 后蓝紫色荧光出现，这说明结晶过程的发生，随着时间的推移，更多聚集体聚集在初始特征周围，荧光强度增加，直到 100 s 蒸发完成。CN-MBE 分子结晶过程的 AIE 现象表明，可以通过荧光强度的变化来表征有机晶体形成的动力学。

假设光谱来自两种物质：一种是平面构象的单体，另一种是 J-聚集体。J-聚集体的光谱来源于 CN-MBE 晶体。通过观察溶剂蒸发过程中 CN-MBE 总荧光强度和 J-聚集体相对丰度的时间演变（图 2-4），发现 J-聚集体（蓝色圆圈）的形成速度快于总荧光强度（红色圆圈）的增加，说明 J-聚集体的荧光特性存在一定的滞后性，有力地说明了 J-聚集体是晶核形成的前驱体，从 J-聚集体到晶核的生长是成核过程的速率决定步骤。然而，由于溶剂蒸发的演化是一个动态的过程，因此溶剂蒸发过程使分子包装结构和尺寸的详细信息的提取变得复杂。虽然 J-聚集体的重要性已被揭示，但其在 AIE 分子中的成核和聚集态结构等具体机制尚未阐明。

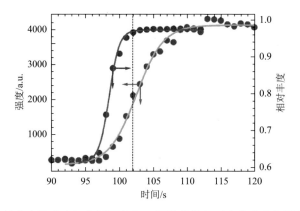

图 2-4　CN-MBE 的荧光强度（红色圆圈）和 J-聚集体的相对丰度（蓝色圆圈）随时间的变化

后来 Ito 等利用荧光光谱和扫描电子显微镜研究了溶质分子 CN-MBE 在水和丙酮二元溶液中结晶的初始过程（图 2-5）[10]。为了提取单个聚集组分和集合体的丰度谱和光谱，将多元曲线分辨-交替最小二乘（MCR-ALS）用于荧光激发光谱。发现二聚物的光谱特征取决于二聚物的形态，蓝色、绿色、红色和橙色的光谱可以分别归属于单体、H-二聚体、H-聚合物和 J-二聚体。蓝色光谱的丰度随着水含量（f_w）增加而单调降低，红色光谱的丰度随 f_w 增加而急剧增加，并最终成为纳米聚集体的主要成分，橙色光谱在 f_w 为 40%～50% 范围内成分较高，这四个化合物的相对丰度随 f_w 在所有监测波长下均得到很好的再现。仅在 40%～50% 的 f_w 范围内观察到 J-二聚体状态，与在上面关于溶剂蒸发诱导的 CN-MBE 结晶的研究中，聚集体形成之前也观察到 J-二聚体的出现现象一致。这均表明，J-二聚体作为聚集体形成的过渡化合物起着重要作用。因此，对 AIE 的详细观察和分析可以提供有关晶体形成初期分子聚集动力学的信息。

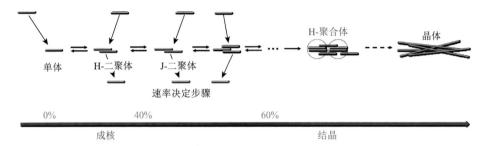

图 2-5　CN-MBE 在丙酮/水混合溶液中的聚集过程的示意图

　　Li 等合成了一系列具有不同烷基链的吡啶功能化四苯基乙基盐（TPEPy-1～TPEPy-4），并深入研究了链长对其光学性能和应用的影响[11]。在二甲基亚砜（DMSO）和水的混合溶液中，随着水含量的增加，溶液的极性增加，四种分子出现了两种不同的荧光发射行为。对于具有较短烷基链的 TPEPy-1 和 TPEPy-2 而言，其发射降低并在水含量为 99% 处达到最小值［TPEPy-1 的荧光变化如图 2-6（a）和（b）所示］；对于带有较长烷基链的 TPEPy-3 和 TPEPy-4 而言，荧光显著增强，与纯 DMSO 溶液相比，发射强度在水含量为 99% 时提高了近20 倍［TPEPy-3 的荧光变化如图 2-6（c）和（d）所示］。考虑到它们相似的电子结构，这种完全相反的发射行为可能与不同烷基链的长度有关，结合动态光散射（DLS）数据，发现随着链长的增加，其疏水性增强，在极性溶剂中就更容易形成小的聚集体，由于 AIE 性质，荧光信号更强。

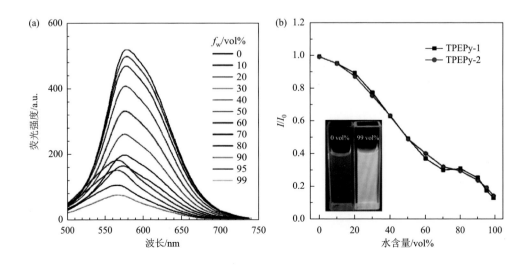

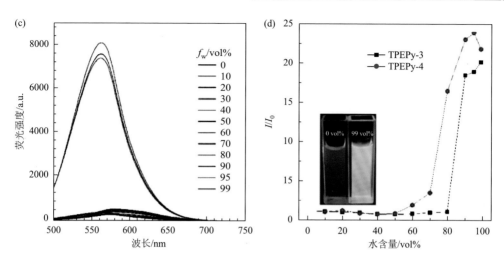

图 2-6　TPEPy-1〔(a)和(b)，20 μmol/L〕和 TPEPy-3〔(c)和(d)，20 μmol/L〕在不同水含量（f_w）的 DMSO/水混合溶液中的 PL 光谱及其荧光强度随溶液组成的变化

为了更深入地了解烷基链长度与固态发射之间的关系，在二氯甲烷/正己烷混合溶液中通过缓慢蒸发培养了四种晶体，在荧光显微镜下，TPEPy-1 至 TPEPy-4 的晶体样品呈现出从红色、黄色、橙色到绿色的各种发射颜色（图 2-7）。这种差异可能是由于烷基链长度的变化影响了分子在晶态的排列，因此这种改变侧链长度的策略也提供了一种理想的方法来制造颜色可调的固态荧光材料。

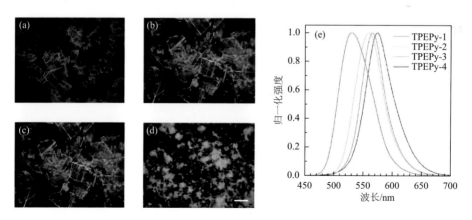

图 2-7　在荧光显微镜下，TPEPy-1(a)、TPEPy-2(b)、TPEPy-3(c)和 TPEPy-4(d)的荧光图像（比例尺：100 μm）及相应晶体样品的 PL 光谱(e)

Zhu 等报道了外消旋 C6-未取代四氢嘧啶分子（THPs，图 2-8）的不同对映体对自组装的影响[12]。THPs 具有典型的 AIE 性质，在溶液中无发射，在聚集状态

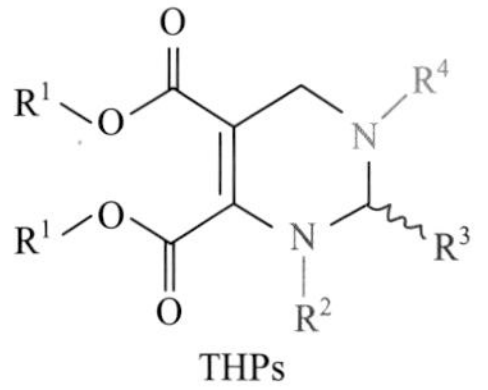

图 2-8　THPs 的分子结构

下产生很强的荧光。THPs 与已报道的小的有机 AIE 化合物不同，THPs 不具有带有多个可旋转芳基的共轭部分，它们的分子具有高立体感和柔韧性，并带有一个非芳族手性中心环（四氢嘧啶），该环通过三个彼此不共轭的芳基环连接。THPs 的强 AIE 被证明不仅限制了分子内运动（作为常见的 AIE 化合物），而且还导致了不寻常的贯穿键和空间的共轭，辐射优先相互交叉的局部激发（LE）和分子内电荷转移（ICT）激发态。有趣的是，THPs 的异对映体自组装可以高度增强其荧光。同时还发现 THPs 在不同温度范围内具有异常敏感的荧光热响应特性。

在该研究中，设计并合成了 66 个具有不同取代基 $R^1 \sim R^4$ 的 THPs，以详细研究取代基团对 THPs 光学性质的影响，并制备了 22 个具有不同 X 射线衍射的单晶用以了解结构之间的关系和异构对映体自组装。结果表明这些多晶型是通过其 R 和 S 对映体的不同排列形成的，在分析了 22 种晶体的分子堆积特征后，R 和 S 对映体的排列可分为四种：RR/SS 和 RS 重叠模式，RR/SS 和 RS 配对模式，表 2-1 为 22 种晶体的分子排列及其荧光性质。实验结果表明：①所有 $R^1 \sim R^4$ 的影响都取决于它们的组合，并且通过简单地改变 $R^1 \sim R^4$ 组合可以大大提高 THPs 的固态发射。②在相同的分子堆积模式下，带有给电子/吸电子取代基的芳香族 R^2 和 R^4 引起发射波长（λ_{em}）的红/蓝偏移，但 R^1 和 R^3 几乎不影响 λ_{em}。③分子堆积模式对 λ_{em} 的影响大于对荧光发射的影响，而 RR/SS 重叠模式则导致更长的 λ_{em}，仅当使用较小尺寸的芳基作为 R^3 时才形成。④具有芳基 R^2 和 R^4 的 THPs 存在空间电子共轭，这极大地影响 THPs 的最高占据分子轨道（HOMO）和最低未占分子轨道（LUMO）离域。THPs 及其取代基 $R^1 \sim R^4$ 的细微变化会导致其固态光学性能发生重大变化。

表 2-1　不同 $R^1 \sim R^4$ 的 THPs 在单晶中的分子排列及其荧光性质

序号	THPs	R^1	R^2	R^4	R^3	MPM	$\alpha^a/°$	λ_{ex}/nm	λ_{em}/nm	$\Phi_p^b/\%$
1	**1c**	Et	Ph		Ph	RR/SS-重叠	36.46	409	484	93
2	**29c′**	Me	Ph	4-BrPh	Ph	RR/SS-重叠	32.93	380	488	79
3	**38c′**	Me	Ph		Ph	RR/SS-重叠	31.81	387	484	28
4	**43c′**	Me	4-FPh		Ph	RR/SS-重叠	33.93	373	486	71
5	**45c**	Me	4-BrPh		Ph	RR/SS-重叠	34.50	390	468	52
6	**1b**	Et	Ph		Ph	RS-配对	49.24	354	434	72

续表

序号	THPs	R¹	R²	R⁴	R³	MPM	α^a/°	λ_{ex}/nm	λ_{em}/nm	Φ_p^b /%
7	**29c**	Me	Ph		4-BrPh	*RS*-重叠	31.62	367	459	100
8	**38c**	Me	Ph		Ph	*RS*-配对	48.62	370	469	48
9	**43c**	Me	4-FPh		Ph	*RS*-配对	43.44	363	465	78
							54.22			
10	**45p**	Me	4-BrPh		Ph	*RS*-配对	53.04	330	425	30
11	**45b**	Me	4-BrPh		Ph	*RR/SS*-配对	42.32	365	445	20
							43.50			
12	**2**	Et	Ph		4-BrPh	*RR/SS*-重叠	36.68	374	472	80
13	**8**	Et	4-ClPh		Ph	*RR/SS*-重叠	34.51	377	469	82
14	**14**	Et	4-BrPh		Ph	*RR/SS*-重叠	33.40	384	465	52
15	**46**	Me	4-MePh		Ph	*RR/SS*-重叠	34.69	382	492	50
16	**60**	Me	3-CF₃Ph	4-BrPh	Ph	*RR/SS*-重叠	31.75	346	450	89
17	**30**	Me	Ph		4-CNPh	*RS*-重叠	31.16	355	459	96
18	**33**	Me	Ph		4-MeOPh	*RS*-重叠	35.45	392	471	84
19	**40**	Me	Ph		3-MeO-4-OHPh	*RS*-配对	49.09	362	465	21
20	**34**	Me	Ph		thiophen-2-yl	*RR/SS*-配对	47.60	350	446	83
							59.41			
21	**16**	Et	PhCH₂		Ph	*RR/SS*-配对	ndᶜ	ndᶜ	ndᶜ	ndᶜ
22	**49**	Me	PhCH₂		Ph	*RS*-配对	ndᶜ	ndᶜ	ndᶜ	ndᶜ

　a 苯基 C 和—C≡C—面的二面角；

　b 通过积分球得到的绝对量子产率（发射波长小于 470 nm 时激发波长为 350 nm，发射波长大于 470 nm 时激发波长为 400 nm）；

　c 未检测到。

2.2.2　晶体转化过程可视化观察

　　研究发现，在众多已发现的发光有机单晶中，化合物的多种形态或晶体结构表现出完全不同的物理化学性质，因此晶体的多态性引起了人们的特别关注。考虑到不同的多态性是由具有相同分子结构的分子组成的，它们被认为是揭示有机发光材料结构性质关系的理想模型。此外，晶体在受到外界刺激时常常伴随相变、荧光变化等明显特征，这也为可视化研究晶体转化提供了科学依据[13]。另外，外界刺激反应，如光、热、暴露在蒸气中及机械压力都会引发晶体多态性的转变。

1. 多晶间的相互转变

Zheng 等利用(Z)-1-苯基-2-[3-苯基-喹喔啉-2(1H)-亚烷基]乙酮（PPQE）的结晶诱导发射特性和依赖于多态性的发光特性，成功地监测晶体的转化过程，以及非晶态和稀溶液的晶体形成[14]。在可控条件下，获得了二种具有不同发光行为的 PPQE 多晶型，观察到两对多晶型之间的晶体转变。PPQE 在溶液中无定形状态下几乎不发光，但其多晶型物表现出明显的发光行为。PPQE 在 DMSO 溶液中，形成片状晶体 A；在良好的溶剂如 CH_2Cl_2、丙酮和乙腈中，得到块状晶体 B。在混合溶剂中，如不良溶剂（如甲醇、石油醚或己烷）的存在下，生成了针状晶体 C。对三种多晶型物的单晶结构进行分析表明，它们在分子构型和堆积方式上存在显著差异（图 2-9）。

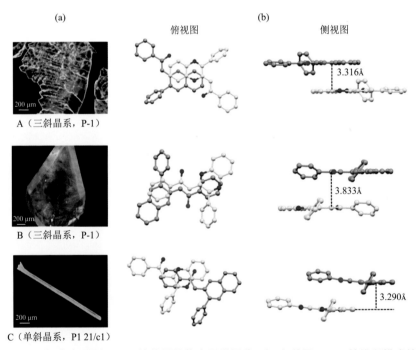

图 2-9　（a）多晶型 A～C 的单晶的荧光显微图像；（b）单晶 A～C 的堆积模式的俯视图和侧视图

在晶体制备过程中，观察到了有趣的自发晶体从针状晶体 C 转变为块状晶体 B。如图 2-10（a）～（d）所示，在 PPQE 的饱和乙腈溶液中，冷却至室温 10 min

后，得到大量绿色针状晶体 C。没有外界刺激条件下，5 h 之后，观察到从针状晶体到具有橙色发射的棒状晶体的自发转变［图 2-10（e）～（h）］。在图 2-10（h）突出显示的棒状晶体中，发射颜色逐渐从绿黄色变为橙色。1 天后，大多数针状晶体已转变为块状晶体 B［图 2-10（i）～（l）］。转换可在 2 天之内完成，最后在溶剂系统中未观察到任何针状晶体 C［图 2-10（m）～（p）］。另外，通过将晶体 A 放入 PPQE 的饱和乙腈溶液中 2 天也可以实现从晶体 A 到晶体 B 的晶体转变。

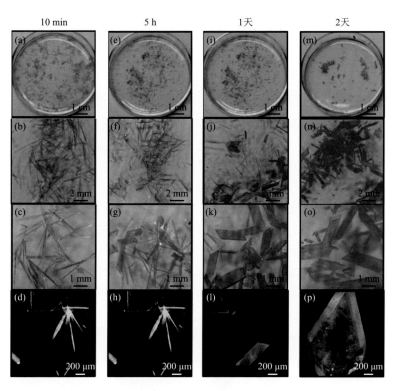

图 2-10　PPQE 晶体转化过程

通过对苯环旋转能垒的理论计算证明，晶体 B 分子结构具有最高的稳定性，因此晶体 A 和晶体 C 在室温的饱和溶液中，它们都能自发地转变成热力学稳定的晶体 B。最后发现，外界划痕会导致多晶型物的产生，如图 2-11 所示，用注射器针头刮擦玻璃表面上的 PPQE 的饱和丙酮/叔丁醇溶液液滴时，能观察到快速刮擦引起的多种类型晶体形成。由于划伤玻璃的接触表面会产生缺陷，这些缺陷可能会减少成核壁垒并促进结晶。注射器针头与玻璃基板之间有两个接触面积和压力不同的可能的接触点，这导致形成了不同的晶体。

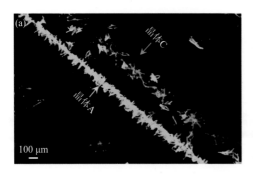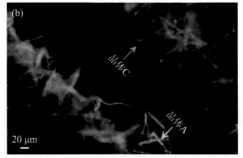

图 2-11　在溶剂蒸发过程中，在 PPQE 的饱和丙酮/叔丁醇混合溶液中，用注射器针头刮擦引起的组装晶体线的荧光显微图像

2. 单晶间的相互转变

Ge 等设计合成了具有 AIE 性质的 7-[4-(1, 2, 2-三苯基乙烯基)苯基]二苯并-[*f, h*]喹喔啉-2, 3-二碳腈（3DQCN）分子，研究 3DQCN red 和 3DQCN orange 之间的单晶相变[15]。如图 2-12（a）所示，针状 3DQCN red 单晶从室温加热到 270℃发生相变，相变后，单晶的形状和完整性得以保留，但可见光和偏振光下的颜色和荧光都发生了明显的变化。晶体的颜色变浅，其原始的红色发光在紫外光下变为橙色。图 2-12（b）为相变过程的荧光图像。3DQCN orange 首先出现在晶体的一端，与 3DQCN red 形式相比，发射强度降低，可以清楚地观察到两相之间的界面。随着相变的进行，3DQCN orange 域逐渐向另一端扩展，在不到 3 min 的时间内使整个晶体变成 3DQCN orange 形式。值得注意的是，3DQCN orange 在热力学上更稳定，所以由 3DQCN red 到 3DQCN orange 的转变是单向的。通过单晶 X 射线衍射

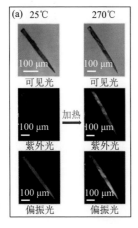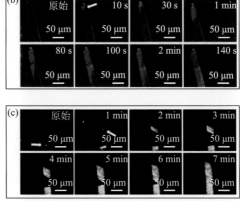

图 2-12　3DQCN 晶体相变前后在可见光下、紫外光和偏振光下的图片（a），以及不同时间下在紫外光及偏振光下拍摄的变化过程图 [（b）和（c）]

（SCXRD）分析直接揭示晶体中分子的详细排列。对相变前后分子堆积方式进行研究，发现 3DQCN red 柱状堆叠阵列内的反平行堆积模式变成了 3DQCN orange 中每两个相邻分子对之间的配对反平行堆积模式。发现分子间堆积，特别是 π-π 相互作用，比分子的构象发挥更加重要的作用。在转变过程中，分子层的取向几乎没有改变，界面与自身保持平行。保持分子层和界面运动被认为是避免单晶化变质从而保持单晶-单晶转变的关键。

3. 同分异构分子的晶体转化差异

在晶体转换的研究中，同一分子式的同分异构体的晶体转化研究也是值得关注的。Galer 等描述了 1-苯基-3-(3, 5-二甲氧基苯基)-丙烷-1, 3-二酮的 BF_2 配合物，该分子在间位上的一个苯环中具有两个甲氧基[16]。两个甲氧基的不同取向导致两个旋转异构体 anti 和 syn-anti。由于它们之间较小的能垒，任意一个甲氧基都可以围绕单个 C—O 键旋转，旋转异构体可能会受到外部刺激的相互转化。BF_2 配合物在稀溶液下不发光，聚集态时荧光增强，具有明显的 AIE 特征。BF_2 配合物从 CH_2Cl_2/己烷中重结晶后，形成两种不同类型的晶体：发黄绿色的棱柱状晶体和发黄色的板状结晶，这两种晶体分别对应非晶态的固体 A 和 B。模拟的 X 射线衍射（XRD）曲线显示两种多晶型物的模式明显不同。多晶型物 A 和 B 的橡树岭热椭球（ORTEP）图显示了两个甲氧基的相互取向的主要区别：在多晶型物 A 中，两个甲氧基彼此远离；在多晶型物 B 中，两个甲氧基朝向一致。由于固体发射特性强烈地依赖于分子结构及其在晶体中的堆积，分子排列随温度、压力和溶剂滴处理等的变化表现为发射颜色和强度的变化。固体 A 表现出机械致荧光变化和显著的结晶诱导发射增强（CIEE）效应（图 2-13）。固体 A（形式 1）在结晶

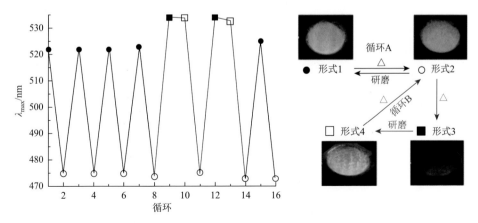

图 2-13　通过重复的研磨-加热循环，固体 A 的可逆转换发射：
循环 A（黑色），循环 B（红色）

相中发射强烈，经过研磨后在非晶相中发射微弱且红移，经 CH$_2$Cl$_2$ 滴加处理或者加热，可以恢复为初始的蓝色发光晶体状态（形式 2），并在室温下自发恢复为原发色。研磨后观察到的各种发射颜色可能归因于机械致荧光效应，而荧光发射效率的变化与固体 A 的 CIEE 活性有关。另外，固体 A 在重复的研磨加热过程中表现出可逆的转换发射，而没有损耗（图 2-13）。相比之下，在玛瑙研钵中对荧光黄色固体 B 进行强化研磨，然后用 CH$_2$Cl$_2$ 液滴或差示扫描量热仪（DSC）直接加热进行仔细处理后，非晶相重新排列为更稳定的晶相（固体 A）。因此，利用研磨与加热技术可实现两个循环的任意转换。

Abe 等[17]报道了具有 AIE 性质的 2, 4-三氟甲基-7-氨基喹啉（TFMAQ）的四种衍生物（图 2-14），TFMAQ 衍生物 1、2、3、4 在正己烷和乙醚的混合溶液中容易结晶，得到 6 种单晶。其中在衍生物 2、3 中分别得到两种单晶，从衍生物 2 中获得淡黄色的薄片晶体 GB 和淡黄色块状晶体 YG；从衍生物 3 中获得淡黄色的薄块晶体 B 和淡黄色的块状晶体 G。晶体 GB 和 YG 分别是共面（sp）和反面（ap）构型的旋转异构体，在晶体学上是独立的晶体。相比之下，衍生物 3 的晶体 B 和 G 只有 sp 形态。探究晶体的热发射效应，衍生物 2 和 3 的多态性对热的反应表现出有趣的发射行为。

| | 1: R = NH$_2$ | 3: R = NHph |
| | 2: R = NHMe | 4: R = NMe$_2$ |

图 2-14　TFMAQ 的四种衍生物

　　如图 2-15 所示，当晶体 GB 的粉末样品在低于熔点（138℃）约 90℃的温度下加热时，绿蓝色的发射（λ_{max} = 470 nm）变成了黄绿色（530 nm）。加热后得到的发射光谱与晶体 YG 相似。随后，当样品被加热到熔点以上的温度，然后冷却，

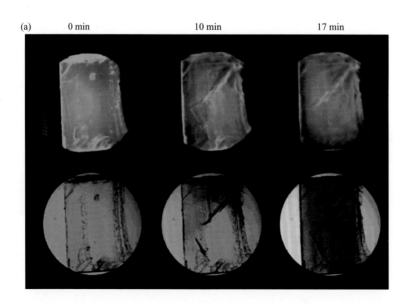

(a)　　0 min　　　　　10 min　　　　　17 min

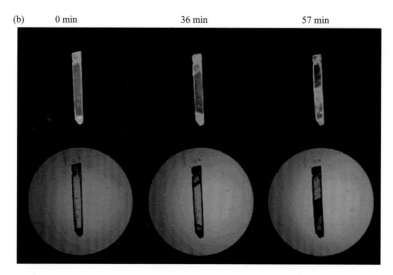

图 2-15　晶体 GB 在 90℃下（a）及晶体 B 在 110℃下（b）晶体的视图随时间的变化

它迅速结晶，得到的微晶发射呈绿色，发射光谱与 GB 晶体相似。衍生物 3 的晶体 B 的样品在 110℃和 140℃的加热下也出现了与衍生物 2 的晶体 GB 样品相似的热光谱变化（图 2-15）。晶体 GB 和 B 在低于熔点下加热可以分别转化为晶体 YG 和 G，在高于熔点时加热然后冷却可以分别转化为晶体 YG 和 G，观察到的热发射颜色变化可以通过加热/熔化/冷却循环来重现。通过记录晶体转变过程中的颜色变化，可知单晶的发射光谱颜色随着加热缓慢变化，晶体 GB 和 B 的蓝色发射光谱分别逐渐变为黄绿色和绿色，而且发射光谱颜色的变化也并没有立即开始在整个晶体上发生，而是在某些点出现了绿色发射光谱，并从那里逐渐扩展，这可能是晶体结构的缺陷。为了确认单晶到单晶的转变，尽可能对加热后得到的样品进行 X 射线晶体学分析。对加热后得到的样品进行 X 射线晶体学分析，也证明了单晶的热转变发生在单晶中而不会破坏单晶结构。

Luo 等[18]发现一组二苯基二苯并呋喃（DPDBF）分子显示出异常的 AIE：当溶液以固态聚集时，一系列在溶液态呈非发射性的螺旋桨形 DPDBF 分子被诱导发射。在水含量较低的混合溶液中，染料分子会以有序的方式稳定地聚集在一起，形成辐射更强的、更蓝的晶体聚集体，水含量高时，染料分子可能会以一种随机的方式迅速聚集，形成较少辐射的、更红的非晶颗粒。所以，乙腈/水混合溶液中染料分子的不同颜色发射可以通过简单地调节两种溶剂的体积比来进行调节。而对晶体进行加热处理，可以实现其晶型转变，伴随着发光性能的变化。

Liu 等[19]发现一种简单的席夫碱化合物在固态中表现出光可控的颜色变化，在水溶液中表现出 AIE 性质，并在紫外光照射下发生激发态分子内质子转移（excited-state intramolecular proton transfer，ESIPT），表现出荧光性能的变化。

4. 共晶的晶体转化

共晶体，通过一个以上的中性化合物组装，已被设计成具备调制和控制基于分子间非共价相互作用的物理化学性质。共结晶也可以看作是自组装分子前驱体间的共聚合过程。近年来，共晶在制药、光波导和电子器件等领域引起了广泛的关注。Li 等[20]选择 4-(1-萘乙烯基)吡啶（NP，A）和三个共形成剂 1,4-二碘四氟苯（B）、4-溴-2, 3, 5, 6-四氟苯甲酸（C）和 4-苯甲酰基苯甲酸（D）作为共晶模型系统（图 2-16）。潜在的卤素或氢键相互作用及 NP 与共形成剂之间 π-π 相互作用的可能性可为共晶的形成提供基本的非共价相互作用。三个共形成剂本身不具有荧光，形成的三个共晶体具有固态发射性质。处于聚集状态的共晶在紫外光照射下显示从紫色、蓝色、绿色到青色的不同发射颜色。

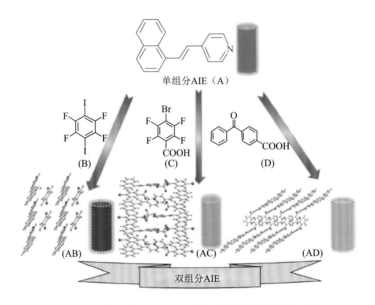

图 2-16 发光分子 A 与三个共形成剂的化学结构设计

随着不良溶剂水含量的增加，颜色变得越来越明显，这与共晶形成过程相对应。因此，具有 AIE 活性单元的两组分分子组件可用于调节发光颜色，对四种晶体进行光谱表征。如图 2-17 所示，与 A 相比，共晶体 AB、AC 和 AD 显示更宽的吸收带红移。纯 A 的发射光谱在 402 nm 处显示最大发射，而共晶体则显示出显著的红移发射。在荧光显微镜下观察，共晶体的颜色明显不同于纯 A 晶体。构筑的共晶体表现出对有机蒸气、热量的可逆响应，通过晶型转变而表现出荧光颜色的变化。

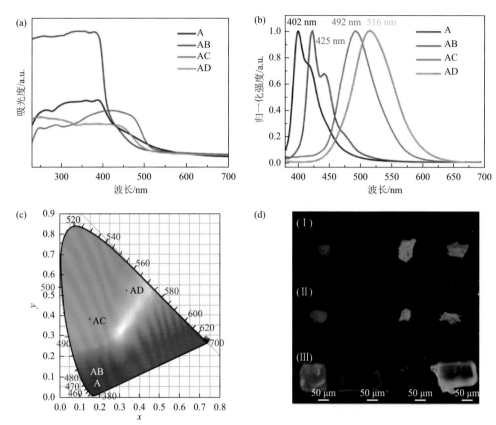

图 2-17　（a）原始 A 和共晶体的紫外吸收光谱；（b）原始 A 和共晶体的发射光谱；（c）原始 A 和共晶体的颜色协调；（d）粉末（从左至右：A、AB、AC、AD）在（Ⅰ）可见光和（Ⅱ）紫外光（365 nm）下及（Ⅲ）4 个单晶样品在紫外光下，用荧光显微镜放大 50 倍观察

2.2.3　小结

凭借 AIE 探针（AIEgens）优异的发光性能，与目标分子结合可以实现晶体形成与转化过程的可视化。以 AIE 基团的荧光作为信息，因其荧光发射与分子聚集态有关，能够了解分子的聚集状态、结晶状态与结晶进度，帮助研究者更加深入研究其背后的机理。这也促进了更多各种具有激发响应变色的材料的开发，通过固态的外部刺激，分子的排列可以在固态时可逆地调整，在不同颜色之间或在黑暗/明亮状态之间反复切换，在传感器、存储器和安全油墨等领域具有潜在应用。

2.3　凝胶过程可视化

凝胶是一种没有流动性的类固体软材料，应用范围颇为广泛。按照分散介质可以分为有机凝胶、水凝胶、气凝胶。本节主要针对水凝胶进行介绍。水凝胶是一类具有三维网格结构的软材料，用于构建水凝胶的聚合物链通常带有亲水基官能团，如羧基、氨基、羟基等。水凝胶能够吸收大量的水而发生溶胀行为，并且保持原来的结构不变。水凝胶可以在物理化学条件的刺激下，促使构象或者功能发生变化。水凝胶的制备简单、生物相容性好，其由于在化学瓣膜、药物传递系统、传感器和开关方面的潜在应用而受到广泛关注[21]。

发光水凝胶在荧光探针、生物传感器等方面发挥重要作用。此外具有刺激敏感性的水凝胶因具备多重刺激响应在药物传递、自修复材料等生物医学领域也被广泛研究。大多数传统的 π 共轭发光分子在水凝胶中发生 ACQ 现象，致使凝胶发光较弱，使得凝胶的开发利用受到局限。而将 AIE 分子引入凝胶体系，AIE 分子在凝胶体系中运动受限，会产生很强的荧光。基于以上原理，不仅可以监测凝胶形成过程，还可以监测到凝胶的刺激响应。此外，以往凝胶可视化观察需要扫描电子显微镜或透射电子显微镜，一般会要求被检测物质是无水状态，而水凝胶的天然特征是存在水，因此观察过程不可避免地会影响水凝胶的形态。而利用荧光现象，通过荧光显微镜观察就可以巧妙地避开这种局限，能够实现凝胶过程的可视化[22]。这将会为凝胶研究提供可靠的理论依据，是揭示此类材料应用研究的一种有前途的方法。

2.3.1 凝胶形成过程的动态监测

基于 AIE 分子与水凝胶分子的共价结合，并应用荧光显微镜技术监测荧光变化，实现对不同凝胶体系形成过程中组织行为和黏度变化的可视化，对水凝胶材料的研究具有重要的意义。

1. 基于壳聚糖的水凝胶的凝胶过程

多糖作为一种有用的可再生资源得到了广泛的关注，在壳聚糖（CS）材料的利用中，水凝胶是一个重要的分支，人们提出了许多制备 CS 基水凝胶的方法，虽然已经讨论了凝胶形成机理的假设，但对其形成过程的认识还很有限。Wang 课题组[23]利用 AIE 荧光成像技术，对 CS-LiOH-尿素-水体系的凝胶化过程进行了可视化研究，设计合成了一种新型 AIE 荧光探针，即四苯乙烯标记壳聚糖（TPE-CS），不仅可以实现凝胶过程的成像观察，还可以利用光谱信息得到体系聚集状态的信息，提出凝胶化的机理。整个凝胶形成过程分为两个阶段：热凝胶阶段和漂洗阶段。首先，在溶液状态下观察不到明显图案 [图 2-18（a）]。在开始吸热后，出现一些亮区，对应于热凝胶阶段；随着时间的推移，明亮的区域不断发展，然后发展放慢趋于稳定，代表了热凝胶阶段的结束 [图 2-18（b）]。热凝胶结束后，进入漂洗阶段，当 LiOH 和尿素完全去除后，凝胶结构进一步发展 [图 2-18（c）]。最终，CS 水凝胶形成网状结构 [图 2-18（d）]。通过拟原位研究对 CS-LiOH-脲系统的宏观性能演化进行了研究，以进一步了解凝胶化过程，得到的数据结果与荧光分析一致。最后提出了该过程凝胶化的机理，热凝胶阶段是两种氢键作用（溶液中 OH⁻ 与 CS 链形成的氢键和 CS 链之间的氢键）相互平衡的阶段，而漂洗阶段是 CS 水凝胶结构形成的关键阶段，OH⁻ 的去除会极大地增加 CS 分子间氢键的形成，有利于分子形成凝胶网络。

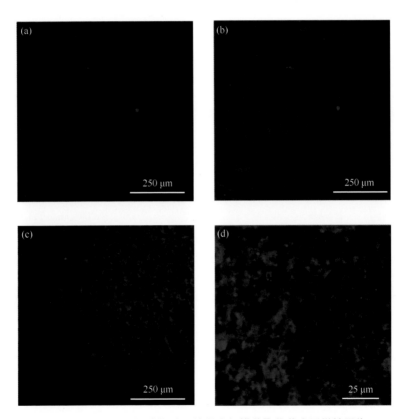

图 2-18　TPE-CS 凝胶化过程的激光扫描共聚焦荧光显微镜图像

2. 基于肽的水凝胶的凝胶过程

Zhang 等[24]报道了 TPE 与盐反应肽 Q19 结合形成具有增强发射的发光水凝胶。两亲性的肽 Q19 在盐溶液中可以自组装成 β-片层（β-sheet）纤维结构，然后缠绕形成凝胶网络，TPE 作为典型的 AIE 分子，可以帮助实现凝胶过程静态监测。通过荧光发射检测，水凝胶对氯化钠显示出敏感的荧光响应信号，也证实了在凝胶形成过程中 TPE 参与纳米结构的形成，并封装在纳米结构的内部，处于聚集状态，从而实现荧光发射的增强。与盐浓度相关的凝胶化过程如图 2-19（a）所示，氯化钠浓度从 0 mmol/L 开始逐渐增加，当达到 1.5 mol/L 时，体系已经形成具蓝色荧光的水凝胶，且荧光强度比稀溶液状态时增强 8 倍。

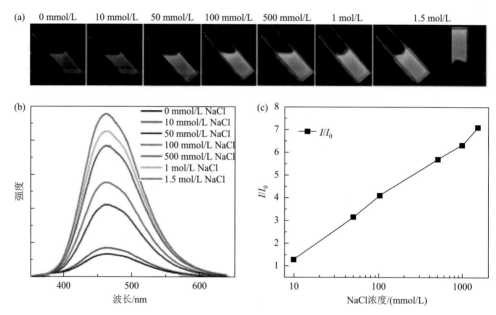

图 2-19　TPE-Q19（0.5 wt%，wt%表示质量分数）在不同浓度 NaCl（0～1.5 mol/L）下，在 365 nm 紫外光下逐渐凝胶化的荧光图像（a），以及激发波长 330 nm 时凝胶化的荧光光谱图（b）；（c）NaCl 浓度（10 mmol/L～1.5 mol/L）变化时 TPE-Q19 在 466 nm 处的荧光强度（I）（0.5 wt%）与 TPE-Q19 在纯水中的荧光强度（I_0）比值散点图

之后检测了 TPE-Q19 水凝胶的生物可降解特性。允许细胞进行三维封装的可生物降解的发光水凝胶是在组织工程领域中以时间和空间分辨率调节细胞微环境的重要支架。肽 Q19 的序列中富含精氨酸和赖氨酸残基，这些残基是胰蛋白酶的限制性酶切位点，因此可以通过酶促水解测试其生物降解能力。在与 0.025%胰蛋白酶孵育 12 h 后，TPE-Q19 水凝胶完成了从凝胶到溶胶的转化［图 2-20（a）］，但由于纳米纤维结构仍然存在［图 2-20（c）］，所以未观察到 TPE-Q19 溶胶的荧光强度变化。通过确定胰蛋白酶消化的 TPE-Q19 凝胶和 TPE-Q19 水溶液的肽段［图 2-20（d）～（f）］，发现在消化的 TPE-Q19 凝胶中 C 端只有两个谷氨酰胺被水解，而在 TPE-Q19 溶液中发现了几个片段，特别是在 N 端的 TPE-RK 片段。这些结果也证明了 TPE 分子被隔离在纳米纤维的内部，受到保护而没有被水解。受该研究启发，可以尝试将 AIE 分子连接到不同的刺激响应的肽上，以探索更多发光水凝胶的应用。

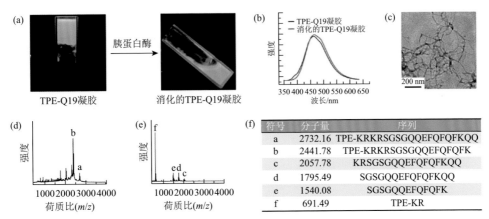

图 2-20　（a）在 365 nm 紫外光下与 0.025%胰蛋白酶孵育 12 h 的 TPE-Q19 水凝胶（0.5 wt%）从凝胶到溶胶的转化的荧光图像；（b）TPE-Q19（0.5 wt%）的凝胶和溶胶的荧光光谱，将其与 0.025%胰蛋白酶孵育 12 h（λ_{ex} = 330 nm）；（c）消化的 TPE-Q19 凝胶在 0.5 wt%浓度下的 TEM 图像；通过基质辅助激光解吸-电离飞行时间-质谱对 0.025%胰蛋白酶处理的 TPE-Q19 水凝胶（0.5 wt%）（d）和 TPE-Q19 溶液（100 µmol/L，0.027 wt%）（e）进行序列分析；（f）经胰蛋白酶处理的 TPE-Q19 水凝胶（0.5 wt%）和 TPE-Q19 溶液（100 µmol/L，0.027 wt%）的水解片段的序列表

3. 主客体超分子水凝胶的凝胶过程

超分子凝胶是最具竞争力的软材料之一，是由聚合物或低分子量凝胶剂（LMWGs）组成的聚合物网络，并填充大量液体作为在网络内具有较低迁移率的分散介质[25]。这种凝胶是通过非共价键相互作用（氢键、范德瓦耳斯力、π-π 堆积、配位作用、电荷转移等）形成的，这些非共价键相互作用可以使小分子凝胶可逆地自组装成类固态的网格聚合物。与传统的聚合物相比，超分子凝胶的超分子键是可逆的，这样就会导致材料产生新的动态结构，并在受到外界刺激时凝胶材料发生转换。这一点对于智能材料的开发也有很重要的意义。

主客体超分子水凝胶是指主客体分子通过识别匹配作用形成的水凝胶，这样的水凝胶同样具有各种刺激响应。常见的主体分子包括环糊精[26]、冠醚[27]、葫芦脲[28]、杯芳烃[29]等。Song 等[30]报道了第一个四聚体柱烯的合成，即四苯乙烯（TPE）桥连的柱[5]芳烃（P5）四聚体 TPE-(P5)$_4$(H1)和新设计的基于三唑的中性接头（G2），首次构建了具有强蓝色荧光的基于柱烯的刺激响应型超分子凝胶（图 2-21）。

在 CHCl$_3$ 中的 H1 显示相对弱的荧光；随着逐渐添加 G2，混合物的 PL 强度会不断提高。这种现象可以用 AIE 机理加以解释：当将 G2 添加到 H1 溶液中时，由于发生有效的络合作用而实现了超分子组装；H1 分子通过这种高效的主客体结合而连接在一起，其中 H1 分子的 TPE 核心最大程度地彼此靠近。因此，分子的内部旋转受到很大限制，从而阻塞了非辐射弛豫通道，并使放射性衰变扩散到

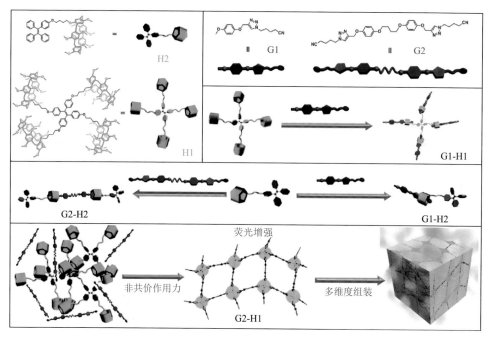

图 2-21 荧光超分子聚合物 G2-H1 与 G2-H2、G1-H1、G1-H2 等主客体复合物的构建原理图

基态，使凝胶具有发射性。在 CHCl₃ 中，H1 和 G2 之间发生了超分子自组装，并且由于 H1 的 TPE 核心的内部旋转受到限制，它们的超分子聚合伴随着明显的荧光增强。

　　在分子识别和超分子自组装过程中，升高的温度始终会降低宿主-客体系统的稳定性，这是由于伴随着更不利的熵项（TDS1）控制了它们的络合自由能。系统温度的升高将会削弱柱烯主体与客体之间的结合亲和力，因此会导致荧光强度降低。H1 与四个 P5 大环和 G2 作为连接体的包合物在 CHCl₃ 中成功诱导了凝胶化，这是由于形成了 A4/B2-型超分子聚合物。溶液凝胶化过程如图 2-22 所示，其中当将试管倒置时，在溶液高浓度时停止流动。对照实验表明，在相同主、客体摩尔比的条件下，G2-H2 络合物的 CHCl₃ 溶液，H3 和 G2 的混合物及单独的 H1 或 G2 均未形成凝胶，表明它们不能形成超分子网络进行凝胶化。由 G2-H1 构成的凝胶表现出强烈的蓝色荧光发射，通过固态荧光光谱法观察到最大波长为 492 nm，同时，荧光显微镜和激光扫描共聚焦显微镜（CLSM）进一步揭示了 G2-H1 的凝胶形态及其强蓝色发射的 PL 特性。

　　与 TPE 相比，DSA 是一种典型的具有 AIE/AIEE（AIEE 表示聚集诱导荧光增强）性质的黄色发射化合物。Song 等[31]首先介绍了 DSA 作为连接两个柱烯主体的桥，以获得 DSA 桥联的双（柱[5]芳烃），即 DSA-(P5)₂，

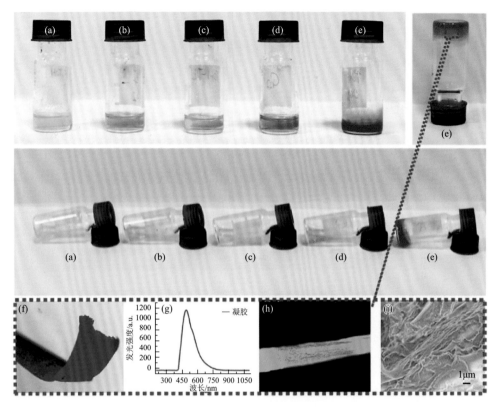

图 2-22　G2-H2（a）、G2-H3（b）、H1（c）、G2（d）和 G2-H1（e）（直立和倒置）的照片；由 G2-H1 构成的超分子凝胶的激光扫描共聚焦显微镜图像（λ_{ex} = 405 nm）（f）和固态荧光发射光谱（λ_{em} = 488 nm）（g）；（h）通过荧光显微镜观察的荧光图像（λ_{ex} = 365 nm，放大倍数×200）；（i）凝胶的 SEM 图像

它可以进一步用作自组装的新构件，与基于三唑基的中性接头（NG2）组装，以制造荧光超分子材料。合成的 DSA-(P5)$_2$ 保持了 DSA 的 AIE 性质：在氯仿/正己烷的混合溶液中，随着不良溶剂正己烷含量的增加，DSA-(P5)$_2$ 的荧光从较暗的黄色变为明亮的黄色。自组装构筑的 NG2-DSA-(P5)$_2$ 基于主客体间的相互作用，同样显示出 AIE 性质。DSA-(P5)$_2$ 在氯仿溶液中荧光较弱，但随着 NG2 的加入，NG2 通过与 DSA-(P5)$_2$ 的主客体作用连接在一起，限制了 DSA 的运动范围，使其运动受限，发生了 AIE 现象。NG2-DSA-(P5)$_2$ 的超分子组装结构和形态还可以从荧光显微镜图像中观察，与其他自组装体相比，NG2-DSA-(P5)$_2$ 由于分子之间的超分子相互作用而显示出复杂网络的结构（图 2-23）。

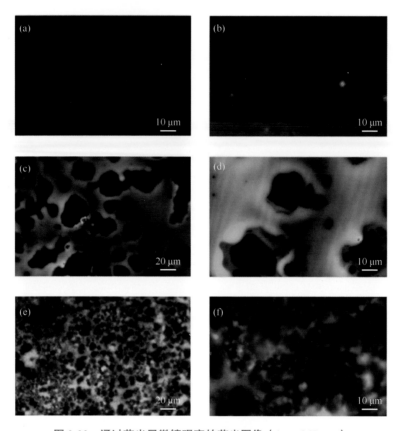

图 2-23　通过荧光显微镜观察的荧光图像（λ_{ex} = 365 nm）

（a）NG2（放大倍数：×1000）；（b）NG1-DSA-(P5)$_2$（NG1 为对称的 NG2 的一半，放大倍数：×1000）；（c）DSA-(P5)$_2$（放大倍数：×500）；（d）DSA-(P5)$_2$（放大倍数：×1000）；（e）NG2-DSA-(P5)$_2$（放大倍数：×500）；（f）NG2-DSA-(P5)$_2$（放大倍数：×1000）

　　为了构建基于柱芳烃的具有刺激响应能力的软材料，并证明链长在超分子凝胶化过程中的关键作用，Song 等[32]设计并合成了两个柱状芳烃四聚体（SH 和 LH）和两个中性客体三聚体（SG 和 LG），它们分别拥有不同的链长。柱状芳烃四聚体（SH 或 LH）和客体三聚体（SG 或 LG）由于具有多个空腔和结合位点，具有制造超分子凝胶的巨大潜力（图 2-24）。

　　LG⊂SH、SG⊂SH、LG⊂LH 和 SG⊂LH 的超分子组装表现出不同的凝胶化程度，在浓度为 45 mmol/L 时成功诱导了 LG⊂LH 的凝胶化，而即使浓度增加到 120 mmol/L，SG⊂SH 的超分子组装也不会导致凝胶形成。LG 和 LH 的结构更加灵活，可以解释这种现象。超分子凝胶化过程的实现是因为 LG⊂LH 被组装成一个大型网络，其中缠结的粒子包围了分散的溶剂分子。柔性是由于较长的侧臂或

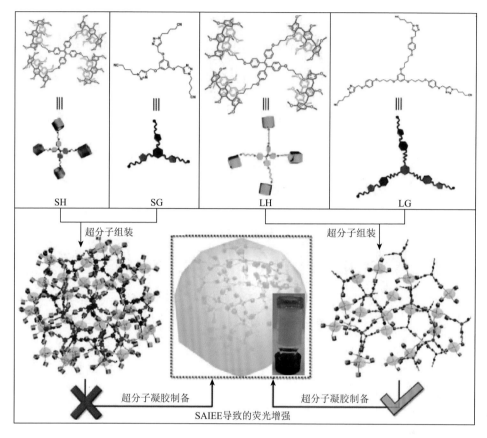

图 2-24　SH、SG、LH 和 LG 的化学结构示意图，以及 SG⊂SH 超分子组装体和 LG⊂LH 超分子凝胶的制备

SAIE 表示超分子组装诱导发射增强

碳链使它们的结合位点或空腔伸展而有效结合，形成了大规模的网络，并在其中包含了更多的分散介质。然而，较短的 SG 和 SH 链产生刚性结构和较大的空间位阻，为此，SG⊂SH 被制成刚性组合而不是软凝胶。尽管如此，SG⊂SH 中的 TPE 核更致密，引起更大的荧光增强，这与溶液中的荧光实验一致。正如预期的那样，由 LG⊂LH 制成的超分子凝胶在加热时表现出凝胶-溶胶转变，在冷却后从溶胶返回到凝胶，表明热超分子凝胶的响应特性。通过荧光显微镜观察到 LG⊂LH 的超分子凝胶和 SG⊂SH 的超分子集合体在最大波长 481 nm 处显示蓝色荧光发射，在微米级检测到了 LG⊂LH 的凝胶形态，而在扫描电子显微镜图像中仅观察到了 SG⊂SH 的分散体（图 2-25）。

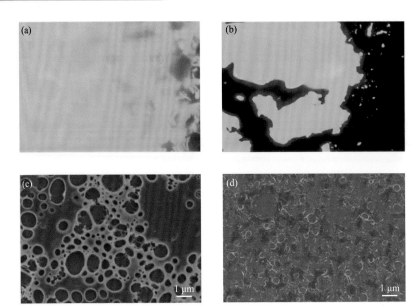

图 2-25　由 LG-LH（45 mmol/L）构建的超分子凝胶的荧光显微镜图像（a）和 SEM 图像（c）;
SG-SH（45 mmol/L）超分子集合体的荧光显微镜图像（b）和 SEM 图像（d）

4. 金属纳米簇体系水凝胶

发光金属纳米簇（NCs）作为具有丰富的理化特性和广泛的潜在应用的新型功能材料而兴起。近年来，已经发现一些金属纳米簇在溶液中会发生 AIE 和有趣的荧光-磷光（F-P）转换。但是，关于 AIE 和 F-P 转换的见解在很大程度上仍然未知。Xie 等[33]制备了一种新型水溶性 Ag₉NCs，它在水溶液中自组装成高度有序的纤维，在极性有机溶剂的作用下具有增强的光致发光和荧光-磷光转换开关。Ag₉NCs的聚集使样品同时凝胶化，形成具有高胶体稳定性的金属有机凝胶（MOG）。凝胶中的微结构通过成像研究进行了可靠的呈现（图 2-26），说明这些纤维具有高度有序的内部结构和紧密堆积的 Ag₉NCs。同时 CLSM 观察表明纤维发亮，这与目测和稳态荧光测量结果一致。

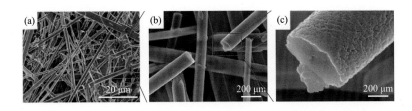

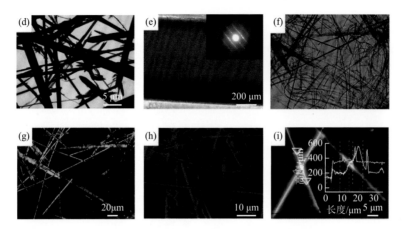

图 2-26 （a）～（c）不同放大倍数的 SEM 图像；（d）TEM 图像和（e）HRTEM 图像；
（f）不带和（g）带偏光镜的光学显微镜图像；（h）CLSM 图像；（i）AFM 图像

凝胶的高稳定性和凝胶过程相对较慢的动力学特性为深入研究自组装的时间依赖性变化提供了机会。如图 2-27（a）所示，对于 C_{Ag_9} = 5.0 mmol/L 和 V_{EtOH} = 70% 的样品，发射的 PL 强度（在 480 nm 处最大）在前 15 min 内增加。PL 强度的这种增加是由从松散组织的装配体到紧密晶粒的纤维的聚集过渡所引起的。15 min 后，观察到突然变化，从 30 min 记录的曲线中可以看到发射红移到 580 nm。时间分辨测量得出的平均寿命为 400 ns，比 Ag₉NCs 的稀水溶液（3 ns）长约 133 倍 [图 2-27（b）]。尽管从 Ag₉NCs 水溶液发出的光属于荧光，但从凝胶发出的光却寿命长，表明它实际上是磷光。因此，通过凝胶化诱导了从荧光到磷光的转换。由于 Ag₉NCs 在 5 min 时已经形成纤维，因此从荧光到磷光的转换应对应于纤维内

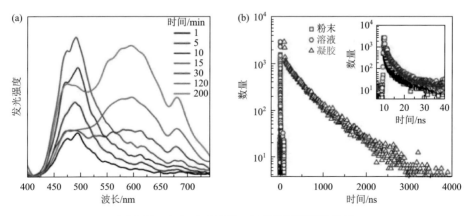

图 2-27　加入 EtOH 后 MOG 的时变光学性质

（a）不同时间记录的排放曲线；（b）PL 衰减曲线

的结构重排。TEM 图像表明在 1 h 形成的纤维的电子密度比在 5 min 形成的纤维的电子密度大得多，这表明 AgNCs 的排列更为紧凑，与在前 15 min 内观察到的荧光变化相似，磷光强度也随时间增加。目前的研究成果不仅丰富了人们对金属纳米团簇的认识，而且为更好地将这些发光纳米材料应用于实际器件提供了新的机遇。

2.3.2   凝胶刺激响应的可视化

近年来刺激响应型材料受到很多研究学者的关注，刺激响应的水凝胶在受到外界刺激（光、温度、机械力、pH 等）时会发生颜色变化、溶胶-凝胶转变、可逆响应等行为，这就赋予了凝胶可控释放、发光调控、自修复等性能，具有广泛的应用前景。主要分为以下几类：

（1）pH 响应型水凝胶：金属配位键、离子相互作用、酰腙键等化学键对环境 pH 具有依赖性，可以用来设 pH 响应型水凝胶。

（2）光响应型水凝胶：在凝胶中引入光响应基团，在光的刺激下，凝胶因子的构型、性质发生改变。

（3）温度响应型水凝胶：能够感知到外界环境的温度变化，并做出响应。水凝胶由于高水含量，可以受外界温度影响做出凝胶-溶胶转变，或者溶胀-收缩等响应行为。

（4）机械响应型水凝胶：具有触变性能的水凝胶在外界机械力的作用下，能够发生凝胶-溶胶转变，静置一段时间后，溶胶再次回到凝胶状态。

（5）离子响应型水凝胶：外界离子加入到凝胶体系时，凝胶的颜色和形态会发生改变，例如，某些阴离子加入会导致凝胶-溶胶转变，某些阳离子加入会因为金属离子的配位作用形成稳定的凝胶体系。

（6）多重刺激响应型水凝胶：与单重响应的水凝胶相比，双重或者多重响应体系对外界的刺激更为敏感，因此在实际应用中也是更为广泛和灵活。制备多重响应的一般策略就是将多种单重响应性的聚合物结合在一起，赋予其多功能性，如可控自由基聚合、点击反应、多嵌段共聚等多种合成技术，但往往这些合成技术反应步骤较长、产品不易分离提纯。另外还有一种策略就是超分子化学和动态共价键方法，其应用得更为广泛。

1. 多重刺激响应的凝胶-溶胶转变

Wang 等[34]通过将腙键整合到凝胶剂中，合成了一种具有光、热、离子响应的传感器。不同刺激条件下凝胶的自组装和拆卸呈现出的 AIE 行为可用作检测凝胶的溶胶-凝胶转变的探针。凝胶具有离子响应特性（图 2-28）：用于对 Ni^{2+}、BH_4^-

和 OH⁻的离子识别。将 Ni^{2+}加入凝胶溶液导致明显的荧光猝灭，而 BH_4^-无论在溶液还是凝胶中都会导致明显的颜色变化，且荧光信号剧烈衰减。另外，加入 OH⁻可以竞争性地与肼基结合，而肼基既可以作为阴离子结合位点，也可以作为自组装位点，因此加入 OH⁻后，凝胶剂分解的相位发生变化，加入 H⁺后，微观结构恢复，重新组装成凝胶。此外凝胶还具有光敏性：它在紫外光照射下也会分解，引起光敏反应。紫外光照射 120 h，凝胶逐渐转变为溶胶，溶液变黄；荧光强度明显减弱。经研究发现，在光照过程中，凝胶的酰亚胺基团被破坏，生成 4-二苯胺基苯甲醛。在光照过程中，凝胶的微观结构发生了变化，其纳米纤维首先分成小段，然后在进一步光照下逐渐转移到溶胶中。

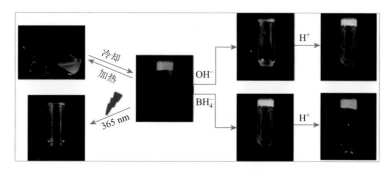

图 2-28　凝胶的多重刺激响应

Wang 等[35]设计了一种新的分子凝胶（BAPBIA）。基于 V 型的氰基苯乙烯酰胺骨架，引入 N, N-二甲基苯胺基团设计合成了 D-π-A 结构的 BAPBIA 分子，使其具有 AIEE 性质和成胶能力。根据温度相关的荧光光谱，凝胶在室温下显示出黄色发射（530 nm）。该凝胶表现出多重响应性质（图 2-29）。①温敏性：发射可

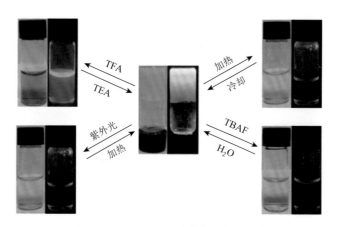

图 2-29　BAPBIA 凝胶的多重刺激响应

以通过交替的冷却和加热来可逆地调节。②光敏性：由于紫外光照射，发生光异构化，大量的 Z 或 E 异构体出现，扰乱了有序的超结构，导致凝胶的坍塌，但是通过加热可以逆转光异构化行为。③氟离子响应：凝胶中加入 1 当量的四丁基氟化铵（TBAF），发生溶胶转变，同时荧光强度明显降低，当水加入时，可以实现凝胶重组和荧光恢复。④三氟乙酸（TFA）质子化响应：随着 TFA 量的增加，原始发射峰在 530 nm 处逐渐降低，并逐渐蓝移，加入三乙胺（TEA）可实现脱质子化，过程可逆。

Lin 等[36]报道了一种合理设计的有机凝胶剂 G1。G1 是一种偶极分子，不仅在极性非质子溶剂中表现出优异的凝胶化能力，而且在弱极性溶剂中也表现出优异的凝胶化能力，可以在各种溶液中以非常低的临界凝胶浓度（CGCs）形成稳定的有机凝胶体（OG1），并伴有 AIE 现象。该凝胶表现出对温度及阴离子的响应性。

2. 不同分子离子的响应

基于构建的超分子凝胶体系的多重刺激响应性，可以实现多种分子离子检测。Yao 等[37]通过宿主-客体相互作用、疏水相互作用和层次组装，基于苯并咪唑衍生物（J2）和环糊精（α-CD）制备了一种新型的超分子水凝胶（SH-α-CD）。由于 α-CD 单元和客体 J2 之间的动态客体相互作用，温度变化会引起可逆的凝胶-溶胶转变。J2 和 α-CD 的溶液在热水中（$T > T_{gel}$）的荧光较弱，然而，随着温度的降低，在 470 nm 处的荧光发射强度呈现连续增加的趋势，这表明水凝胶 SH-α-CD 的荧光为聚集诱导发射（AIE）。通过在循环实验中进行研究，获得了伴随荧光"开-关"的凝胶-溶胶可逆转变，这样的性能对于温度敏感的软材料的潜在应用非常有利。

Yang 等[38]报道了一种新型 AIE 双组分超分子水凝胶 MQ-G，由凝胶化萘二酰亚胺衍生物（M）和三（吡啶-4-基）官能化均苯三甲酰胺（Q）制备得到。它可以作为一种多功能的多重刺激响应超分子荧光材料。MQ-G 由凝胶剂 M 和 Q 在 DMSO-H_2O（6∶4，V/V）中组装而成。考虑双组分超分子水凝胶的动态可逆性，MQ-G 也被赋予了自愈特性（图 2-30）。

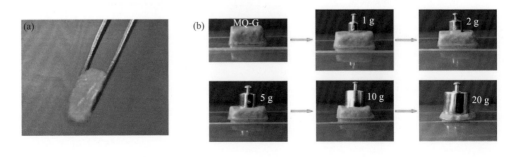

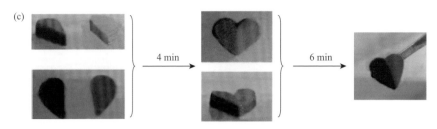

图 2-30　MQ-G 的自愈性

MQ-G 水凝胶表现出很强的 AIE 效应，可以成功地检测到 Fe^{3+} 和 $H_2PO_4^-$，同时可以有效地去除水中的 Fe^{3+}。当加入 Fe^{3+} 水溶液时，如图 2-31（a）所示 MQ-G 的橙色荧光被猝灭，而其他阳离子不能引起类似的荧光变化，因此，MQ-G 可以选择性地检测水中的 Fe^{3+}。此外，还进一步讨论了金属水凝（MQ-G + Fe^{3+}）对各种阴离子的逐次响应特性，如图 2-31（b）所示，发现只有 $H_2PO_4^-$ 可以诱导 MQ-G + Fe^{3+} 产生橙色荧光。凭借这样一种荧光开启-关闭的特性，MQ-G 可以作为一种可重写的超分子智能荧光显示材料。在 MQ-G 和 MQ-G + Fe^{3+} 的基础上，将加热后的 MQ-G 和 MQ-G + Fe^{3+} 溶液倒入干净的玻璃表面，在空气中干燥后制备了薄膜，如图 2-31 所示，当加入 $H_2PO_4^-$ 水溶液时，MQ-G 的荧光可以有效地回收。因此，MQ-G 和 MQ-G + Fe^{3+} 的薄膜不仅可以作为方便可逆的 Fe^{3+} 和 $H_2PO_4^-$ 测试工具，而且可以作为可擦除的安全荧光显示材料。

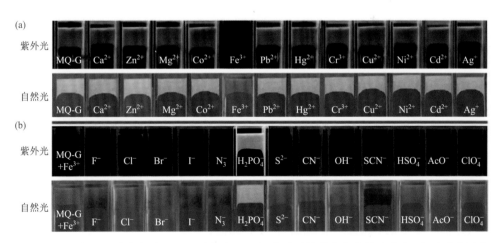

图 2-31　（a）双组分水凝胶 MQ-G 在添加不同阳离子时的荧光和自然光响应；（b）金属水凝胶 MQ-G + Fe^{3+} 在添加不同阴离子时的荧光和自然光响应

目前，已开发出一系列基于水杨酸哒嗪（SA）的 AIE 探针进行生物学研究，其特点是制备简单、易于装饰且具有宽的 pH 范围耐受性（pH = 4.0～10.0）。Gao 等[39]

开发了一种具有 AIE 活性的 SA-4CO$_2$Na 探针，用于选择性检测 Ca^{2+}，方法是将带负电荷的亚氨基二乙酸基团作为螯合配体纳入 SA 的荧光基团中（图 2-32）。在没有 Ca^{2+}的情况下，探针 SA-4CO$_2$Na 可以很好地分散在水溶液中，只发出非常微弱的荧光，而在有 Ca^{2+}的情况下，探针可以通过静电和 Ca^{2+}与亚氨基二乙酸基团之间的螯合作用形成高发射的纤化聚集。SA-4CO$_2$Na 探针可以选择性地检测钙沉积，在高信噪比软组织钙化的组织学分析中具有广阔的应用前景。

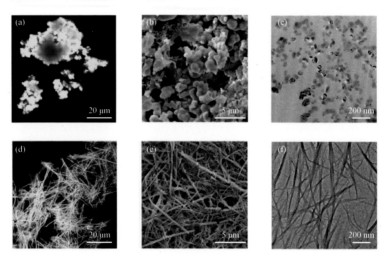

图 2-32　添加 Ca^{2+}之前 [（a）～（c）] 和之后 [（d）～（f）] SA-4CO$_2$Na 的荧光图像、SEM 图像和 TEM 图像

Tavakoli 等[40]提出了一种实时监测 Ca^{2+}的新方法，将 SA-4CO$_2$Na 用于实时和定量检测凝胶溶胀降解过程中的 Ca^{2+}释放。首先使用低黏度 SA-4CO$_2$Na 和 100 mmol/L CaCl$_2$ 溶液来制备 SA-4CO$_2$Na 凝胶，通过测定水凝胶质量的变化，确定了海藻酸钠水凝胶的溶胀和降解特性。交联过程中的螯合连接点形成了一个动力学稳定的解离过程。结构表现出正常的聚电解质特征，可以参与溶胀过程。在溶胀过程的初始阶段，水的扩散导致暂时性连接的分离，因此，反离子（Ca^{2+}）排出水凝胶网络，导致固定负电荷密度增加，由于负电荷的排斥作用，网络的晶格尺寸增大，溶胀比增大，当晶格尺寸达到一个临界值时，螯合连接将会脱节，导致水凝胶的降解。通过收集凝胶溶胀降解（SD）过程中未知浓度的 Ca^{2+}溶液，并将其加入到 SA-4CO$_2$Na 中，测定荧光强度变化，可以实现 Ca^{2+}的实时监测。

2.3.3　自愈合水凝胶

自愈合水凝胶的研究也非常广泛。自愈能力是生物最重要的属性和特征之一，所以自愈材料受到越来越多的关注[41]。近年来，具有自愈合性能的水凝胶被逐渐开发，自愈合水凝胶有两个显著的特点：动态性和可逆性。动态的共价键主要有硼酸酯键、二硫键、酰腙键等；动态非共价键主要有氢键、静电作用力、金属配位键、主客体相互作用等。一般自愈合水凝胶在制备过程中需要引入特殊的官能团，保证水凝胶受到刺激时，键能够通过物理作用或者化学作用断裂和重新生成，使水凝胶完成自愈合的行为。另外，水凝胶能够发生有效愈合需要两个条件：一是材料断裂部位能够保证流动性；二是根据材料的特性，判断凝胶愈合过程是否需要提供外界刺激。

在过去的十年中，可逆物理交联和动态化学交联方法都被用来制备自愈材料。例如，以聚（N, N-二甲基丙烯酰胺-stat-双丙酮丙烯酰胺）TPE-［P(DMA-stat- DAA)］为原料，制备具有热响应触发 AIE 性能的自愈合水凝胶，因为 TPE 单元调节了聚合物链的亲水性，通过酰基腙键连接，透明水凝胶在没有任何刺激的情况下可自愈[42]。

Hou 等[43]构筑了含有 TPE 基团的 TPE-P(DMA-stat-DAA)，被二酰肼交联制得的水凝胶具有 AIE 性质和自愈合性能。其中部分二硫代二丙酸二肼（DTDPH）交联的水凝胶具有良好的热响应性，下临界溶解温度（LCST）较低，接近体温。基于该凝胶的热响应性，温度可以改变水凝胶的发光特性，当温度升高到 LCST 以上时，分子聚集，透明水凝胶会发出更强的光。通过对比 PEO$_{23}$ DH 和 DTDPH 交联的聚合物，研究了透明和不透明水凝胶的自愈合性能。用 PEO$_{23}$ DH 和 DTDPH 交联聚合物 C 制备的水凝胶的自愈过程如图 2-33 所示。首先，准备了熊头状的水凝胶。透明的水凝胶在紫外光下发出非常微弱的光，而不透明的水凝胶发出非常强烈的蓝光。将熊头状水凝胶上的耳朵剪下来，贴在头状水凝胶上，一只耳朵换另一只耳朵。然后，将水凝胶放回原来的模具中，孵育 24 h，用镊子夹住熊头状水凝胶的耳朵，施加重力。透明的水凝胶自愈性良好，而不透明的水凝胶不自愈。这是因为虽然不透明水凝胶中的可逆反应受到限制，但透明水凝胶中酰基腙键的反应活性较高，加速了界面上酰基腙交换的总反应速率。其他透明水凝胶也可以

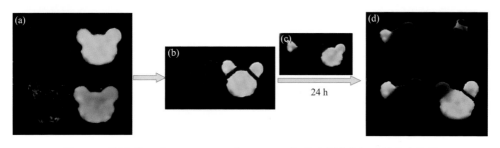

图 2-33　聚合物 C 与 PEO$_{23}$ DH 或 DTDPH 交联形成的水凝胶的自愈作用

自愈合成一个完整的板。重要的是，在水凝胶的形成和自愈过程中没有额外的催化或刺激，这使得水凝胶具有更好的生物相容性。

An 等[44]通过对果胶进行肼解反应制得果胶酰肼（果胶 AH），并通过含断裂链转移（RAFT）剂的 TPE 介导的 RAFT 聚合，制备了具有酮官能团的聚合物 TPE-[P(DMA-stat-DAA)]$_2$。结果表明，水凝胶在较低的凝胶浓度（3%）下形成，在紫外光照射下，水凝胶发出蓝光。通过动态的酰肼键连接，水凝胶也表现出了预期的自愈合性能（图 2-34）。利用果胶 AH 交联 TPE-[P(DMA-stat-DAA)]$_2$ 制备不同浓度、不同质量比的发光水凝胶，无论果胶 AH 与 TPE-[P(DMA-stat-DAA)]$_2$ 的质量比如何，均可在室温下无催化形成半透明的水凝胶。365 nm 紫外灯照射下，水凝胶呈现半透明状，并显示出明亮的荧光，如图 2-34 所示。为了探究合成水凝胶的自愈合性能，发光的水凝胶从中间被切成两半，然后将两半放回原来的模具中，与切割线紧密接触。水凝胶板在饱和湿度下孵育 24 h 后，用镊子夹住使其承受自身重力，确认愈合效果。

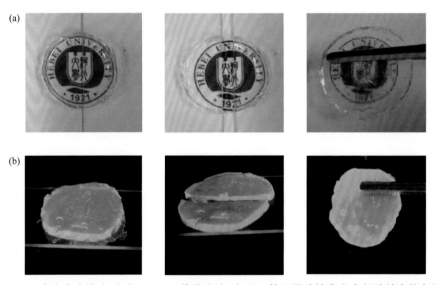

图 2-34　在室内光线（a）和 365 nm 紫外光（b）下，基于果胶的发光水凝胶的自修复图

2.3.4　小结

将 AIE 基团引入凝胶体系中，实现凝胶过程的可视化，利用荧光成像技术，能得到凝胶过程中的状态转化，可以实现凝胶过程监测，研究过程机理。此外，凝胶在外界刺激下能够发生溶胶-凝胶转变、自愈合及变色行为，这些都可以通过荧光变化进行掌控，在药物递送、分子检测、聚合物降解等领域具有广泛的应用价值。

2.4　其他非晶态分子的自组装可视化

2.4.1　表面活性剂

　　表面活性剂可以自组装成各种结构和形态，因此在学术和日常应用中具有多种用途。表面活性剂形态演变的可视化研究引起了人们的广泛关注。然而，目前仍缺乏一种高对比度、高分辨率的可视化方法。

　　本书著作团队[45]设计了一种具有 AIE 特性的表面活性剂，将 TPE 基团加入十二烷基硫酸钠分子中，所制备的分子（TPE-SDS）既具有表面活性剂的特征，又具有 AIE 分子的特征，如图 2-35 所示。根据分子表面张力（γ）和电导率（κ）的变化，计算了分子的临界胶束浓度（CMC）。荧光光谱数据表明，AIE 表面活性剂的荧光强度随着累积浓度的增加而增加，在 CMC 值处可以观察到荧光强度的转折点。

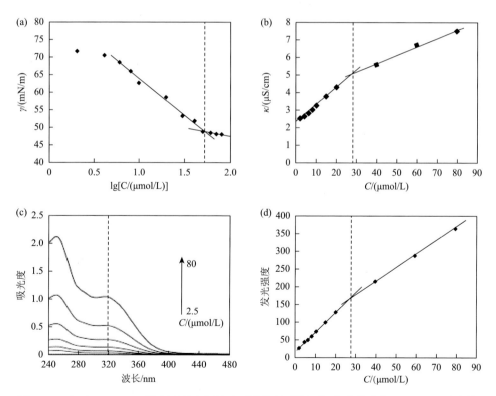

图 2-35　（a）TPE-SDS 的表面张力与浓度对数的关系图；（b）电导率与 TPE-SDS 浓度的关系图；（c）不同浓度下 TPE-SDS 的吸收光谱；（d）不同浓度的 TPE-SDS 在 490 nm 处的发光强度

通过共聚焦荧光成像研究了胶束转变的演化过程（图 2-36）。在水分子中可以观察到微小的球形结构，显示了胶束的聚集。此外，随着 NaCl 浓度的增加，阴离子头部的紧密堆积可以观察到棒状胶束，然后胶束继续成长为蠕虫状。这些现象都是基于 AIE 分子在聚集态下的增强荧光发射，其结果可以用传统方法进行验证。

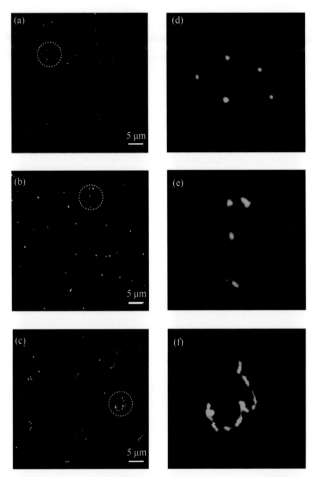

图 2-36　纯水（a）、0.5 mol/L NaCl 溶液（b）和 1.0 mol/L NaCl 溶液（c）中 TPE-SDS
胶束的荧光显微镜图像；（d）～（f）为指定区域的放大图像

通过聚集诱导自组装技术制备不同高浓度的自组装聚集体，将 AIE 荧光团结合到聚合诱导的自组装（PISA）系统中[46]。研究结果表明，AIE 效应与聚集体结构有关：PDMA39-P(BzMA-TPE)-120 聚合物的荧光强度和量子产率按照球状胶束、蠕虫状胶束、囊泡状依次增加，而且对于球形胶束，随着壁厚的增加而增加。此外，囊泡状的量子产率与囊泡壁厚成正比，表明膜应力也是随着囊泡 PISA 的聚合而增加。

2.4.2　聚合物不同形状的自组装

基于大分子和聚合物的组装可以在纳米和微米尺度上产生各种形态（如球体、纳米线、纤维和薄膜）[47]，不同形态的转变依赖于溶剂种类、温度、浓度等因素。AIE 分子已被成功地应用于观察形态演变和结构转变。

Liu 等[48]已经实现了一个基于 AIE 聚合物的分子组装的例子。设计了一种手性 AIE 聚合物，该聚合物在 THF 与水的混合溶液中表现出典型的 AIE 性质。聚合物的浓度影响组装过程（图 2-37），该研究使用了三种浓度，以第一种为例，当水含量为 50% 时，可以观察到直径为 180 nm 的球形结构。随着水含量增加到 60%，聚合体与相邻分子融合，形成珍珠项链的形态，随后，水含量为 80% 时，右手和左手螺旋纳米线出现，这类似蛋白质组装。此外水含量继续增加至 90%，聚合物转化为纳米线，并扭曲成直径为 30 nm 的纳米纤维，纳米纤维可以组装成具有高荧光强度的薄膜。

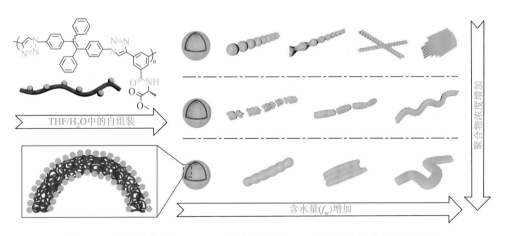

图 2-37　不同浓度的 THF/H₂O 混合溶液中 AIE 活性聚合物自组装和形态转变过程的示意图

Hu 等[49]设计并合成了两个具有 AIE 活性的四苯乙烯（TPE）衍生物。虽然这些分子具有高度扭曲的构象，没有长链的烷基，也没有形成氢键，但它们很容易自组装形成荧光纳米线。此外，这些纳米线可以进一步组装，形成宏观的荧光薄膜。之后配制氯仿/甲醇混合溶液以更好地控制分子的自组装行为，如图 2-38 所示，两种分子在溶液中可以形成一层薄膜，且在紫外灯照射下发出蓝绿色的荧光，采用 SEM 进一步观察，放大的图像显示出薄膜是用纳米线编织的，自由的纳米线彼此互连以形成单层网络。

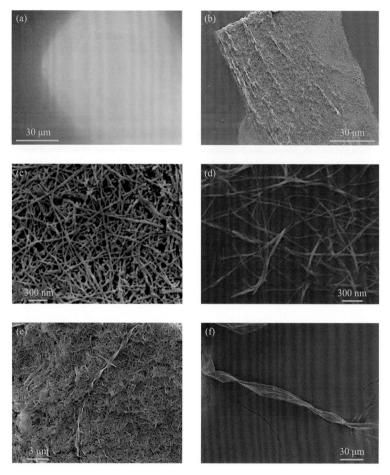

图 2-38　自组装薄膜的荧光显微镜（a）和 SEM 图像（b）；（c）和（d）分子 1 的纳米线结构；
分子 1（e）和分子 2（f）的螺旋结构

Dang 等[50]构建的 AIE 性质分子（DP-TBT）不仅可以在聚集态下表现出出色的荧光性能和光稳定性，而且可以轻松生成自组装螺旋，最终对组装后的组件进行实时和原位成像螺旋纤维的超分辨成像。DP-TBT 分子骨架包含两个部分（图 2-39）：①平面噻吩-苯并噻二唑核，可提供有效的分子间相互作用作为螺旋纤维自组装的驱动力；②侧翼的对位环烷末端具有大的位阻，平衡了聚集状态下分子的紧密 π-π 堆积和发光特性。在宏观下，DP-TBT 聚集的粉末具有很强的荧光发射信号，说明其具有很好的 AIE 性质。

当 DP-TBT 在 THF/水混合溶液中聚集时，很容易形成具有多个纳米孔的囊泡形态，当 THF 进一步与分子相溶，由于 THF 只能穿透最弱的部分，所以会在粒子中形成孔洞，最后在收缩过程中达到平衡，得到表面有纳米孔的囊泡状纳米球。

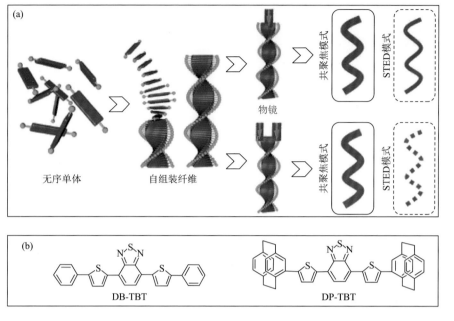

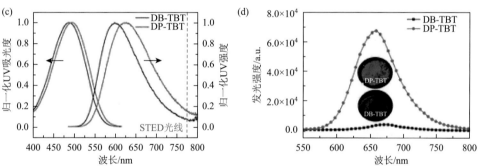

图 2-39　（a）荧光分子单体自组装成螺旋结构的过程；（b）两种单体的结构；（c）THF 溶液中两种单体的标准化紫外吸收谱图和发射谱图；（d）两种单体固体粉末的荧光特征谱图

采用共聚焦显微镜和受激发射损耗（STED）荧光显微镜观察纤维的自组装过程[图 2-40（a）～（c）]。当采用共聚焦显微镜对 DP-TBT 进行观察时，捕获了囊泡中模糊的膜，从而导致了小尺寸的纳米孔（180 nm）。但是，STED 显微镜中可以清楚地观察到囊泡中膜的边界。因此，可以捕获具有 430 nm 大尺寸的孔，较共聚焦模式，分辨率大大提高。有趣的是，这里还通过"融合"过程捕获了 DP-TBT 从囊泡到螺旋纤维的转变[图 2-40（d）]。另外，DP-TBT 在成像过程中也表现出良好的光稳定性，表明其适用于长期的动态跟踪。

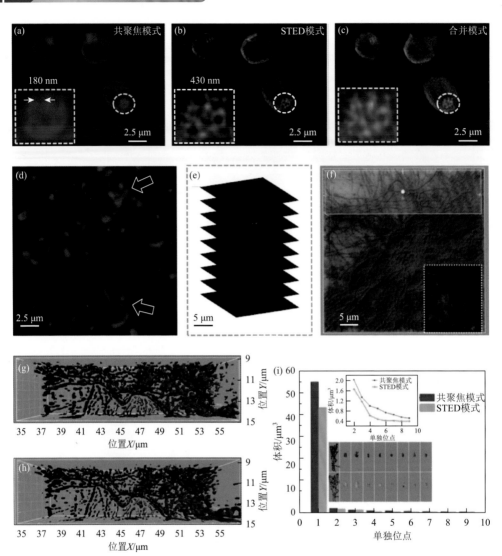

图 2-40 通过共聚焦显微镜（a）、STED 显微镜（b）和合并图像（c）捕获的 DP-TBT
自组装囊泡；（d）通过 STED 显微镜捕获的"融合"过程，聚结的囊泡形成螺旋纤维；
（e）和（f）使用 STED 纳米技术通过基于 DP-TBT 的螺旋纤维进行三维重建的荧光图像；通
过共聚焦显微镜（g）、STED 显微镜（h）观察到的螺旋纤维的重建体积和体积变化过程（i）

在 STED 显微镜下通过长时间观察可以详细描绘由囊泡自组装形成纤维的动
态过程。间隔一段时间得到纤维的 STED 图像如图 2-41（a）～（d）所示，虚线
圈出的部分展示了自组装囊泡的布朗运动过程，并在图 2-41（e）绘制了运动轨
迹。通过图 2-41（f）～（k）清晰地展示了囊泡间相互作用最终生成纤维、不断
增长的动态过程。由于显著提高了分辨率，这一细微的运动过程可以直观可视化。

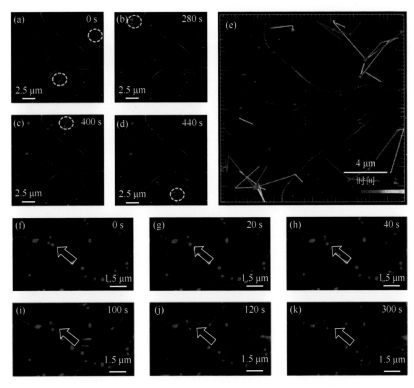

图 2-41　囊泡的布朗运动和纤维自组装的动力学过程

Zang 等[51]报道了带有供体（D）和受体（A）单元的二苯乙炔衍生物（**1**）的发光特性和自组装行为，显示出分子内电荷转移（ICT）和 AIE 的特征。通过控制实验温度、溶剂和浓度，在 D-A 和氢键的相互作用下，通过 **1** 的组装可产生各种有序的微米、纳米结构（图 2-42）。在室温下，可在乙醇中形成类似花簇结构，在 0℃下的乙醇中，5～10 mg/mL 的分子生长成放射状晶体，在浓度为 2.5 mg/mL 时可以形成螺旋的纳米带。由于螺旋的纳米带的圆二色性（CD）光谱中没有观察到明显的 CD 信号，这表明形成了相等数量的左手性和右手性的结构。此外，形成的

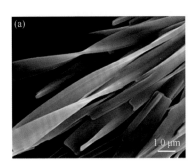
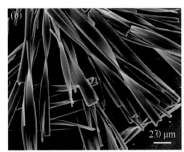

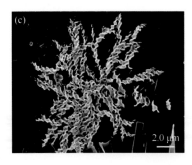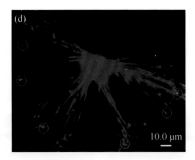

图 2-42　通过在 0℃下蒸发浓度为 2.5 mg/mL 的乙醇溶液形成的 1 的 SEM 图像 [（a）～（c）] 和荧光图像（d）

微晶体在紫外光激发下发出蓝光。在微晶体的末端观察到耀眼的光发射 [图 2-42（d），用红色圆圈突出]，显示出它们的光波导效应。另外，在其他溶剂如 THF、正丙醇中也可以自组装形成纳米棒和纳米带的结构。分子 **1** 的自组装能力和光波导特性使其成为一种光电子纳米器件材料。

2.4.3　外界环境影响自组装行为

自组装行为不仅受溶剂浓度等的影响，外界环境的刺激同样可以影响自组装，因此适当改变外界的刺激可以控制自组装过程，有利于设计合成更多灵活的材料。

Han 等[52]介绍了一种荧光席夫碱(E)-4-{[4-(diethylamino)benzylidene]amino} benzoic acid（DBBA），该分子有 AIE 效应和扭曲分子内电荷转移（twisted intramolecular charge transfer，TICT）机制。DBBA 分子在固态时具有强光和长波长发射色，由于分子中同时存在 D（二乙氨基）和 A（羧酸）部分，DBBA 表现出典型的 TICT 溶剂变色现象：随着溶剂极性的增加，最大发射波长发生强烈的红移。利用 DBBA 中的超分子驱动力，在氯仿溶液中，分子的自组装可以形成明显的一维结构，而且表现出明显的浓度依赖性。在硅和玻璃薄片上分别以 1 mmol/L、5 mmol/L 和 10 mmol/L 的浓度沉积新制备的氯仿 DBBA 溶液，并在荧光显微镜和扫描电子显微镜下观察。结果表明，在浓度高的溶液（10 mmol/L）中，可以获得具有相对均匀直径（400～600 nm）的轮廓分明的细丝结构（图 2-43）。

之后为了进一步调节长丝的方向，故意将基材倾斜到大约 5°的微小角度，以沿溶剂迁移的方向引入剪切力。经过这种简单的处理后，可以在 SEM 和荧光显微镜下观察到具有长程有序的高度定向的一维聚集体（图 2-44）。这种简单的溶剂辅助方法无须预先构图的基板或外部施加的电场即可轻松执行。

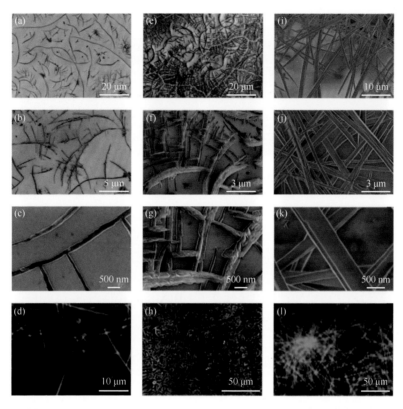

图 2-43　室温下 1 mmol/L、5 mmol/L 和 10 mmol/L 氯仿 DBBA 自组装结构的 SEM 图像
［(a)～(c)、(e)～(g)、(i)～(k)］和荧光显微镜图像［(d)、(h)、(l)］

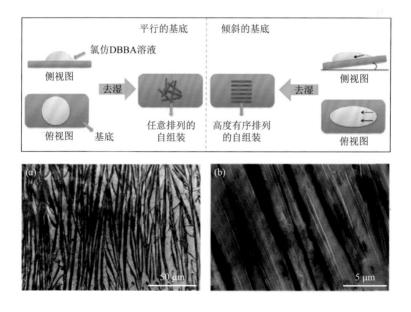

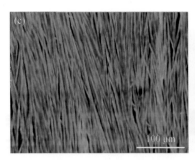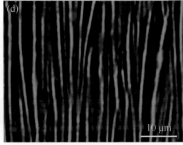

图 2-44　高度定向的一维组件的 SEM 图像 [（a）、（b）] 和荧光显微镜图像 [（c）、（d）]

Sun 等[53]首次合成了一种(*E*)-5-{[4-(dimethylamino)benzylidene]amino}isophthalic acid（DBIA）分子（图 2-45）。DBIA 是一种具有红色荧光发射的 AIE 分子，其结构符合供体-受体型设计。用水蒸气熏蒸时，它表现出反应迟钝的自组装行为。其中二甲基氨基和羧酸分别作为供、受体基团，具有偶极-偶极相互作用，而且体系存在氢键，激活了自组装过程。极性分子 DBIA 溶于极性溶剂（DMF、DMSO），在 DMF/CHCl₃ 混合溶液中显示出 AIE 性质。

图 2-45　DBIA 分子的合成路线图

DBIA 分子的芳香共轭基团、D-A 单元和羧酸使其存在如 π-π 相互作用、偶极-偶极相互作用和氢键等多方向弱相互作用，使得 DBIA 分子难以有序地组织起来构建自组装体系结构，因此在用 DMF 溶液通过滴铸法制备 DBIA 薄膜时，并没有得到规则形态，而是得到了非晶薄膜。当将加湿器的相对湿度（RH）设置为 20%时，在荧光显微镜和 SEM 下均出现了表面粗糙的絮凝体结构，同时红色荧光明显增强（图 2-46）。由于絮凝体在基质上是邻接的，因此很难确定絮凝体结构的大小，推测原因可能为，在相对较低的相对湿度下，分子无法完全与水相互作用，其组装呈现出这样的畸形结构。如果将起始膜放置在相对湿度高得多的空气中，即 60%，化合物就会形成宽度在 300~600 nm 之间的清晰的纳米棒。当相对湿度上升到 85%时，DBIA 会自组装成具有强烈红色发射的微粒，SEM 表明方形颗粒实际上是具有纳米级厚度的矩形分层微片，这些表明湿度会刺激体系分子的高度有序堆积。之后用荧光显微镜原位观察了自组装过程，并进一步证明了组装体对湿度的敏感性和快速响应。

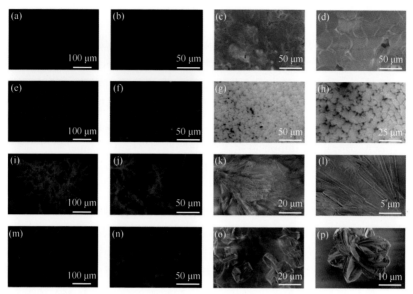

图 2-46　DBIA 非晶膜 [（a）、（b）] 和通过蒸汽熏蒸制备的自组装结构 [（e）、（f）：RH = 20%，（i）、（j）：RH = 60%，（m）、（n）：RH = 85%] 的荧光显微镜图像；非晶膜 [（c）、（d）] 和自组装的精细结构 [（g）、（h）：RH = 20%，（k）、（l）：RH = 60%，（o）、（p）：RH = 85%] 的 SEM 图像

　　Chen 等[54] 将 AIE 引入到化学传感器 DNS 中，实现对多种客体的超灵敏检测。通过合理地引入多种自组装驱动力，如强大的范德瓦耳斯力（通过长烷基链）、π-π 堆积（通过芳基）和多个氢键（通过酰基基团）实现传感器的自组装（图 2-47）。

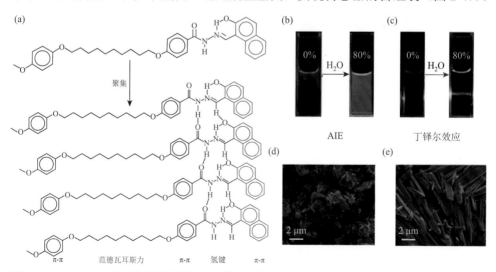

图 2-47　（a）AIE 诱导化学传感器 DNS 的自组装机制；DMSO 和 DMSO/H$_2$O 溶液（水含量 80%）中 DNS 的荧光照片（b）、丁铎尔效应照片（c）、SEM 图像 [（d）、（e）]

验证了组装体在含有不同金属离子体系中的发光行为，并进一步构筑了试纸和检测试剂盒，方便检测水中的 Fe^{3+}、Al^{3+}等，同时薄膜可作为可擦除的荧光显示材料。

三聚氰胺（MA）是一种平面的、刚性对称的 1, 3, 5-三嗪结构分子，可以通过多个氢键和 π-π 堆积相互作用而与许多酸发生超分子自组装。在以下研究中，Xu 等[55]探索了具有四个羧基的 1, 1, 2, 2-四基[4-(4-羧基-苯基)苯基]乙烷（H4tcbpe）在与不同物质的量的 MA 条件下的可调自组装行为（图 2-48）。氢键和 π-π 堆积相互作用是 MA 诱导的 H4tcbpe 自组装的主要驱动力，H4tcbpe 和自组装形成的 H4tcbpe-MA 在 DMF/H_2O 混合溶液中具有 AIE 性质。H4tcbpe 的分子聚集取决于 MA 浓度，观察不同浓度的 MA 存在时 H4tcbpe 分子的自组装形态，如图 2-48 所示，H4tcbpe-MA（1∶1.5）的树状组合体为绿色，而 H4tcbpe-MA（1∶3.0）的微长方体为蓝色。另外，湿度影响自组装形态，光学显微镜观察到 H4tcbpe-MA（1∶1.5）在 15%相对湿度下显示微带形状，在 40%相对湿度下演变成树状形态，相对湿度增加到 60%和 70%，分别呈纳米针和纳米纤维状。继续探究不同相对湿度对不同 MA 比组装体荧光的影响，结果表明，发射光谱颜色随着 MA 浓度和相对湿度的不同而有明显的变化。多种颜色和荧光的交叉响应表明，H4tcbpe-MA 的共组装体具有监测湿度的潜力。

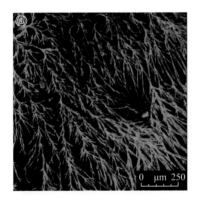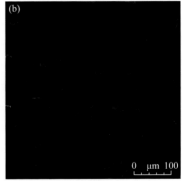

图 2-48　H4tcbpe-MA 组装体的共聚焦荧光显微镜图像

（a）摩尔比为 1∶1.5，（b）摩尔比为 1∶3.0

2.4.4　手性分子自组装

超分子手性材料可以广泛地用于手性识别、传感催化等领域。分子手性的产生一般分为以下三种情况，手性分子螺旋结构的堆积、手性模板分子诱导非手性化合物及非手性分子本身的不对称螺旋结构排列。通过对手性的精确控制，形成了具有放大手性信号的螺旋结构。与分子水平上的圆极化发光相比，这些有序堆积的聚集体在发射效率和不对称因子方面表现出更强的性能。

Li 等[56]报道了含有 L-亮氨酸甲酯部分的手性荧光四苯乙烯衍生物（TPE-Leu）的合理设计和合成。在溶液中，TPE-Leu 是非发射性的，且不具有 CD 活性，但在聚集时变为高发射性且具有 CD 活性，表现出聚集诱导发射（AIE）和聚集诱导手性（AIC）。溶液蒸发后，TPE-Leu 容易自组装成螺旋荧光微纤维/纳米纤维，呈现圆偏振发光，不对称因子在 0.02～0.07 范围内。通过蒸发 TPE-Leu 的 DCE 溶液制备的石英板上的铸膜表现出纤维状的形态，这意味着 TPE-Leu 倾向于自组装形成规则结构，而不是形成随机聚集体。采用多种显微镜成像技术研究 TPE-Leu 的自组装行为（图 2-49）。TPE-Leu 的自组装行为是在其 DCE 溶液中添加了不良溶剂己烷而引起的。在 DCE/己烷混合物蒸发后，TPE-Leu 组装成螺旋纤维和螺旋带［图 2-49（a）和（b）］。螺旋带主要是左手性的，这与 CD 和 CPL 光谱相一致。螺旋纤维占主导地位，细纤维进一步编织在一起以形成较粗的纤维带。除了螺旋纤维和螺旋带外，还存在同时显示螺旋带和纤维形态的组合结构。图 2-49（b）中右上角用箭头标记的色带沿其轮廓有几个螺旋结，由于它们的螺旋缠绕程度不同和倾斜方向不同，它们沿色带分布不均匀，对于图像左侧部分中标记的色带，也发现了类似的形态。螺旋带和螺旋纤维的这些组合结构表明它们是从螺旋带到螺旋纤维的形态转变的中间产物，而后者可能是由前者的包裹形成的。除 SEM 图像外，TPE-Leu 的 TEM 图像也证实了螺旋球和螺旋带的存在［图 2-49（c）］。TPE-Leu 的荧光显微镜图像进一步显示这些螺旋纤维长达几毫米，发出强烈的蓝色荧光［图 2-49（d）］。TPE-Leu 的组装方式与氨基酸的两亲性分子的组装方式相似，即它们都形成螺旋状纤维或带状。氨基酸分子间氢键与 TPE 支架的 π-π 堆积协同稳定分子的扭曲排列，手性氨基酸附着体不仅能指导手性分子层或带的组装行为，而且还能指导前驱体的倾斜方向，因此手性氨基酸附着体是决定手性分子组装行为及相关光学性质的关键。这种分子设计将 AIE 效应、手性和自组装能力结合在一起，在构建具有明确结构和增强发射的新型功能纳米材料方面具有重要意义。

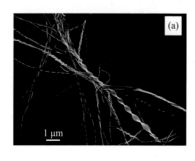
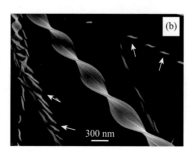

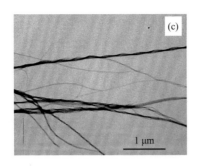
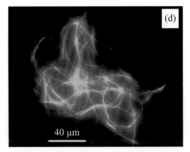

图 2-49 在 DCE/己烷（1∶9，*V*/*V*）混合物中形成的 **TPE-Leu** 聚集体的 **SEM** 图像 [（a）、（b）]、**TEM** 图像（c）和荧光共聚焦显微镜图像（d）

2.4.5 耗散自组装

耗散自组装过程被认为是自组装过程的可逆过程，它对理解生物活性和功能材料的结构具有重要意义。耗散组装的条件取决于外部试剂的存在，导致材料和能量与外部环境的交换。这些事实促使研究人员寻找一种简便的方法来可视化耗散动力学。

Guo 等[57]基于 DNA 和 AIE 分子组装实现了耗散动力学的实时监测。在静电相互作用的驱动下，DNA 和 AIE 分子可以聚集在一起。由于具备 AIE 特性，聚合物表现出强烈的荧光发射。在组装物中加入酶可以实现耗散自组装。DNA 经历水解后导致拆解过程。DNA 和 AIE 分子的耗散自组装导致了荧光猝灭，这是组装释放 AIE 分子的结果（图 2-50）。基于这些机理，可以实现耗散动力学的可视化。从图 2-50 可以看出，随着酶的加入，荧光逐渐消失，40 min 后未见荧光，而 DNA 和酶的加入可以实现装配的重复性和耗散装配过程。通过动态光散射法进一步验证了系统的耗散过程，并验证了系统的装配和拆卸过程。

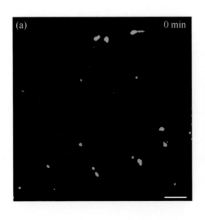
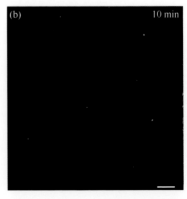

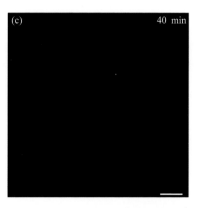
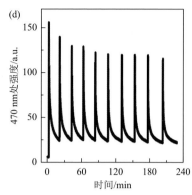

图 2-50　DNA-AIE 组装的荧光显微镜图像：（a）0 min、（b）10 min 和（c）40 min；
（d）十个周期内 DNA-AIE 组装的时变荧光强度

耗散自组装在降解过程也有应用。由于侵入性采样可能在进化过程中破坏了降解系统，并且经过一段时间的分析，样品的性质可能发生了变化，因此无法真实地反映降解系统。开发一种无创、灵敏的原位可视化方法来监测生物降解过程具有重要意义。Ma 等[58]采用常规自由基聚合法制备了两亲性 TPE 功能化聚乙二醇甲基醚甲基丙烯酸酯型 AIE 探针，对商用生物可降解材料水解降解过程进行了原位可视化监测。

2.4.6　小结

自组装途径可以合成许多具有发光特征的纳米纤维材料，利用 AIE 分子的可视化，能够观察自组装分子从球体到线状再到薄膜结构的转变。自组装过程易受内部溶液体系和外界环境的影响，如溶液温度、分子浓度、外界作用力等。因此，通过控制自组装过程并优化自组装条件，能够控制自组装的结构，也可以使自组装材料应用于传感检测领域。

2.5　本章小结

本章概述了 AIE 在自组装材料研究中的可视化应用。分子在自组装过程中，结构单元能够基于非共价键的相互作用自发地组织或聚集为一个稳定的结构，这是 AIE 分子在自组装材料中应用的前提。AIE 分子具有荧光量子产量高、光稳定性好等优势，这使得 AIE 在材料可视化研究中具有较高的灵敏性和实际应用潜力。本章主要介绍了 AIE 在晶体形成与转化过程、凝胶过程和其他非晶态分子自组装过程中的可视化应用。在晶体可视化的研究中，呈现的荧光差异归因于分子聚集状态的不同，在荧光图像中利用这点，可以区分晶相和非晶相及不同晶相间的区域，因此能够实现结晶过程和晶体转化过程的可视化，这也为现已存在的晶体学有关理论做了可靠证明。在凝胶过程的研究中，主要针对不同体系凝胶的形成和凝胶的刺激响应两部分进行介绍。凝胶的形成过程荧光发射反映了体系的组织行为和黏度变化，微观上反映了分子间的相互作用，这将对新材料在凝胶方面的应用开启新的大门。最后，还介绍了其他材料的自组装过程，溶液及外界环境会影响分子的自组装形态，这同时也是材料的刺激响应性质，通过对自组装过程的条件测试，能够设计合成出更优异的材料，对新材料的研发有重要意义。

　　基于 AIE 的可视化，打破了传统可视化技术固有局限的阻碍，可以实现原位和非侵入性灵敏监测，发现更多未知的分子层面理论，将有助于更加科学合理地设计分子及对其结构性质的研究，对功能材料的研发有重要的贡献，这将极大地促进化学、材料、医学等领域的不断创新和发展。

参 考 文 献

[1] Datta S，Saha M L，Stang P J. Hierarchical assemblies of supramolecular coordination complexes. Accounts of Chemical Research，2018，51（9）：2047-2063.

[2] Yan D，Evans D G. Molecular crystalline materials with tunable luminescent properties：from polymorphs to multi-component solids. Materials Horizons，2014，1（1）：46-57.

[3] Tang Z Y，Zhang Z L，Wang Y，et al. Self-assembly of CdTe nanocrystals into free-floating sheets. Science，2006，314（5797）：274.

[4] Tan P，Xu N，Xu L. Visualizing kinetic pathways of homogeneous nucleation in colloidal crystallization. Nature Physics，2014，10（1）：73-79.

[5] Li W L，Huang Q Y，Mao Z，et al. Alkyl chain introduction：in situ solar-renewable colorful organic mechano-oluminescence materials. Angewandte Chemie International Edition，2018，57（39）：12727-12732.

[6] Wolde P R T，Frenkel D. Enhancement of protein crystal nucleation by critical density fluctuations. Science，1997，277（5334）：1975.

[7] Erdemir D，Lee A Y，Myerson A S. Nucleation of crystals from solution：classical and two-step models. Accounts of Chemical Research，2009，42（5）：621-629.

[8] Ye X，Liu Y，Lv Y，et al. In situ microscopic observation of the crystallization process of molecular microparticles by fluorescence switching. Angewandte Chemie International Edition，2015，54（27）：7976-7980.

[9] Ito F，Fujimori J I. Fluorescence visualization of the molecular assembly processes during solvent evaporation via aggregation-induced emission in a cyanostilbene derivative. CrystEngComm，2014，16（42）：9779-9782.

[10] Ito F，Fujimori J I，Oka N，et al. AIE phenomena of a cyanostilbene derivative as a probe of molecular assembly processes. Faraday Discussion，2017，196：231-243.

[11] Li N，Liu Y Y，Li Y，et al. Fine tuning of emission behavior，self-assembly，anion sensing，and mitochondria targeting of pyridinium-functionalized tetraphenylethene by alkyl chain engineering. ACS Applied Materials & Interfaces，2018，10（28）：24249-24257.

[12] Zhu Q H，Wu S G，Zheng S C，et al. Insight into structural influences on the optical properties and heteroenantiomeric

self-assembly of racemic C6-unsubstituted tetrahydropyrimidines with strong aggregation-induced emission. Dyes and Pigments，2019，162：543-551.

[13]　Zhang H Y，Zhang Z L，Ye K Q，et al. Organic crystals with tunable emission colors based on a single organic molecule and different molecular packing structures. Advanced Materials，2006，18（18）：2369-2372.

[14]　Zheng C，Zang Q H，Nie H，et al. Fluorescence visualization of crystal formation and transformation processes of organic luminogens with crystallization-induced emission characteristics. Materials Chemistry Frontiers，2018，2（1）：180-188.

[15]　Ge C，Liu J，Ye X，et al. Visualization of single-crystal-to-single-crystal phase transition of luminescent molecular polymorphs. The Journal of Physical Chemistry C，2018，122（27）：15744-15752.

[16]　Galer P，Korosec R C，Vidmar M，et al. Crystal structures and emission properties of the BF_2 complex 1-phenyl-3-(3, 5-dimethoxyphenyl)-propane-1, 3-dione：multiple chromisms，aggregation-or crystallization-induced emission，and the self-assembly effect. Journal of the American Chemical Society，2014，136（20）：7383-7394.

[17]　Abe Y，Karasawa S，Koga N. Crystal structures and emitting properties of trifluoromethylaminoquinoline derivatives：thermal single-crystal-to-single-crystal transformation of polymorphic crystals that emit different colors. Chemistry，2012，18（47）：15038-15048.

[18]　Luo X L，Li J N，Li C H，et al. Reversible switching of the emission of diphenyldibenzofulvenes by thermal and mechanical stimuli. Advanced Material，2011，23（29）：3261-3265.

[19]　Chai J，Wu Y B，Yang B S，et al. The photochromism，light harvesting and self-assembly activity of a multi-function Schiff-base compound based on the AIE effect. Journal of Materials Chemistry C，2018，6（15）：4057-4064.

[20]　Li S Z，Yan D P. Two-component aggregation-induced emission materials：tunable one/two-photon luminescence and stimuli-responsive switches by Co-crystal formation. Advanced Optical Materials，2018，6（19）：1800445.

[21]　Ma X X，Xie J S，Tang N，et al. AIE-caused luminescence of a thermally-responsive supramolecular organogel. New Journal of Chemistry，2016，40（8）：6584-6587.

[22]　Li K T，Lin Y J，Lu C. Aggregation-induced emission for visualization in materials science. Chemistry：An Asian Journal，2019，14（6）：715-729.

[23]　Wang Z K，Nie J Y，Qin W，et al. Gelation process visualized by aggregation-induced emission fluorogens. Nature Communications，2016，7：12033.

[24]　Zhang C Q，Liu C，Xue X D，et al. Salt-responsive self-assembly of luminescent hydrogel with intrinsic gelation-enhanced emission. ACS Applied Material & Interfaces，2014，6（2）：757-762.

[25]　Li Y F，Li Z，Lin Q，et al. Functional supramolecular gels based on pillar[n]arene macrocycles. Nanoscale，2020，12（4）：2180-2200.

[26]　Liao X J，Chen G S，Liu X X，et al. Photoresponsive pseudopolyrotaxane hydrogels based on competition of host-guest interactions. Angewandte Chemie International Edition，2010，49（26）：4409-4413.

[27]　Ge Z S，Hu J M，Huang F H，et al. Responsive supramolecular gels constructed by crown ether based molecular recognition. Angewandte Chemie International Edition，2009，48（10）：1798-1802.

[28]　Appel E A，Biedermann F，Rauwald U，et al. Supramolecular cross-linked networks via host-guest complexation with cucurbit[8]uril. Journal of the American Chemical Society，2010，132（40）：14251-14260.

[29]　Zhang J，Guo D S，Wang L H，et al. Supramolecular binary hydrogels from calixarenes and amino acids and their entrapment-release of model dye molecules. Soft Matter，2011，7（5）：1756-1762.

[30] Song N，Chen D X，Qiu Y C，et al. Stimuli-responsive blue fluorescent supramolecular polymers based on a pillar[5]arene tetramer. Chemical Communications，2014，50（60）：8231-8234.

[31] Song N，Chen D X，Xia M C，et al. Supramolecular assembly-induced yellow emission of 9, 10-distyrylanthracene bridged bis（pillar[5]arene）s. Chemical Communications，2015，51（25）：5526-5529.

[32] Song N，Lou X Y，Hou W，et al. Pillararene-based fluorescent supramolecular systems: the key role of chain length in gelation. Macromolecular Rapid Communications，2018，39（24）：e1800593.

[33] Xie Z C，Sun P P，Wang Z，et al. Metal-organic gels from silver nanoclusters with aggregation-induced emission and fluorescence-to-phosphorescence switching. Angewandte Chemie International Edition，2019，59（25）：9922-9927.

[34] Wang H，Liu Q，Hu Y，et al. A multiple stimuli-sensitive low-molecular-weight gel with an aggregate-induced emission effect for sol-gel transition detection. Chemistry Open，2018，7（6）：457-462.

[35] Wang X X，Ding Z Y，Ma Y，et al. Multi-stimuli responsive supramolecular gels based on a D-π-A structural cyanostilbene derivative with aggregation induced emission properties. Soft Matter，2019，15（7）：1658-1665.

[36] Lin Q，Zhu X，Fu Y P，et al. Rationally designed supramolecular organogel dual-channel sense F-under gel-gel states via ion-controlled AIE. Dyes and Pigments，2015，113：748-753.

[37] Yao H，Wang J，Fan Y Q，et al. Supramolecular hydrogel-based AIEgen: construction and dual-channel recognition of negative charged dyes. Dyes and Pigments，2019，167：16-21.

[38] Yang H L，Zhang Q P，Zhang Y M，et al. A novel strong AIE bi-component hydrogel as a multi-functional supramolecular fluorescent material. Dyes and Pigments，2019，171：107745.

[39] Gao M，Li Y X，Chen X H，et al. Aggregation-induced emission probe for light-up and *in situ* detection of calcium ions at high concentration. ACS Applied Material & Interfaces，2018，10（17）：14410-14417.

[40] Tavakoli J，Laisak E，Gao M，et al. AIEgen quantitatively monitoring the release of Ca^{2+} during swelling and degradation process in alginate hydrogels. Materials Science & Engineering C: Materials for Biological Applications，2019，104：109951.

[41] Shen J F，Wang X M，An H，et al. Cross-linking induced thermoresponsive hydrogel with light emitting and self-healing property. Journal of Polymer Science Part A: Polymer Chemistry，2019，57（8）：869-877.

[42] Wang X M，Xu K Y，Yao H C，et al. Temperature-regulated aggregation-induced emissive self-healable hydrogels for controlled drug delivery. Polymer Chemistry，2018，9（40）：5002-5013.

[43] Hou F J，Xi B Z，Wang X M，et al. Self-healing hydrogel with cross-linking induced thermo-response regulated light emission property. Colloids and Surfaces B: Biointerfaces，2019，183：110441.

[44] An H，Chang L M，Shen J F，et al. Light emitting self-healable hydrogel with bio-degradability prepared form pectin and tetraphenylethylene bearing polymer. Journal of Polymer Research，2019，26（2）：26.

[45] Guan W J，Zhou W J，Lu C，et al. Synthesis and design of aggregation-induced emission surfactants: direct observation of micelle transitions and microemulsion droplets. Angewandte Chemie International Edition，2015，54（50）：15160-15164.

[46] Huo M，Ye Q Q，Che H L，et al. Polymer assemblies with nanostructure-correlated aggregation-induced emission. Macromolecules，2017，50（3）：1126-1133.

[47] Yuan W Z，Mahtab F，Gong Y，et al. Synthesis and self-assembly of tetraphenylethene and biphenyl based AIE-active triazoles. Journal of Materials Chemistry，2012，22（21）：10472.

[48] Liu Q M，Xia Q，Wang S，et al. *In situ* visualizable self-assembly，aggregation-induced emission and circularly

polarized luminescence of tetraphenylethene and alanine-based chiral polytriazole. Journal of Materials Chemistry C, 2018, 6 (17): 4807-4816.

[49] Hu R R, Lam J W Y, Deng H Q, et al. Fluorescent self-assembled nanowires of AIE fluorogens. Journal of Materials Chemistry C, 2014, 2 (31): 6326-6332.

[50] Dang D F, Zhang H K, Xu Y Z, et al. Super-resolution visualization of self-assembling helical fibers using aggregation-induced emission luminogens in stimulated emission depletion nanoscopy. ACS Nano, 2019, 13 (10): 11863-11873.

[51] Zang Y, Li Y, Li B Z, et al. Light emission properties and self-assembly of a tolane-based luminogen. RSC Advances, 2015, 5 (48): 38690-38695.

[52] Han T Y, Wei W, Yuan J, et al. Solvent-assistant self-assembly of an AIE+TICT fluorescent Schiff base for the improved ammonia detection. Talanta, 2016, 150: 104-112.

[53] Sun J Y, Yuan J, Li Y P, et al. Water-directed self-assembly of a red solid emitter with aggregation-enhanced emission: implication for humidity monitoring. Sensors and Actuators B: Chemical, 2018, 263: 208-217.

[54] Chen Y Y, Lin Q, Zhang Y M, et al. Rationally introduce AIE into chemosensor: a novel and efficient way to achieving ultrasensitive multi-guest sensing. Spectrochimica Acta Part A: Molecular and Biomolecular Spectroscopy, 2019, 218: 263-270.

[55] Xu Z J, Liu Y N, Qian C, et al. Tuning the morphology of melamine-induced tetraphenylethene self-assemblies for melamine detecting. Organic Electronics, 2020, 76: 105476.

[56] Li H, Cheng J, Deng H, et al. Aggregation-induced chirality, circularly polarized luminescence, and helical self-assembly of a leucine-containing AIE luminogen. Journal of Materials Chemistry C, 2015, 3(10): 2399-2404.

[57] Geng W C, Liu Y C, Zheng Z, et al. Direct visualization and real-time monitoring of dissipative self-assembly by synchronously coupled aggregation-induced emission. Materials Chemistry Frontiers, 2017, 1 (12): 2651-2655.

[58] Ma H H, Zhang A D, Zhang X M, et al. Novel platform for visualization monitoring of hydrolytic degradation of bio-degradable polymers based on aggregation-induced emission (AIE) technique. Sensors and Actuators B: Chemical, 2020, 304: 127342.

第3章

>>

AIE 分子对物理化学动态过程的可视化研究

物质的变化过程是化学学科研究的重点内容。过程，是在规定的时间空间内，物质从一种直观形式到另一种直观形式的动态演化。精细化的科研和生产中，观察到过程中重要的变化，并控制这一变化过程，是获得人们预期结果的必要条件，是解释宏观范围内物质变化机理的重要基础。物质发生变化过程中，其微观过程的改变导致宏观理化性质的改变。人们从自然与人工产物发生的一系列丰富变化的宏观表现中提取化学要素，揭示微观结构变化的内在规律，加深对事物本质的理解与认识。然而，当研究的化学问题更为精细化和深层化，在这个过程中有很多现象不容易被直接观察到，一些变化过程中发生实质性改变的转折点也难以被监测。将 AIE 分子引入到更为精细的研究领域中，对于多功能材料、生命科学、环境分析、医药开发等跨学科融合研究领域起到了重要的辅助作用[1]。

物质的变化主要分为物理变化和化学变化。物理变化的过程往往以力学特征、波动性特征、电信号特征或质量特征反映出来，而对于难以直观观察的微观结构或复杂结构中难以直接接触到的部分，需要将这一物理量变化对应地转换为其他信号变化，使人们感知、记录。AIE 分子基于分子运动受限产生荧光的基本原理，将体系环境的变化以及 AIE 与其他分子之间的作用转换为荧光信号的形式，使人们得以观测。化学反应的过程往往伴随着光、热等物理学现象出现，并且发生丰富的副反应。对于如聚合反应、生物化学反应等复杂的反应体系，其微观结构不易观察，表观现象复杂多样，反应路径与最终产物也难以监测和掌控[2]。利用 AIE 分子在不同限域微环境下的光学变化，可实现对材料发生化学反应过程的可视化[3]。本章内容以化学反应过程及物理变化过程（聚合物玻璃态转变及液体微粒流动和蒸发过程）为例进行具体讨论，通过 AIE 分子实现对化学反应和物理变化过程的可视化、实时分析，为进一步了解材料变化过程提供可靠、有效的依据。

3.2　化学反应过程可视化

均相体系中化学反应过程一般没有剧烈的表观现象，如水溶液中的反应或是有机试剂在温和条件下的加成聚合、自由基取代等过程。体系中引入荧光探针分子，往往可以将不太显著的过程以光信号形式表现出来。作为探针分子，溶液中的 AIE 试剂体现了独特的黏度响应性。在水/有机溶剂组成的体系中，黏度由二者体积比决定，AIE 分子是体系中的荧光分子转子。在黏度较大的体系中，AIE 分子转动受限，产生更强的荧光[4]。这是 AIE 试剂对黏度响应的基本模型。在本章的研究内容中，聚合物的生成与链增长过程、聚合物相态的转变、溶液体系溶质组分浓度的改变，以及生命体微环境中的细小变化，都将引起黏度的改变，进而对 AIE 分子的荧光特性产生显著影响。从而，通过对 AIE 分子荧光行为的监测，能够实现对以上过程的可视化分析。

3.2.1　聚合反应进度监测

聚合物的制备方法根据反应物可以分为单组分聚合、二组分聚合和多组分聚合。聚合物的理化性质受到聚合物单体结构、分子链长度与结构、聚合物相态等多种因素影响。判定聚合反应产物结构的传统手段包括红外光谱、核磁共振氢谱、质谱等仪器分析方法，然而这些方法测试过程较为复杂，条件要求苛刻。虽然能从中得到相对精确的结果，但往往难以实现快速分析。将 AIE 分子以混合、共聚等方式引入聚合体系中，可以直接监测反应进度，也可将 AIE 分子作为探针实现对反应过程中不同组分的区分、标记[5, 6]。这是因为，在聚合体系中掺入 AIE 分子，AIE 分子运动会受到聚合物分子的限制，使得 AIE 分子的荧光性能随着反应过程的进行而表现出强度增强、波长变化，从而将不同反应机理的聚合过程通过 AIE 分子荧光强度变化表现出来。另外，具有 AIE 活性的聚合物由于反应可控性好，容易制备成膜，结构、形态可以随实际需要调整[7]，所以应用范围广泛。正是因为具有这一系列的优点，AIE 分子在监测聚合反应进度、显示聚合物理化性能等方面更加直观便捷。

1. 两步成核模型

自由基聚合反应丰富多彩，随着反应的进行，聚合物链不断增长延伸。共聚物会形成接枝和嵌段，在一定外界条件（如金属元素催化剂等）下通过长链自由基的迁移发生链转移反应，使得聚合物具有更为复杂的结构[8, 9]。在自由基聚合反应过程中，随着聚合反应的进行，体系的黏度会产生变化，影响分子间的相互作用，进而使得分子间转动、振动情况受到影响。

在反应过程中加入 AIE 分子，基于 AIE 分子的荧光监控体系微环境变换，从而使得反应进程得到可视化。由于 AIE 分子具有"越聚集、越增强"的特性，通过研究聚合物结构的变动与 AIE 分子发光曲线的变化规律，有利于进一步加强对聚合反应进度的监测及产物构型的分析，为新型聚合物的设计和合成提供了基础。

为了对可逆加成断裂链转移（RAFT）反应过程进行研究，Liu 等[10]开发了一种将四苯乙烯（TPE）用于聚甲基丙烯酸酯（PMA）的 RAFT 反应中，在不断加入几乎没有黏度的反应物聚苯乙烯（PS）的过程中，环境体系的黏度随着 RAFT 反应进行而增加，导致 AIE 分子运动受限而荧光增强。通过荧光变化指示反应体系黏度变化特征，建立具有黏度依赖性的荧光特性曲线，从而无损、实时监测聚合反应进程。聚合物单体甲基丙烯酸甲酯（MMA）被用来验证该方法的可行性。在反应过程中用裸眼观察聚合混合物的荧光照片，发现其荧光强度逐渐增加，荧光变化趋势与反应转化率变化相吻合 [图 3-1（a）～（c）]。在较低转化率范围内（低于约 34%），由于体系仍处于较低黏度，几乎没有荧光信号。在反应进行中段（47%～84%），荧光强度随着体系黏度增大而显著提升，二者经曲线拟合后呈指数关系 [图 3-1（d）]。随着反应进一步进行，荧光信号的增速放缓，变化趋于平稳。此工作通过 AIE 分子发光强度的变化生动体现了体系反应过程中黏度的变化，在不影响反应进行的前提下，有效表征了反应进行的程度和所得聚合物的分子量（M_n），使聚合过程中的数据信息得到了有效展示。

Wang 等[11]认为，AIE 不仅可以用于 RAFT 反应进度的可视化描述，还可以应用于原子转移自由基聚合（ATRP）机理的解释，并基于 TPE 分子研究了丙烯酸

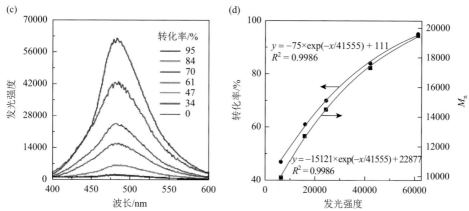

图 3-1　加入 MMA 验证方法可行性：（a）反应过程；（b）荧光变化照片；（c）不同转化率下的荧光强度变化及（d）拟合回归曲线

叔丁酯（tBA）单体的 ATRP 过程。这个体系中，荧光信号直接与聚合物分子量相关。随着反应的进行，体系的荧光强度逐渐增加，与聚丙烯酸叔丁酯（PtBA）的分子量（M_n）呈较好的线性关系（图 3-2），这说明反应进程可以由荧光强度定

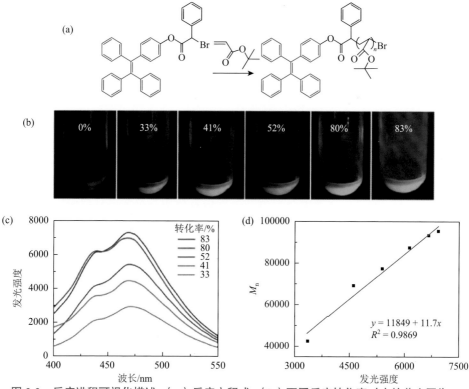

图 3-2　反应进程可视化描述：（a）反应方程式；（b）不同反应转化率对应的荧光图像；（c）不同反应转化率对应的荧光光谱及（d）发光强度与分子量的关系

量描述。在这个体系中，烷基溴修饰的 TPE 在反应的一开始就成为聚合物的端基分子，随反应的进行聚合物含量上升，分子在聚集过程中荧光强度增大。相比于产生黏度响应信号的探针，该方法具有更高的灵敏性和准确性。

2. 乳液聚合反应

基于 AIE 分子荧光随体系黏度变化的原理，Qiao 等[12]利用聚乙二醇二甲基丙烯酸酯（PEGMA）和乙烯基四苯乙烯（VTPE）制备了两亲性 AIE 探针分子 P-VTPE，通过其荧光强度变化实时监测均相聚合的反应进程。探针分子 P-VTPE 在乙酸乙酯中由于很好地溶解而几乎没有荧光，其可在水中形成聚集体并在紫外光照射下产生蓝色荧光。该探针具有双波长发射的效应，可以实现对于乳液聚合过程中三个阶段的区分，对 P-VTPE 为探针分子、甲基丙烯酸甲酯（MMA）为单体、十二烷基硫酸钠（SDS）为表面活性剂的体系进行乳液聚合反应的过程研究。随着转化率的增加，水相中逐渐产生乳液微粒，体系荧光强度逐渐增强（图 3-3）。在乳液聚合的动力学过程中，从荧光强度变化角度分析，反应过程主要分为三个阶段。第一，初始阶段（0%～22.7%），分别在 397 nm 和 460 nm 处存在两个荧光发射峰；发射峰强度均随转化率增加而降低。具有 AIE 效应的探针分子主要溶解在 MMA 单体构成的液滴中，部分探针分子在 SDS 的作用下迁移至溶液形成溶胀胶束（swelling micell），此时探针具有双波长荧光发射行为，而且荧光强度随反应进行有所降低。第二，在转化率为 29.9%～82.7%这一阶段，体系发光强度随着反应的进行而迅速增加。在这一阶段体系中胶束生长成为数量稳定的乳液微粒（latex），探针分子不断从单体液滴中向乳液微粒中迁移并聚集，因此荧光强度随反应进行而增强。第三，即转化率大于 92.7%阶段，体系中乳液仍在进一步生长但是发光强度没有明显变化。图 3-3（c）描述了反应过程中乳液尺寸和发光强度的变化关系，在反应后期产生的凝胶效应使得 AIE 发光强度并没有随反应进行而增大。此工作通过引入 AIE 探针分子，使得乳液聚合反应的过程得以通过荧光变化的形式体现，实现了乳液聚合反应进度的可视化。

Yang 等利用 TPE 作为探针分子与丙烯酸酯单体共聚合，研究乳液聚合过程[13]。AIE 分子经历了分散在乳液胶束中、包埋在生成的聚合物中的过程，以 AIE 分子的荧光强度变化监测了乳液聚合反应进度。同时，该课题组研究了聚合反应的外部条件，发现体系组分、温度等也会对体系中 AIE 分子微环境产生影响，改变其荧光发射的强度和波长。

在研究反应机理和动力学过程中，具有良好分散性的乳液聚合产物与 AIE 相遇会展示更为多彩的结果。Liang 等[14]以四苯乙烯（TPE）、4-(二苯胺)苯基乙烯（4TPAE）、叔丁苯菲咯啉咪唑噻吩苯基噻重氮-四苯乙烯（t-BPITBT-TPE）三种物质作为荧光剂制备纳米粒子加入到苯乙烯-丁基丙烯酸酯乳液聚合共聚物中，并作

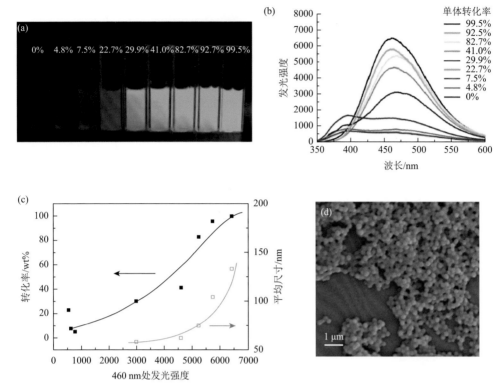

图 3-3　不同进程下荧光变化：（a）不同转化率下的荧光图像；（b）随转化率变化荧光光谱改变；（c）转化率、尺寸和光致发光之间的关系；（d）细乳液的电子显微镜图像

为喷墨打印的液滴。通过调节共聚物中荧光分子的种类及组成比例，制备了一系列荧光颜色的打印墨水。将墨水经过打印机印到棉纤维上，墨水在纤维表面形成膜状，包裹棉纤维，形成丰富的图案。

3. 点击聚合反应

　　点击化学是通过拼接小的结构单元，简单快速进行一系列的丰富组合，得到多种多样的具有特异结构的产物分子，代表反应是一价铜离子催化的叠氮-炔基环加成（CuAAC）反应。近来研究表明，点击化学是合成多种结构复杂的AIE 分子的有力方法。在复杂的 AIE 分子碳骨架上进行修饰，或是制备水溶性聚合物 AIE 分子，都可以在无催化剂条件下通过点击聚合实现，简化合成步骤，方法便捷可靠[15, 16]。点击化学反应有效帮助了 AIE 分子的设计合成，拓展了AIE 分子的应用；同时，通过 AIE 分子的荧光变化可以有效观察到点击反应的进行程度。

　　2,3-二氰-5,6-二苯基吡嗪（DCDPP）和四苯基吡嗪（TPP）是结构相似的具有 AIE 特性的分子，Chen 等[17]将［(6-叠氮基苯基）氧］苯（试剂 M）分别修饰到 DCDPP 和 TPP 上，得到 DCDPP-M 和 TPP-M，并在 Cu(PPh₃)₃Br 催化下利用点击聚合反应分别得到对应的聚合物 PⅠ和 PⅡ。分别制备 DCDPP 和 TPP、DCDPP-M 和 TPP-M、PⅠ和 PⅡ的 THF 溶液和薄膜，在紫外灯照射下观察其荧光特性（图 3-4）。DCDPP 和 TPP 作为 AIE 分子，溶液中荧光强度极小，而聚合后出现显著的荧光。DCDPP-M 和 TPP-M 的表现则不同：DCDPP-M 在溶液中和薄膜上都表现出荧光，而 TPP-M 仍然仅在聚集态有荧光发射；而对于得到的两种聚合物，PⅠ表现出 ACQ 效应，PⅡ则表现出 AIE 效应。这一差异是由分子结构决定的。DCDPP-M 分子存在给电子基团和吸电子基团，在 THF 溶液中产生分子间电荷转移，遵从传统荧光试剂的发光机理；而苯基和氰基在聚集态转动受限，又以 AIE 的形式发光，故在两种状态都能看到荧光。而其聚合物由于具有平面结构，容易相互堆叠产生荧光猝灭现象，所以更多地展现出传统荧光

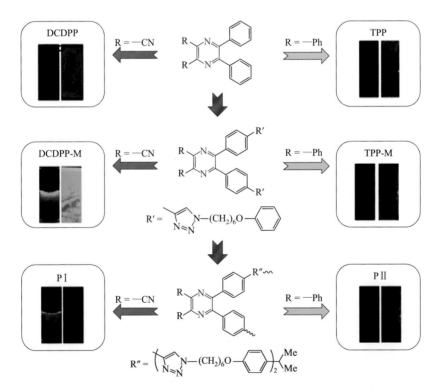

图 3-4　紫外灯照射下 DCDPP 和 TPP、DCDPP-M 和 TPP-M、PⅠ和 PⅡ的水溶液和薄膜的荧光特性

试剂的 ACQ 特性。TPP-M 及其对应的聚合物则由于没有这种结构而始终保持 AIE
特性。

　　这一研究成果不仅形象地说明点击化学反应产物的多样性，也将分子微观结
构的细微差异以直观生动的形式展现出来。AIE 分子不仅能够将点击聚合反应进
度以荧光强度信号的形式表示出来，让人们直接观测到反应进行情况；而且将产
物种类以荧光波长的形式表示出来，方便了物种的区分。因此，研究者在合成过
程中引入 AIE 分子，通过点击聚合快速触发一系列反应得到结构不同、颜色各异
的产物。然后，研究者通过荧光颜色分辨出需要的目标物质，对于分子结构进行
可视化区分，其结果与传统测试方法结果一致，准确可靠。

　　丰富的反应过程不仅在实验仪器中进行，也可以借助生物体的活性界面进行，
细胞实验室（lab-in-a-cell，LIC）理念旨在利用细胞自身结构、细胞器、细胞表面
及生物分子条件，研究可以在细胞上进行的化学反应过程[18]。在生物体表面和内
部，除了酸碱反应和氧化还原反应，缩合聚合反应、点击化学过程也都在随时进
行着。在细胞里，反应类型众多，可能得到的产物更为复杂。因此，在细胞实验
室里产生的物质很难通过传统分析仪器检测。引入 AIE 分子对反应进程、反应产
物进行简单区分，能够大大减少工作量，提高工作效率。

　　Yuan 等[19]利用细胞实验室理念，设计 AIE 探针，用细胞膜表面的荧光特性变
化表示细胞上发生的点击聚合过程（图 3-5）。

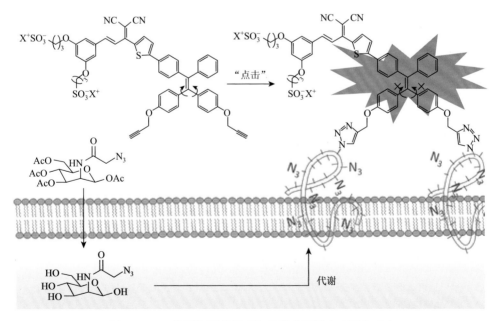

图 3-5　AIE 探针可视化显现细胞膜表面的点击聚合反应

该研究中，TPE 的衍生物 TPETSAl 作为探针分子与 HeLa 细胞共孵育，当 HeLa 细胞代谢糖时，此 AIE 分子与癌细胞表面的叠氮化葡聚糖发生点击聚合反应形成叠氮功能化聚糖。TPETSAl 本身在水溶液中没有荧光现象，但由于 AIE 分子被固定在细胞膜表面，分子内运动受限，使得荧光立即被激活，在 HeLa 细胞的膜上观察到强烈的红色荧光（图 3-6）。细胞膜的位置通过传统染色剂进行确定，证明了 TPETSAl 在细胞膜表面的点击聚合反应过程，并通过共聚焦显微镜下成像照片实现了对反应进程的可视化。同时，该 AIE 分子在光照下产生 ROS，可以实现在癌细胞光动力治疗方面的有效应用。

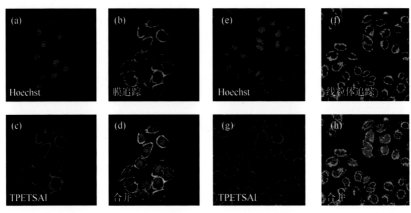

图 3-6 不同颜色的探针共同定位表明 TPETSAl 在细胞膜表面特异性结合及其对点击聚合反应的可视化

在药物开发、生物化学研究等领域涉及较为复杂的有机物反应，产物结构往往非常相似，而荧光的颜色变化可以直接指明其成键特点及结构特色。AIE 分子在物质含量较高时会有很强的荧光信号，提高了信噪比，方便进行快速判断。

3.2.2 聚合物构型及相态分析

聚合物在聚合反应过程中发生微观组成和宏观相态的变化。微观上的变化以聚合物分子链的连接方式变化为主，如大分子的构型和共聚物的成键变化等；宏观上的变化以相态的变化为主要研究对象，在相图上分为非乌佐区域（non-Ouzo zone，体系组成较为简单的单相区）和乌佐区域（Ouzo zone，组成复杂的多相区域）等，在不同的相态下其分子量分布不同，理化性质也有差异[20]。

1. 构型分析

聚合物分子的几何构型决定其理化性质，所以不同构型化合物的分离与鉴定是材料科学研究的重要内容之一。Peng 等[21]发现具有不同立体结构异构的 AIE 分子组装体具有不同的荧光发射波长，由此可以区分聚合物的(Z)/(E)异构结构。如图 3-7 所示，(Z)-型和(E)-型脲基嘧啶酮（UPy）单体修饰的 TPE 单体在氯仿、正己烷溶剂体系中发生不同的聚合反应。(Z)-构型单体聚合成低聚物，产生绿色荧光；而(E)-构型的单体发生聚合反应生成长链超分子聚合物，产生蓝色荧光。由其构型产生的差异可以直接由裸眼观察 AIE 分子的发光行为得到，其结果与 XRD 结果一致。单体结构不同，直接决定了其形成的聚合物的理化性质的差异。(Z)-TPE-UPy 低聚物和二聚体会积聚成纳米粒子结构，溶解于 THF/水体系中可以用于对 Hg^{2+} 的特异性检测，这是由于位于同侧的脲基给 Hg^{2+} 提供了一个空腔。而形成长链超分子结构的(E)-TPE-UPy 则不同，其溶于氯仿形成纤维状结构。因此，AIE 分子特性使其可应用于对分子构型的可视化判断及分子性能的研究。

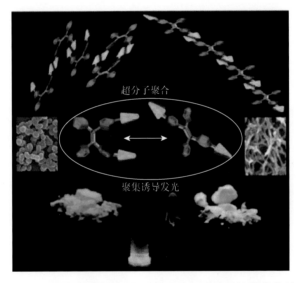

图 3-7　不同构型的聚合物单体导致不同波长的荧光发射

2. 相态分析

聚合物纳米粒子作为光电材料和生物相容材料得到了广泛的应用，而粒子的粒径分布严重影响材料的理化性质。大量的实验经验表明，在沉淀法制备聚合物纳米粒子的过程中，较小的颗粒易发生聚集，常常存在不同粒径、不同聚集状态的纳米微粒混杂在乳液体系中。聚合物纳米粒子产物的分子量、粒径尺寸和聚集状况与聚合体系所处的相态紧密相关。制备单分散纳米粒子需要对分子量分布严格控制，需要在乌佐区域才能有利于产生粒径均一且稳定的聚合物纳米颗粒。

Middha 等以分子 4, 7-双［4-（1, 2, 2-三苯基乙烯基）苯基］苯并-2, 1, 3-噻二唑（BTPEBT）作为可视化探针对于不同相态中制备得到的聚合物纳米材料进行研究[22]。因该探针分子具有 AIE 性质，且在不同相态中产生不同颜色的荧光，所以可用于可视化区分体系相态，实现对聚合物的相变过程的可视化监测。由 BTPEBT + DSPE-mPEG/THF/水三元体系的相图和各区域对应的 TEM 图像可以看出，在乌佐区域体系中形成规整的纳米颗粒，而在非乌佐区域产生了聚合物微粒的聚集。根据聚乳酸羟基乙酸共聚物（PLGA）溶剂中 BTPEBT 质量分数变化形成一系列三元体系，不同相态的体系分子聚集程度不同，这是因为 AIE 分子形成了不同等级的分子内转动受限，进而导致荧光波长的不同［图 3-8（a）］。根据 AIE 分子在相图的不同区域会产生不同颜色的荧光［图 3-8（b）］，通过荧光颜色的变化实现对体系所处相态的可视化区分。而此可视化结果与该体系通过传统表征手法得到的结果一致：在乌佐区域体系中形成规整的纳米颗粒，而在非乌佐区域产生了聚合物微粒的聚集。基于此判别方法，研究者对聚合物纳米粒子的合成方法进行了改进，在 THF 质量分数 10%、雷诺数 23.33～350 的范围内合成，实现了粒子粒径在 44～112 nm 范围内的稳定分布［图 3-8（c）］。

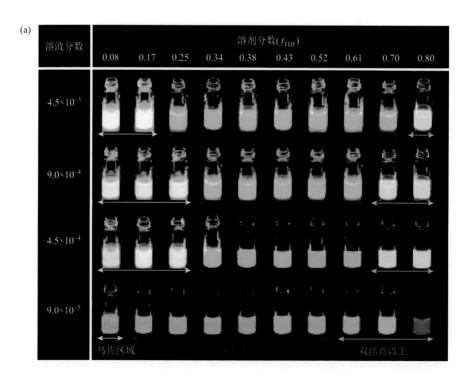

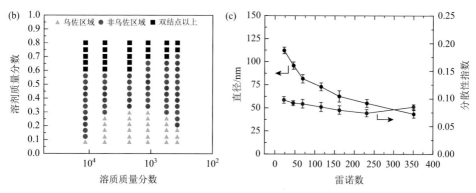

图 3-8　BTPEBT 在不同相态的 PLGA 的荧光（a）和对应的三元体系相图（b）及流体在不同
雷诺数下制备的纳米微粒在乌佐区域的粒径分布（c）

根据上述研究结果不难发现，精细化制备聚合物纳米粒子产物的尺寸与形态需要对反应体系中诸如且不限于相态、黏度、浓度等理化参数进行调节。这也是使用 AIE 试剂表征反应体系上述性质、区分乳液相态的重要意义。

3.2.3　不同粒径纳米粒子的合成

前面基于乳液聚合体系的相态理论介绍了关于乳液体系中聚合物纳米粒子的相关研究，接下来将基于 AIE 分子开发更为直观的表征技术，实现对于纳米粒子形貌特性的判断、捕捉与分离，探究影响纳米粒子理化性质的其他环境因素。

对于自身具有微观尺度的物体，如量子点或纳米粒子等，它们的形成、运动与演化过程很难观察到。而在合成、转移、修饰微粒的过程中，微粒的尺寸与形态需要被准确把握，才能获得更为精确的实验结果。AIE 分子的引入，为这一段历程中微观粒子变化的可视化提供了可能。

Sun 等合成了具有 AIE 效应的铜纳米簇（CuNC），并通过其荧光变化有效观察到纳米粒子的粒径变化[23]。具体操作方案为：在电喷雾离子化（ESI）中电离带电荷形成的带电液滴，通过加速环境软着陆方法使不同质量的微小液滴着陆在玻璃表面，并且可以在三维视角观察到不同液滴。经加速场软着陆过程后，载玻片收集器上的物质可以通过荧光显微镜直接观察。如图 3-9（a）所示，在载玻片表面，AIEgens 喷雾液滴在 Cu 导线附近呈线条带状降落到载玻片，说明加速电场对液滴产生了分离作用及 AIEgens 在 Cu 导线产生会聚作用。之后，在玻璃上隔 0.5 cm 选取 5 个点，距离孔径水平投影 0.5 cm（正好在铜线水平轴线之上）进行表征，从图 3-9 可以看到纳米粒子的粒径不断增大且荧光强度逐渐增强。另外，通过 TEM 等对形成的液滴粒径大小进行观察，发现随着距离增加，形成液滴的粒径也呈线性增长，与荧光显微镜得到的结果一致。因此，此工作通过对 AIEgens 的观察研究了 ESI 产生的蒸气态电离喷雾在离子偏转场和加速电场作用下飞行降落到载玻片表面上形成液滴的粒径与聚集情况，将电喷雾分离和收集结果通过可视化手段展现。

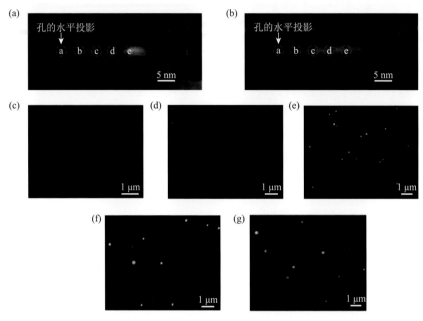

图 3-9　由加速软着陆分离的 CuNC AIEgens 凝结在载玻片收集器的图样

载玻片在可见光下（a）和紫外光下（b）的图片；（c）～（g）AIEgens 在 a～e 位置的荧光显微镜图像

荧光纳米粒子的形貌、尺寸及发光特性会受到周围环境的影响。Foschi 等[24] 发现，对氟苯基取代的 2, 6-双（1, 2, 2-芳基乙烯基）吡啶衍生物（C1）具有可溶于乙腈而不溶于水的特性，因此在液相的乙腈中 C1 分散形成胶体，体系遇水则 C1 分子之间产生聚集。向 C1 的乙腈溶液中不断加水，当水含量小于 50vol%时，体系几乎没有荧光响应，而在 50vol%～90vol%梯度范围内体系的荧光显著增强。该分子在水含量 70vol%的水/乙腈体系中聚集形成纳米粒子。新制的纳米粒子悬浮在溶液体系中，从光学显微镜下看到纳米粒子尺寸细小且荧光强度比较微弱，由电子显微镜观察其表面结构处于非晶态［图 3-10（a）和（b）］。陈化一段时间后纳米粒子产生的荧光强度明显增强，波长有一定的蓝移，聚集效果显著，粒径加大，由电子显微镜观察其出现典型的晶型结构［图 3-10（c）和（d）］。因此，该工作通过可视化方法体现了微观层面上纳米粒子陈化和生长的过程，直观观察到尺寸、结构的变化与晶型形态变化结果一致。

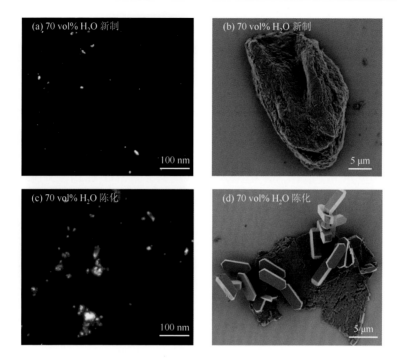

图 3-10　纳米粒子陈化过程可视化

（a）光学显微镜下新制纳米粒子的荧光情况；（b）SEM 对新制纳米粒子的表征；
（c）光学显微镜下陈化纳米粒子的荧光情况；（d）SEM 对陈化纳米粒子的表征

3.2.4　沉淀聚合成球过程

沉淀聚合过程是一种非均相聚合过程，聚合反应生成不溶于聚合体系的聚合产物，其随反应进行不断生长增大最终以沉淀形式沉降。其表面结构可控、组成成分纯净、理化性质稳定，用于纳米级自组装体系的构建，药物输送与富集[25]及制备生物催化活性的微溶胶纳米颗粒[26]、分子印迹聚合物纳米微粒[27]，对于纳米技术与生命科学的基础研究和产业化应用具有重要意义。

根据大量的实验观察和经验总结，聚合物颗粒沉淀的形成过程包含成核期和增长期。聚合反应经触发后的第一阶段，聚合得到的高分子组分从体系中析出成核，此时微粒的粒径很小，分子量也偏低；第二阶段，聚合物分子继续生长，交联形成网络状结构，微粒尺寸显著增大，得到了稳定的凝胶。对于上述机理，研究人员开展了大量的实验和理论研究试图证明其合理性与存在性。Wang 等[28]将 AIE分子引入这一过程，首次将这两个阶段可视化呈现，实现了对于沉淀聚合（PP）过程机理的描述。反应体系以乙酸异戊酯（IAAC）作为溶剂，使用具有 AIE 性质的

4-乙烯苄基修饰的四苯乙烯（TPE-VBC）作为单体，与顺丁烯二酸酐（MAH）和苯乙烯（St）在偶氮二异丁腈（AIBN）的引发下发生共聚合反应，得到聚合物荧光微粒。随反应进行，体系的荧光强度整体提升，如图 3-11 所示。由 AIBN 形成的自由基引发了体系的聚合反应形成低聚物，成为在脱溶剂过程中的初级核心。体系中初级核心并不稳定，聚集形成较大的核心实体粒子，并以此为基础在实体粒子表面发生聚合作用生长成为聚合物荧光粒子（PFPs）。之后，具有 AIE 活性的 TPE-VBC 分子通过共聚反应与聚合物链共价键合，并且在纳米粒子内由于受限作用产生 AIE 荧光。根据 CLSM 和 SEM 观察结果［图 3-11（c）］证明了 PFPs 的存在。在反应初始阶段，视野中几乎看不到荧光亮斑，直到聚合反应进行到 5 min 时产生微弱的荧光信号。反应继续进行过程中随着聚合物颗粒的粒径逐渐增大，可见的荧光强度也随之增加，而聚合物颗粒之间未出现凝集现象，这一过程凸显了体系的荧光自呈现效应和自稳定特性。从理论上，在沉淀聚合成球过程中包含的成核和增长步骤将导致聚合物微粒表面形貌的转化和微环境的改变，导致聚合物骨架硬化与限域效应增强，进而引起荧光强度的增大和发射波长的蓝移。

3.2.5 小结

本部分内容中基于 AIE 分子在不同微环境下分子运动受限不同，从而通过 AIE 分子的荧光发射波长、强度的变化实现了对反应进程、聚合物分子构型、相态变化的有效区分及不同粒径纳米粒子的合成监控。该可视化结果与传统表征方法结果对应，可视化过程有助于实时观测过程变化及对机理的深入认识，使得反应进程可控化成为可能。

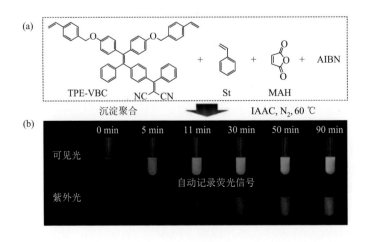

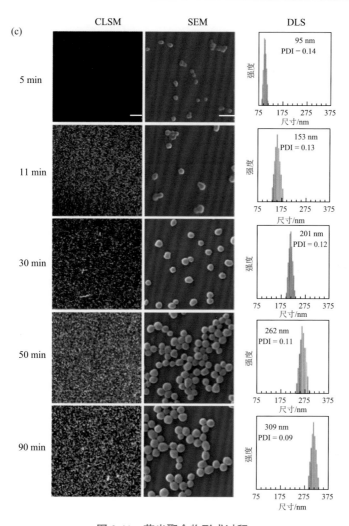

图 3-11　荧光聚合物形成过程

（a）聚合反应体系；（b）沉淀聚合过程中可见光和紫外光下反应体系呈现的荧光强度变化；（c）CLSM、SEM 和 DLS 观察聚合沉淀过程中随着纳米粒子的生成与增长呈现的荧光现象

3.3　聚合物玻璃态转变过程可视化

　　高分子聚合物在不同环境温度下存在玻璃态、高弹态和黏流态。低温下聚合物呈刚性较强的玻璃态，材料硬度大，弹性较弱，容易出现碎裂的情况。升温到一定范围内，聚合物材料弹性增大，外力作用下会发生一定程度的形变；当外力被撤除时聚合物材料形态恢复原貌。由于处于高弹态的聚合物材料抗外力形变性能好，形态相对稳定，工业应用较为广泛。当温度升高导致聚合物由高弹态转变

为玻璃态时，该温度为聚合物玻璃态转变温度（T_g）。超过这个温度，材料会产生弹性降低、硬度变大、容易断裂或破碎等现象，加速材料老化。聚合物玻璃态转变温度的高低是对于聚合物材料热力学稳定性的重要评价指标。

利用 AIE 荧光分子可视化聚合物玻璃态转变的过程，不仅可以直观反映荧光聚合物的荧光发射特性，而且可以对内部结构的重大变化进行展示及预测，因此研究玻璃态转变温度对于以橡胶为代表的弹性体材料的实际应用具有重要影响。本部分综述了利用 AIE 分子对聚合物玻璃态转变温度的测定，以及对共聚物中不同相聚合物的鉴别，并基于此加深了对固体聚合物-AIE 复合材料的认识。

3.3.1 聚合物玻璃态转变机理

聚合物玻璃态转变是指随着温度上升，处于相对稳定状态的大分子链的热运动愈发强烈，达到转变温度时分子热运动超越了能垒，形成另一种组成形式，这是一种固相-固相的相变过程。因此，对聚合物玻璃态转变过程的可视化要求探针分子在固相保持强荧光。

Kim 等[29]发现分子量和材料形态不会影响聚合物薄膜的 T_g。聚合物微粒存在纳米限域效应，与 T_g 相关的平均协同节段动力学受到强扰动的影响，进而证明一个表面上形成环或桥的链条上有节段结构的聚合物的热运动遵从 de Gennes 滑动机理，是相变发生的一个主要因素。Torkelson 等[30]同样认为 T_g 的变化与分子量无关，对于分子的细微结构做出调整可以改变与 T_g 相关的协同节段迁移率的界面和表面，通过纳米限域效应影响 T_g 的变化。T_g 同时取决于链端偏析程度、缠结密度等因素。利用这一原理，在聚合物中加入 AIEgens，处于橡胶态和玻璃态的聚合物分子嵌段不同的滑动程度将对嵌入的 AIE 分子形成不同的作用效果[31]：在玻璃态转变过程中，聚合物链的分段运动将降低局部微环境的刚性，使得 AIEgen 分子的发光强度降低（图 3-12）。因此，可以利用 AIE 分子的荧光变化实现对聚合物转变过程的可视化。

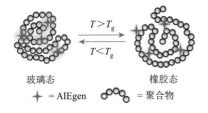

玻璃态　　　　　　橡胶态
✦ = AIEgen　　🔗 = 聚合物

图 3-12　AIE 表征聚合物玻璃态转变的机理

3.3.2 单一聚合物玻璃态转变温度的测定

基于 AIE 分子在固态物质中表现出很好的发光特性和热稳定性，Qiu 等将其用在聚合物中来表征玻璃态转变温度变化[31]。首先，由三苯胺（TPA）和 4-苯乙烯基-2-甲基-2-噁唑啉-5-酮（BMO）制备探针分子 TPA-BMO，并将 TPA-BMO 修

饰的聚苯乙烯薄膜（PS-1，$M_w = 2600$）作为测试样，以 6℃/min 的升温速率从 50℃
上升到 130℃。使用数码相机拍摄升温过程中材料荧光图像［图 3-13（a）］，并将
图像通过 MATLAB 处理，分离源色（RGB）色调获取灰度值［图 3-13（b）］，将
不同温度下 AIE 发光信号转换为灰度值。结果表明，随着温度不断升高，薄膜的
灰度值首先保持平稳，表明材料未发生相态转变；而升温至某一温度时，薄膜材
料灰度值出现突变，由此变化表征聚合物的玻璃态转变情况。灰度值随温度变化
曲线经二阶导函数变换，可以得出该聚合物玻璃态转变温度 $T_g = 71.8$℃。利用此
方法对分子量 $M_w = 17200$ 的聚苯乙烯（PS-2）进行了玻璃态转变温度测定，得到
$T_g = 100.3$℃。该方法重复测定十次，结果一致，表明该方法具有很好的重现性。
因此，该方法将分子链运动过程转换为可以直观表征的荧光强度变化，使测试结
果和动态变化过程得到了可视化呈现。

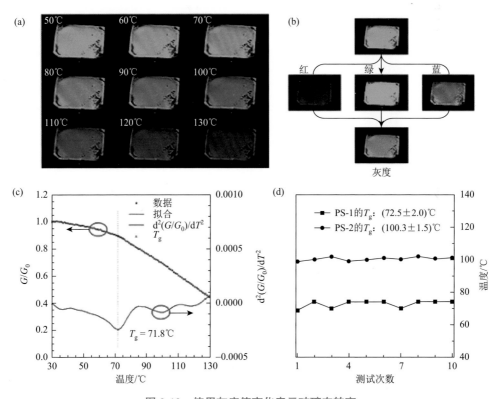

图 3-13　使用灰度值变化表示玻璃态转变

（a）不同温度下的发光；（b）由 MATLAB 将得到的照片图像分解并对应为灰度；（c）灰度变化对应转换温度；
（d）重现性测试

　　Bao 等[32]将 AIE 分子 TPE 作为探针掺杂到聚苯乙烯（PS）材料中，通过荧光

信号变化研究了高分子链状结构的运动变化情况及玻璃态转变的动力学过程。温度升高后分子热运动加剧，AIE 分子发光强度降低，掺杂 AIE 的聚合物荧光信号呈线性降低。在 PS 发生玻璃态转变之后，其荧光信号下降斜率发生突变（图 3-14）。因此，荧光下降突变拐点对应的温度即为玻璃态转变温度 T_g，约为 80℃。该方法经过多次加热-冷却循环过程，荧光强度可重复，测试结果稳定。

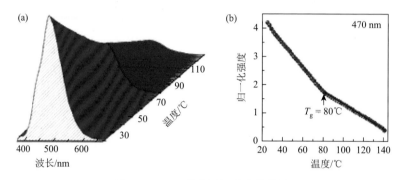

图 3-14　AIE 荧光随温度变化趋势

Chien 等[33]制备了聚[2-(4'-乙烯基苯基)-3, 4, 5-三苯噻吩]（PTP），并研究了受热时固相 PTP 材料的荧光变化行为。结果表明，材料加热到玻璃态转变温度以上，分子链的热运动加剧，削弱了 AIE 效应，荧光降低（图 3-15）。这与分子模拟结果一致：高温会将聚合物分子固有的平面结构分离，破坏共轭结构，因此荧光发射谱图中，不仅荧光强度减弱，而且荧光波长发生蓝移。该方法成功地以荧光发射峰强度和波长的变化有效地测定了该聚合物的玻璃态转变温度，使聚合物玻璃态转变过程的可视化表征成为可能。

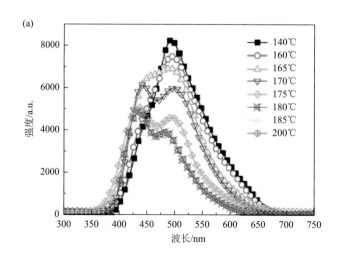

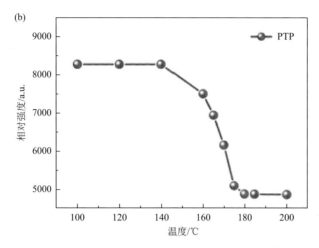

图 3-15　PTP 分子在不同温度下的荧光光谱（a）以及 T_g 之后荧光强度减弱（b）

3.3.3　嵌段共聚物及共聚混合物玻璃态转变温度的差异

对于嵌段共聚物及共混聚合物，AIE 分子表现出优良的结构可视化能力。嵌段共聚物是由两种或多种结构、性质不同的聚合物链段以化学键连接到一起的聚合物分子[34]。嵌段共聚物经过自组装操作可以应用于生物功能材料[35]；优良的结晶成核特性适于在溶液体系中形成稳定的微乳液结构[36]，为生物化学反应提供空间条件。共混聚合物由两种或多种聚合物分子组成，各组成基元间未成键，仅通过物理混合形成非均相结构。共混聚合物在融合各组分聚合物自身特征之外往往还能呈现本身所不具备的特殊性质，如减缓受热老化过程等[37]，因此可以降低新材料开发的成本和技术难度[38]。

嵌段共聚物的玻璃态转变温度受各嵌段自身的影响。共混聚合物不同相之间的分散程度和内部结构影响其热力学解聚过程，进而表现为影响其热稳定性和热力学氧化性[39]。将 AIE 分子引入聚合物可以将复杂聚合物体系的玻璃态转变、热稳定性变化以荧光变化的直观形式表现出来，实现对材料结构、性质的快速区分。Song 等[40]分别研究了掺杂 TPE 分子的聚苯乙烯-聚乳酸嵌段共聚物（PS-b-PLA，M_n = 14000～21000）和聚苯乙烯/聚乳酸共聚混合物（PS/PLA）在受热过程中的荧光变化情况。在升温过程中，对两种聚合物分别通过荧光显微镜及荧光光谱进行观察。对于嵌段共聚物 PS-b-PLA，在升温过程中，PLA 嵌段的热运动驱动了 PS 嵌段的热运动，两个嵌段之间通过成键作用相互影响，从而引发了 TPE 分子运动，表现为 AIE 分子荧光性能的降低。通过分析其荧光强度变化，可以观察到在 56℃、97℃和 167℃的三个荧光拐点。结合差热分析可以得到 PLA 的玻璃态转变温度 T_g = 56℃、PS 的玻璃态转变温度 T_g = 97℃，以及 PLA 的熔化温度 T_m = 167℃

[图 3-16（a）～（c）]。而对于共聚混合物 PS/PLA，随着温度上升荧光强度也呈减弱趋势，但温度-荧光强度曲线仅在 PS 的玻璃态转变温度 $T_g = 78℃$［图 3-16（d）～（f）］出现拐点。原因是只有 PS 嵌段影响了 TPE 的运动，而 PLA 片段并没有对 TPE 产生影响，因此荧光强度变化仅随 PS 的相态转变产生拐点。对比原子力显微镜图片可以发现，嵌段共聚物和共聚混合物由于长链间作用力和成键情况不同，对

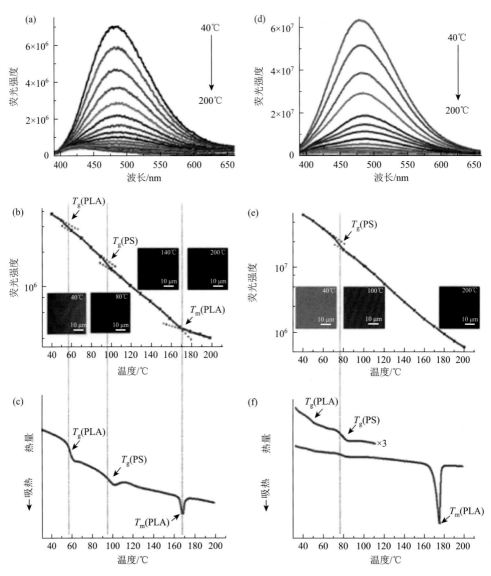

图 3-16 TPE@PS-*b*-PLA 嵌段共聚物［（a）～（c）］及 TPE@PS/PLA 共混聚合物［（d）～（f）］的荧光及差热分析谱图

AIE 分子运动受限作用情况不同，表现为 AIE 发光强度的差异。由此，通过 AIE 分子的发光行为，有效区分了嵌段聚合物和共聚混合物的微观相态变化并得到其玻璃态转变温度。

Zhi 等[41]构筑了聚苯乙烯（PS）和聚异戊二烯（PI）混合的 PS-PI 体系，并将 TPE 衍生物正己基四苯乙烯醚（TPE-C6）作为荧光分子分别掺杂在 PS 相和 PI 相中，研究混合体系在–110～100℃范围内荧光强度变化趋势。将 TPE 掺杂在 T_g 较高的 PS 相中，PS 嵌段的主转变和二级转变都会影响 TPE 的发光行为，表现为 TPE 荧光波长的红移及 T_g 下荧光强度的突变。将 TPE 掺杂在 T_g 较低的 PI 相中，当达到 PS、PI 嵌段的 T_g 时，TPE 都会发生荧光强度突变，但 PS 嵌段的二级转变不会造成荧光变化。因此，不仅可以通过 AIE 分子的荧光强度和波长变化分析出 PI、PS 两个嵌段的 T_g，并且可以进一步对两相转变过程中嵌段运动、β-释放等变化机理开展研究。

3.3.4　聚合物玻璃态转变对材料的影响

玻璃态转变温度不仅是评价聚合物热稳定性的重要指标，也限制了聚合物材料应用过程所处环境温度范围。转变温度是热塑性材料使用温度的上限，也是弹性材料使用温度的下限，因此转变温度对于聚合物具有两面性。详细来说，对于橡胶、纤维等聚合物材料，需要其具有很好的弹性形变性，受力后需要灵敏响应，并能迅速恢复原貌，因此对于这一类聚合物，应用过程中一直处于高弹态，即需要其使用温度高于转变温度，也就是说如果需要在低温条件工作，希望使用转变温度低的弹性体材料。另外，对于有机发光二极管（OLED）使用的荧光聚合物和液晶材料，以及应用于传感、检测器件的聚合物，其使用温度需要低于转变温度，这样在应用过程中器件可以免于工作过程中受热而损坏，延长器件的使用寿命，对于较高环境温度的工作，希望使用转变温度较高的聚合物材料。

近来，在接近甚至超过聚合物转变温度条件下材料理化性质的变化和材料老化、变性的过程得到了深入的研究。Li 等[42]研究了聚合物分子中环状结构数量和分子形状对材料老化过程的影响。研究团队合成包含多个 TPE 结构的环状分子聚合物及含有相等 TPE 结构数量的链状聚合物。在该研究中，对聚合物材料升温并观察其质量变化，根据其 DSC 曲线的出峰位置判定转变温度变化。环状分子中随 TPE 重复单元的增加，转变温度呈下降趋势，并且呈现与 TPE 的数量奇偶性相关的规律性的波动。这一现象产生的原因是，不同大小的环上 TPE 分子基团的可移动性存在差异。另外，环状分子中 TPE 之间电子云的 π-π 堆叠会产生聚合物性质奇偶差异性，这一点与链状分子存在显著不同。

Liang 等[43]使用聚苯乙烯（PS）和 AIE 分子 1-甲基-1, 2, 3, 4, 5-五苯基噻咯

（MPPS）制备 PS/MPPS 纳米粒子，并对该 AIE 聚合物在玻璃态转变过程中的荧光性能进行研究（图 3-17）。结果表明，分散在聚合物基质中的 AIE 分子在低温下保留在聚合物结构中，不易产生水解、氧化作用，荧光随时间衰减较少，纳米粒子光稳定性较高。当温度高于 T_g 时，聚合物内部分子链受热容易出现相态转变与嵌段滑动，导致 MPPS 分子"解冻"，扩散迁移到纳米粒子表面，荧光快速衰减。

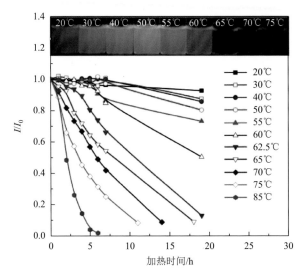

图 3-17　不同温度下 PS/MPPS 纳米粒子荧光强度衰减情况

OLED 材料作为应用广泛、前景可观的新型光电材料，正在受到越来越广泛的研究。基于 AIE 的荧光聚合物具有发光强度高、发射谱线稳定、电耗低、寿命长等优点，可以用于 OLED 和液晶材料。用作 OLED 的固态发光体具有荧光强度和荧光波长的可调谐性，包括发光性能稳定的发光二极管照明器件、传感器和生物成像探针等。液晶表面晶体排列结构会因高温而受到破坏，从而导致发光性质发生变化，因此可以通过热重分析（TGA）结果和 DSC 出峰曲线评价液晶材料热稳定性，玻璃态转变温度（T_g）和热分解温度（T_d）是评价 OLED 器件材料稳定性的重要指标。

传统液晶材料具有 ACQ 特性，Guo 等[44]制备的聚-2, 5-双[2-(4-氧四苯乙烯)X 烷]氧羰基苯乙烯（X 为乙、丁、己、辛、癸、十二，分别命名为 P2、P4、P6、P8、P10、P12）为一系列具有 AIE 特性的离子聚合液晶材料。在 350℃氮气条件下进行 TGA 测试，该系列材料得到了质量损失低于 5% 的结果，并且 DSC 结果表明在 120～200℃温度范围的实验条件内该系列材料吸热和放热过程均只有一个单峰，说明具有很好的热稳定性。该系列物质的玻璃态转变温度随 X 的碳原子数增大而降低，P2 的玻璃态转变温度约为 120℃，而 P12 的仅有约 80℃。液晶的光物理性质随受热过程的变化情况由偏振光显微镜（PLM）得到。室温下液晶呈超分子有序规整排列，在高于玻璃态转变温度（140℃）的情况下，受热过程和冷却过程中 P2、P4、P6 液晶内部都发生双折射现象，该现象直到材料发生热分解才消失。

Zhou 等[45]基于 TPE 丙烯酸酯单体和 N-异丙基丙烯酰胺（NIPAM）的共聚物 P4 与聚甲基丙烯酸（PMAA）形成互穿网络聚合物（IPNs4）。P4 对环境热力学变化会产生响应，原因是升温会使分子内部结构坍缩聚集，产生更强的荧光（图 3-18），但其具有更低的下临界溶解温度（LCST，27.5℃），即更灵敏的温度响应特性和更高的玻璃态转变温度。共聚物 P4 与 PMAA 形成互穿网络结构得到的聚合物 IPNs4 对环境的 pH 也有响应。IPNs4 微粒自身具有亮蓝色的荧光，在紫外光下很容易辨认（图 3-18）。当环境温度为低于其 LCST 的 20℃、形成网格的 35℃ 和坍缩的 50℃ 时，荧光强度显著变化［图 3-18（c）、（g）、（h）］，在环境 pH 较低（<4.0）的环境中荧光强度明显强于 pH 较高的情形［图 3-18（f），pH = 7.0］。IPNs4 的玻璃态转变温度为 138~140℃，相比于使用过程中 20~50℃ 的环境温度来说已经很高，所以在使用过程中，始终处在玻璃态的 IPNs4 表现出很好的灵敏响应性。该方法在不同的升温及降温过程中红荧光强度变化规律重现性良好，说明其具有很好的稳定性和可靠性。

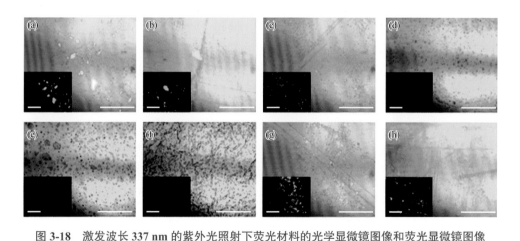

图 3-18　激发波长 337 nm 的紫外光照射下荧光材料的光学显微镜图像和荧光显微镜图像

（a）pH = 2.8，20℃；（b）pH = 3.4，20℃；（c）pH = 4.0，20℃；（d）pH = 4.6，20℃；（e）pH = 5.2，20℃；（f）pH = 7.0，20℃；（g）pH = 4.0，35℃；（h）pH = 4.0，50℃；图中比例尺为 50 μm

以上工作基于 AIE 分子在限域环境下影响子链的运动特性，进而表现为热稳定性、荧光发射的变化，从而完成了对新材料温度特性的快速、可视化表征，展示了材料微观结构对宏观特性的影响，为材料的设计研发工作提供了重要基础。

3.3.5 小结

聚合物玻璃态转变过程广泛存在于聚合物材料的使用过程中。由玻璃态转变引起的嵌段滑动加剧会引发材料结构和稳定性的变化。引入 AIE 分子可以有效地将聚合物玻璃态转变过程可视化表现，从而在微观层面解释转变机理。AIE 分子对聚合物玻璃态转变过程的可视化为认识材料内部变化过程、设计高效聚合物复合结构体系提供了重要依据，为聚合物材料的应用拓展做出了贡献。

3.4 液体微粒流动及蒸发过程可视化

液体微粒流动及蒸发是最为普遍的现象，从生产生活到细胞、分子水平的科学研究，无处不涉及流体的物理运动和相态变化过程。这一看似平常的现象具有极为丰富的过程。例如，纯流体的流动图形已被证明符合分形几何学特征，而常态下浓度均一的溶液在流动和蒸发过程中都显出了明显的梯度变化特征。

将 AIE 分子分散在流体中，液体进行物理运动及相态变化时发生环境的变化，使 AIE 分子的微观运动行为及发光性能发生变化。因此，通过 AIE 分子的荧光性能有望将抽象的物理过程转化为可见的具象的光学变化。本部分汇总了 AIE 分子在流体流动过程中发生的理化性质改变及在周围环境作用转变下荧光行为的变化，并以此作为研究流体运动的主要出发点。

3.4.1 流体运动过程

虽然流体没有固定的形状，但是流体形成的溶液被认为是稳定、均匀的体系。对于流体的研究表明，流体运动过程中其内部结构包含众多的变化过程，诸如局部的物质分布变化、表面张力与黏度的变化，以及流动过程对周边环境的浸润、覆盖等，以下将分别对 AIE 分子的作用进行介绍。

1. 流动过程

为了实时观察含有 AIE 分子的流体的变化过程，Ying 等[46]利用石英纳米孔中的有限空间来控制 AIE 分子的流动，实现 AIE 分子荧光"开-关"和"关-开"的可逆转换，并将这一动态、可逆过程通过荧光可视化展示。此工作合成了具有 AIE 特性的 1, 1-二甲基-2, 3, 4, 5-四苯基硅杂环戊二烯衍生物（DMTPS-DCV），该分子在乙腈等良溶剂中无荧光发射，而在水等不良溶剂中，分子内运动受到有效限制而产生荧光发射。将 DMTPS-DCV 的乙腈溶液加入圆锥形的纳米孔，再将纳米孔内充满水溶液。使用 10 mmol/L 的六氟磷酸四丁铵（TBAPF6）和 10 mmol/L 的氯化钾作为电解质，分别在溶液内外将离子电流通过纳米孔。将一个 Ag/AgCl 电极插入在石英纳米孔中，另一个 Ag/AgCl 电极浸没在外部溶液中，通过偏置电位控制两液相间的电位压降。当使用脉冲电压控制纳米孔上方浓度周期变化时，DMTPS-DCV 溶液随电压变化而产生流动过程。施加反向电压使流体向尖端移动，可以看到荧光信号显著增强；反之流体则向管内回吸，荧光强度减弱（图 3-19）。这一过程可以通过电压的调节可逆、往复发生。流体在不同位置时纳米孔径不同，使 AIE 分子的局部浓度发生变化，荧光强度随之改变，进而实现了对 AIE 分子流动过程的可视化。基于此原理，可实现对细胞注射过程流体的流动变化过程的可视化，从而应用于现场环境监测和疾病诊断，如荧光成像手术等。

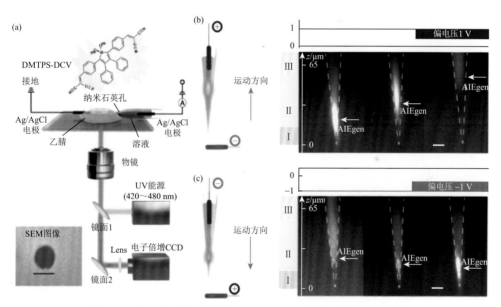

图 3-19　用电化学方法观察 DMTPS-DCV 的荧光发射动态过程

（a）用于显示石英纳米孔内 DMTPS-DCV 发射的仪器结构示意；（b）施加 1 V 偏电压下 DMTPS-DCV 溶液进入纳米孔内，导致强烈的发射并呈现"开-关"运动的荧光图像；（c）施加偏电压为 –1 V 时 DMTPS-DCV 从较宽的管腔向受限的尖端移动，呈现 DMTPS-DCV 的"关-开"动作

2. 吸收过程

流体流动通过材料表面时会发生流体向材料内部的浸润，材料表面吸收流体，从而发生变化。Yuan 等[47]以吡唑啉衍生物（TPP-NI）作为引发剂，引发甲基丙烯酸甲酯（MMA）聚合得到 PMMA，并研究了 PMMA 静电纺丝纤维在吸附硅油

过程中的动态表现。TPP-NI 同时具有电子受体 1, 8-萘二甲酰亚胺和电子给体二甲氨基,制备得到 TPP-NI 为端基的 PMMA 是具有 AIE 活性的聚合物。静电纺丝纤维通过旋涂法制备为多孔膜,具有疏水性,不吸收水和水溶液,具有亲油性,可以吸收硅油。通过 SEM 观察发现,PMMA 纤维具有平滑外表和多孔性的内部结构。吸收硅油后 PMMA 多孔纤维的荧光性能显著下降,裸眼几乎无法看到荧光。这是因为纤维吸收硅油之后直径显著增加,纺丝平均直径从原始的 4.32 μm 产生膨胀增至 5.58 μm [图 3-20(a)]。TPP-NI 作为该纤维端基,在未吸收硅油前受到 PMMA 链的作用而分子转动受限,表现出优异的荧光性能。纤维吸收硅油发生膨胀之后,PMMA 链作用力减弱导致 TPP-NI 分子的能量通过分子运动耗散,从而引起了荧光强度降低 [图 3-20(b)]。对于这一过程可以通过光学成像清晰阐明。图 3-20(c)展示了纤维束吸收硅油过程中液体移动的过程,吸收了液体而膨

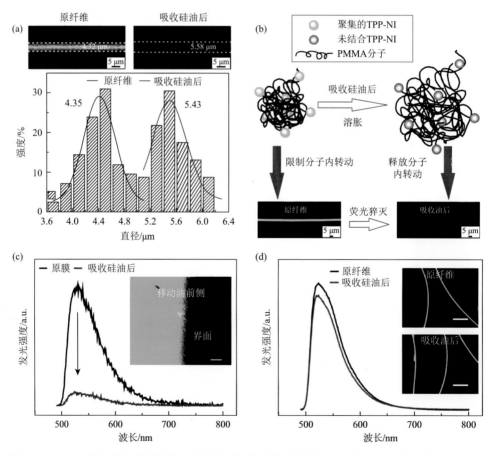

图 3-20   (a)吸收硅油前后纤维直径变化;(b)吸收诱导猝灭机理阐释;(c)吸收边界观察;
(d)PMMA 与 TPP-NI 简单混合并没有猝灭效应

胀的部分荧光猝灭,未吸收的部分仍具有荧光,形成了一条移动的、鲜明的边界。有趣的是,若只是将 PMMA(端基不含 AIE 分子)与 TPP-NI 简单混合,则纤维多孔膜不会因吸油而产生荧光猝灭,这一现象证明了上述机理的正确性。

3.4.2　蒸发过程

在液体蒸发过程中,会导致 AIE 分子所在溶剂的浓度、黏度等发生变化,从而导致 AIE 分子的荧光性能发生明显变化。利用此特性,可以基于 AIE 分子研究单一组分、多组分溶剂蒸发过程中不同位置浓度的变化及相界面自组装过程,可视化展现液滴相变过程的动态情况。

1. 单一组分溶剂

Chen 等利用 AIE 分子四苯基季铵盐(TPE-Z)溶液研究了在超亲水表面蒸发过程诱导产生的溶质分子富集及荧光增强现象,探讨了表面润湿性对分子荧光性质的影响[48]。该研究中,将 TPE-Z 水溶液作为测试液滴,滴加在超亲-超疏水微晶片表面,并对其蒸发过程中的荧光照片进行研究。图 3-21 为液滴不同蒸发时间对相应的荧光图像和荧光强度分布的影响。随着微晶上 TPE-Z 液滴的蒸发,更多的 TPE-Z 聚集形成微晶。由于其局部浓度逐渐增加,荧光信号随时间延长而逐渐增强,表现出明亮的蓝色。反之,如果使用具有 ACQ 效应的分子(罗丹明 6G),随着蒸发过程的进行,其半径不断变小;由于分子浓度提高,其荧光强度呈现先增大后降低的趋势,其蒸发过程的荧光变化与 AIE 分子大大不同。

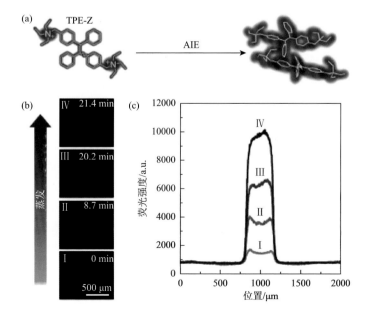

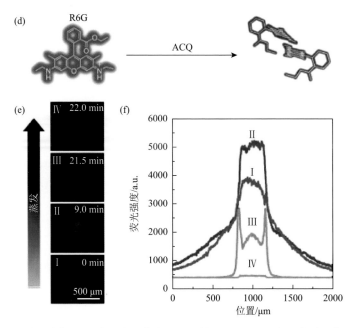

图 3-21 TPE-Z 分子在超浸润微晶片上蒸发聚集后的 AIE 原理示意图（a）、荧光成像图（b）及荧光强度变化（c）；罗丹明 6G（R6G）分子经液滴蒸发、凝聚后在超浸润微晶片上发生 ACQ 效应的示意图（d）、荧光成像图（e）及荧光强度变化（f）

2. 多组分溶剂

二元混合液滴的蒸发过程中，内部各组分浓度梯度发生变化，借助 Qiu 等制备的 AIE 分子（二炔聚芳腈化合物，P1a/2a/3）[49]，Cai 等[50]直观地观察了该变化过程。P1a/2a/3 在水溶液中发出微弱的荧光，而在 THF 中显现较强烈的荧光特性。随着水含量增加，体系的荧光强度总体呈上升变化。当水含量小于 50 vol%时，体系呈现弱的荧光；当水含量大于 60 vol%时，荧光发射强度显著增大，并在水含量为 90 vol%时达到峰值。研究者将加入了 P1a/2a/3 的 THF/水二元混合固着液滴以物理气相沉积法定位在疏水处理的透明电极（ITO）玻璃基质上，其接触角为（115±4）°。以 21℃、THF 起始含量 30 vol%为例，从 $t = 0$ s 开始，为蒸发的第一阶段，液滴表面 THF 的平均浓度下降，液体从 THF 含量较高的水滴中心迁移到液滴表面，较高的浓度、较低的表面张力处的 THF 优先挥发，液滴外表面富集了水分，荧光强度最大；表面下方因 THF 浓度差形成对流的径向流，产生了强度次之的荧光；液滴内部由于 THF 含量较高，荧光发射强度处于较低水平。这就使液滴的荧光强度梯度图像展现出形态固定的"三重线"结构（图 3-22）。在第二阶段，液滴中心的 THF 不足以补充到液滴边缘，THF 在边缘的浓度降低，因此荧光强度增加，出现"三重线"收缩现象。在 $t = 20.25$ s 记录下"三重线"松动的瞬间。到第三阶段 THF 耗尽，对应 $t = 21.29$ s 之后，可以看到在液滴边缘区域 THF 浓度骤降而导致的荧光强度突然增大，随后出现"三重线"脱落过程。

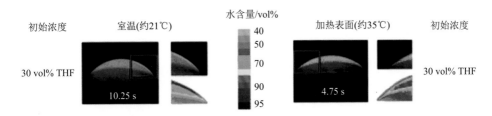

图 3-22　二元液滴在"三重线"开始收缩时的蒸发过程，同时显示了"三重线"放大视图和对应的浓度梯度

在液体挥发过程中，液滴表面会形成自发的界面自组装，利用 AIE 分子可以直接显示动态界面的演化过程，展现材料挥发后表面图案的形成过程[51]。Li 等以潮湿的气流向载玻片喷溅氯仿液滴，使玻璃表面产生渗透多孔阵列结构。在"可溶性"相，AIE 探针保持无发射状态，在相界面处探针遇到"不溶性"相，通过 RIR 过程表现高荧光。由此，基于 AIE 分子的荧光特性，可以将液体挥发并形成图案的过程分为以下四个步骤（图 3-23）。步骤 1，形成水/油和水/空气的局部界面，并同时生长和自组装成有序的六边形排列在聚异戊二烯（PI）/氯仿表面。步骤 2，随着水/空气界面表面能量的增加，薄的 PI/氯仿层使水滴自发包裹，然后界面 PI 的快速蒸发、富集和聚集，周围水滴形成弱荧光信号。步骤 3，随着氯仿的进一步蒸发，被包裹在水滴上的薄膜开始向不同的方向破裂，同时在液滴周边出现强的荧光信号，意味着 PI 沉积在液/气面。因此，通过 AIE 分子实现了液滴蒸发的形态和变化过程中的动态可视化。步骤 4，在 160 s 时形成液滴图案。

此外，Hu 等[52]基于 AIE 分子 TPE 衍生物 1, 1, 2, 2-四（4-苯乙炔）乙烯通过炔烃多环三聚作用得到超支化聚合物 hb-P1，具有很好的聚集增强荧光效应（图 3-24）。由 hb-P1 制备的蜂巢状多孔膜同样具有呼吸作用，在变化中三个相态的荧光情况各不相同。在挥发过程中，凝结的水滴被压在 hb-P1 溶液下方，此时为相态Ⅰ，看不到表面的孔状结构；随着上层挥发，水滴逐渐显露出来，为相态Ⅱ；等水滴完全蒸干留下底层多孔结构形成相态Ⅲ，为无荧光发射的孔洞结构。这一研究将呼吸图形法制备多孔膜结构的过程中表面的变化可视化表达。

随着溶剂蒸发，溶质出现沉淀和聚集的过程也可以通过 AIE 效果展现[53]。在溶剂蒸发过程中，利用氰基均二苯代乙烯衍生物的聚集诱导增强发射观察了液体蒸发与晶体形成的初始阶段，可视化了其成核转变为晶体的过程，从而实现了动力学研究。

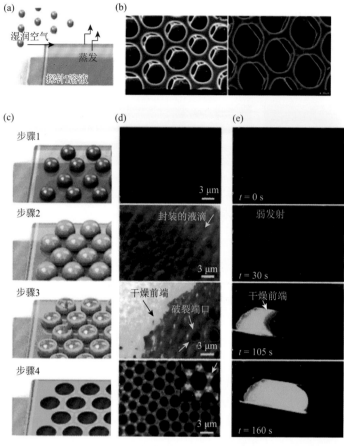

图 3-23 （a）呼吸图形成示意图；（b）具有代表性的由呼吸图形法形成的有序多孔 PI 膜的 SEM 图像；（c）原位 AIE 成像观察呼吸图的四个主要步骤示意图；（d）步骤 1～步骤 4 对应的呼吸图形成过程中拍摄的荧光显微镜图像；（e）步骤 1～步骤 4 中的宏观现象

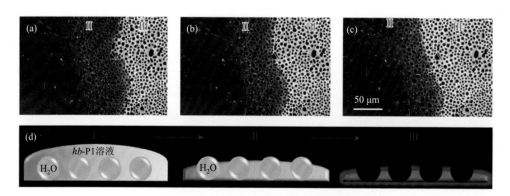

图 3-24 呼吸图形法制备多孔膜的结构

3.4.3　液体流动、蒸发引起的亲疏水性变化

材料表面与液体之间产生作用会表现出多种多样的过程，如液滴在亲水表面铺展或被吸收，液相体系在疏水表面的附着，抑或是溶液体系中分子与离子的特异性识别与结合。本节将借助 AIE 效果描述这一系列过程。

基于 AIE 分子制备的凝胶在有机试剂蒸气下发生变化及颜色反应，可以通过可视化观察得到。Wu 等[54]合成了 N,N-二［3,4,5-三（庚氧基）苯甲酰］富马肼（T7fuma），并可视化观察了其在有机试剂中的表面结构变化。该分子稀溶液的荧光不强，但制备成干凝胶后出现明显的荧光现象。将干凝胶分别置于甲苯试剂和乙醇试剂中发现，前者凝胶中的纤维长度达数十毫米，而后者纤维长度很短，并对应不同的亲疏水表面。对其荧光进行表征，可以有效地区分材料表面亲疏水性，荧光信号与接触角测试结果一致。

Wang 等[55]研究了固态的六苯基噻咯（HPS）薄膜对有机试剂蒸气的响应。如图 3-25 所示，薄膜接触到乙醇蒸气呈现蓝色荧光，与水滴的接触角为（136.3±1.6）°；接触甲苯试剂蒸气呈现绿色荧光，与水滴的接触角为（97.0±1.5）°。该变化过程可逆，重现性好。

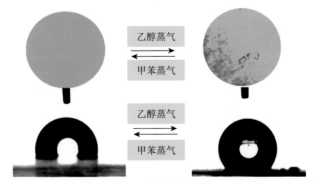

图 3-25　HPS 薄膜暴露在蒸气下的荧光颜色与接触角及重现性实验结果

Chen 等[48]进一步研究了超亲水-超疏的微流控芯片表面液滴的蒸发过程。在超亲水-超疏的基质表面，液滴被锚定在直径（328.0±3.4）μm 的超亲水微孔中，蒸发过程荧光试剂在微孔表面均匀聚集，形成均匀的荧光图样。芯片界面上微孔的直径对于液滴干燥后的荧光图样也有显著影响。不同尺寸的微孔影响了蒸发过程，使得荧光图样的亮度不同。另外，分别将 TPE-Z 滴加在普通亲水性玻璃及经疏水改性后玻璃表面作为对照。液滴在亲水基质表面很好地铺展，接触角为（19.8±2.2）°，蒸发后得到半径较大的荧光图样［图 3-26（a）］。在疏水基质表

面其接触角达到（107.9±4.7）°，接触面很小，故蒸发得到的荧光图案半径较小 [图 3-26（b）]。在以上两种界面得到的荧光图样不均匀，因此，在微流控芯片超亲水-超疏表面得到最优的控制效果。基于上述实验结果，具有 AIE 性能的 TPE-Z 分子在不同的亲疏水情况下的润湿半径不同，从而可以通过 AIE 分子的荧光强度和图案分布对材料的亲疏水性进行快速、有效的评价。

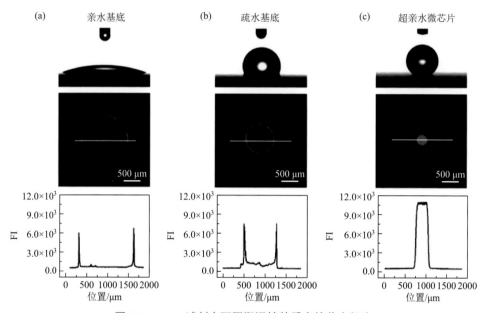

图 3-26　AIE 试剂在不同润湿性基质中的荧光行为

（a）亲水基底 [未经改性的商用玻璃，接触角 =（19.8±2.2）°]；（b）疏水基底 [改性玻璃，接触角 =（107.9±4.7）°]；（c）超亲水微芯片 [超亲水-超疏的基质，微孔直径（328.0±3.4）μm]

3.4.4　小结

本部分内容根据 AIE 分子在不同黏度、不同浓度的溶剂中的变化而表现出不同的荧光发射行为，将其应用于对流体物理运动过程的可视化中，不仅实现了对流体流动和液滴运动过程的观察，也可以在流体蒸发过程中对其不同位置进行实时分析，研究相界面处的分子组装行为，以及由于液体流动、蒸发带来的物理性质的变化，为液体物理过程的研究提供了有力的证据。

3.5　本章小结

本章汇总了近年来关于 AIE 分子在物质物理、化学过程中的可视化应用研究。以由于微环境（如浓度、黏度等）给 AIE 分子带来的影响为出发点，分别列举了 AIE 分子对聚合反应过程、聚合物相态转变过程和流体的物理变化过程的可视化研究。在聚合反应过程的可视化研究中，分子量增加，AIE 分子的转动受限作用增强，造成外在表现的荧光信号变化更为显著，使得观测反应进度成为可能。此外，荧光分子转子运动受限从分子层面揭示反应进行的机理，基于这个原因，纳米级、微米级微观粒子的形成过程也得以在显微镜下可视化呈现。组分复杂的聚合物内部相态变化值得人们深入研究，因此将传统的热力学物理量变化与直观可见的荧光性质变化同步起来，从而使玻璃态转变过程得以可视化，并成为区分相态、判断聚合物性质的重要方法。最后汇总了对固、液、气三相转化过程的可视化分析，包括溶液流动、溶剂蒸发，以及由溶剂导致的材料表面结构及性质的变化。不仅方便了对于热力学和表面化学的研究，更是为生物技术、医药研究等提供了重要的辅助与指引。

参 考 文 献

[1]　Yang T X，Zuo Y J，Zhang Y，et al. AIE-active polysiloxane-based fluorescent probe for identifying cancer cells by locating lipid drops. Analytica Chimica Acta，2019，1091：88-94.

[2]　He M，Kwok R T K，Wang Z G，et al. Hair-inspired crystal growth of HOA in cavities of cellulose matrix via hydrophobic-hydrophilic interface interaction. ACS Applied Materials & Interfaces，2014，6（12）：9508-9516.

[3]　Wang T，Yin W D，Zhang S X，et al. Introducing aggregation-induced emission to students by visual techniques demonstrating micelle formation with thin-layer chromatography. Journal of Chemical Education，2019，97（1）：190-194.

[4]　Kumbhar H S，Deshpande S S，Shankarling G S. Aggregation induced emission（AIE）active carbazole styryl fluorescent molecular rotor as viscosity sensor. Chemistry Select，2016，1（9）：2058-2064.

[5]　Chen T，Yin H，Chen Z Q，et al. Monodisperse AIE-active conjugated polymer nanoparticles via dispersion polymerization using geminal cross-coupling of 1, 1-dibromoolefins. Small，2016，12（47）：6547-6552.

[6]　Han T，Deng H Q，Qiu Z J，et al. Facile multicomponent polymerizations toward unconventional luminescent polymers with readily openable small heterocycles. Journal of the American Chemical Society，2018，140（16）：5588-5598.

[7]　Hu R，Qin A，Tang B Z. AIE polymers：synthesis and applications. Progress in Polymer Science，2020，100：101176.

[8]　Wang X H，Wu M X，Jiang W，et al. Nanoflower-shaped biocatalyst with peroxidase activity enhances the reversible addition-fragmentation chain transfer polymerization of methacrylate monomers. Macromolecules，2018，51（3）：716-723.

[9]　Wang F S，Wang T F，Lu H H，et al. Highly stretchable free-standing poly (acrylic acid)-block-poly（vinyl alcohol）films obtained from cobalt-mediated radical polymerization. Macromolecules，2017，50（16）：6054-6063.

[10]　Liu S J，Cheng Y H，Zhang H K，et al. *In situ* monitoring of RAFT polymerization by tetraphenylethylene-containing agents with aggregation-induced emission characteristics. Angewandte Chemie International Edition，

2018，57（21）：6274-6278.

[11] Wang X，Qiao X G，Yin X Z，et al. Visualization of atom transfer radical polymerization by aggregation-induced emission technology. Chemistry：An Asian Journal，2020，15（7）：1-5.

[12] Qiao X G，Ma H H，Zhou Z，et al. New sight for old polymerization technique based on aggregation-induced emission：mechanism analysis for conventional emulsion polymerization. Dyes and Pigments，2020，172：107796.

[13] Yang S Y，Shen W J，Li W L，et al. Systemic research of fluorescent emulsion systems and their polymerization process with a fluorescent probe by an AIE mechanism. RSC Advances，2016，6（78）：74225-74233.

[14] Liang X Q，Tao M，Wu D，et al. Multicolor AIE polymeric nanoparticles prepared via miniemulsion polymerization for inkjet printing. Dyes and Pigments，2020，177：108287.

[15] Jiang R M，Liu M Y，Huang H Y，et al. Fabrication of AIE-active fluorescent polymeric nanoparticles with red emission through a facile catalyst-free amino-yne click polymerization. Dyes and Pigments，2018，151：123-129.

[16] Wei G，Jiang Y L，Wang F. A new click reaction generated AIE-active polymer sensor for Hg^{2+} detection in aqueous solution. Tetrahedron Letters，2018，59（15）：1476-1479.

[17] Chen M，Li L Z，Wu H P，et al. Unveiling the different emission behavior of polytriazoles constructed from pyrazine-based AIE monomers by click polymerization. ACS Applied Materials & Interfaces，2018，10（15）：12181-12188.

[18] Andersson H，van den Berg A. From lab-on-a-chip to lab-in-a-cell. SPIE，2005.

[19] Yuan Y Y，Xu S D，Cheng X M，et al. Bioorthogonal turn-on probe based on aggregation-induced emission characteristics for cancer cell imaging and ablation. Angewandte Chemie International Edition，2016，55（22）：6457-6461.

[20] 孙斌. 新型无表面活性剂微乳液体系的构建及其在纳米材料制备中的应用. 济南：山东师范大学，2018.

[21] Peng H Q，Zheng X Y，Han T，et al. Dramatic differences in aggregation-induced emission and supramolecular polymerizability of tetraphenylethene-based stereoisomers. Journal of the American Chemical Society，2017，139（29）：10150-10156.

[22] Middha E，Manghnani P N，Ng D Z L，et al. Direct visualization of the ouzo zone through aggregation-induced dye emission for the synthesis of highly monodispersed polymeric nanoparticles. Materials Chemistry Frontiers，2019，3（7）：1375-1384.

[23] Sun M，Sun J H，Yang Y H，et al. Accelerating ambient soft-landing for the separation of aggregation-induced emission luminogens with unique properties. Talanta，2019，197：36-41.

[24] Foschi F，Synnatschke K，Grieger S，et al. Luminogens for aggregation-induced emission via titanium-mediated double nucleophilic addition to 2, 5-dialkynylpyridines：formation and transformation of the emitting aggregates. Chemistry，2020，26：1-13.

[25] Fan M L，Wang F，Wang C C. Reflux precipitation polymerization：a new platform for the preparation of uniform polymeric nanogels for biomedical applications. Macromolecular Bioscience，2018，18（8）：e1800077.

[26] Reinicke S，Fischer T，Bramski J，et al. Biocatalytically active microgels by precipitation polymerization of N-isopropyl acrylamide in the presence of an enzyme. RSC Advances，2019，9（49）：28377-28386.

[27] Phungpanya C，Chaipuang A，Machan T，et al. Synthesis of prednisolone molecularly imprinted polymer nanoparticles by precipitation polymerization. Polymers for Advanced Technologies，2018，29（12）：3075-3084.

[28] Wang G，Zhou L，Zhang P F，et al. Fluorescence self-reporting precipitation polymerization based on aggregation-induced emission for constructing optical nanoagents. Angewandte Chemie International Edition，2020，59（25）：

10122-10128.

[29]　Kim S，Torkelson J M. Distribution of glass transition temperatures in free-standing，nanoconfined polystyrene films：a test of de gennes' sliding motion mechanism. Macromolecules，2011，44（11）：4546-4553.

[30]　Ellison C J，Mundra M K，Torkelson J M. Impacts of polystyrene molecular weight and modification to the repeat unit structure on the glass transition-nanoconfinement effect and the cooperativity length scale. Macromolecules，2005，38：1767-1778.

[31]　Qiu Z，Chu E K K，Jiang M，et al. A simple and sensitive method for an important physical parameter：reliable measurement of glass transition temperature by AIEgens. Macromolecules，2017，50（19）：7620-7627.

[32]　Bao S P，Wu Q H，Qin W，et al. Sensitive and reliable detection of glass transition of polymers by fluorescent probes based on AIE luminogens. Polymer Chemistry，2015，6（18）：3537-3542.

[33]　Chien R H，Lai C T，Hong J L. Enhanced aggregation emission of vinyl polymer containing tetraphenylthiophene pendant group. The Journal of Physical Chemistry C，2011，115（13）：5958-5965.

[34]　Kim I，Li S. Recent progress on polydispersity effects on block copolymer phase behavior. Polymer Reviews，2019，59（3）：561-587.

[35]　Zou Y D，Zhou X R，Ma J H，et al. Recent advances in amphiphilic block copolymer templated mesoporous metal-based materials: assembly engineering and applications. Chemical Society Review，2020，49（4）：1173-1208.

[36]　van Horn R M，Steffen M R，O'Connor D. Recent progress in block copolymer crystallization. Polymer Crystallization，2018，1（4）：e10039.

[37]　Peters E N. Poly（phenylene ether）based amphiphilic block copolymers. Polymers，2017，9（9）：433.

[38]　La Mantia F P，Morreale M，Botta L，et al. Degradation of polymer blends：a brief review. Polymer Degradation and Stability，2017，145：79-92.

[39]　Rapp G，Tireau J，Bussiere P O，et al. Influence of the physical state of a polymer blend on thermal ageing. Polymer Degradation and Stability，2019，163：161-173.

[40]　Song Z H，Lv X，Gao L，et al. Dramatic differences in the fluorescence of AIEgen-doped micro-and macrophase separated systems. Journal of Materials Chemistry C，2018，6（1）：171-177.

[41]　Zhi Y F，Li C，Song Z H，et al. The location-influenced fluorescence of AIEgens in the microphase-separated structures. Chinese Journal of Polymer Science，2019，37（11）：1060-1064.

[42]　Li K，Jiang G Q，Zhou F，et al. Impact of cyclic topology：odd-even glass transition temperatures and fluorescence quantum yields in molecularly-defined macrocycles. Polymer Chemistry，2017，8（17）：2686-2692.

[43]　Liang X Q，Hu Y X，Lou J J，et al. Mechanistic investigation on fluorescence instability of AIE polymeric nanoparticles with a susceptible AIEgen prepared in miniemulsions. Dyes and Pigments，2019，160：572-578.

[44]　Guo Y，Shi D，Luo Z W，et al. High efficiency luminescent liquid crystalline polymers based on aggregation-induced emission and "Jacketing" effect: design, synthesis, photophysical property, and phase structure. Macromolecules，2017，50（24）：9607-9616.

[45]　Zhou H，Liu F，Wang X B，et al. Aggregation induced emission based fluorescence pH and temperature sensors：probing polymer interactions in poly（N-isopropyl acrylamide-co-tetra（phenyl）ethene acrylate）/poly（methacrylic acid）interpenetrating polymer networks. Journal of Materials Chemistry C，2015，3（21）：5490-5498.

[46]　Ying Y L，Li Y J，Mei J，et al. Manipulating and visualizing the dynamic aggregation-induced emission within a confined quartz nanopore. Nature Communications，2018，9（1）：3657.

[47]　Yuan W，Gu P Y，Lu C J，et al. Switchable fluorescent AIE-active nanoporous fibers for cyclic oil adsorption. RSC

Advances，2014，4（33）：17255-17261.

[48] Chen Y X，Min X H，Zhang X Q，et al. AIE-based superwettable microchips for evaporation and aggregation induced fluorescence enhancement biosensing. Biosensors & Bioelectronics，2018，111：124-130.

[49] Qiu Z，Han T，Kwok R T K，et al. Polyarylcyanation of diyne: a one-pot three-component convenient route for *in situ* generation of polymers with AIE characteristics. Macromolecules，2016，49（23）：8888-8898.

[50] Cai X，Xie N，Qiu Z J，et al. Aggregation-induced emission luminogen-based direct visualization of concentration gradient inside an evaporating binary sessile droplet. ACS Applied Materials & Interfaces，2017，9（34）：29157-29166.

[51] Li J W，Li Y，Chan C Y K，et al. An aggregation-induced-emission platform for direct visualization of interfacial dynamic self-assembly. Angewandte Chemie International Edition，2014，53（49）：13518-13522.

[52] Hu R R，Lam J W Y，Li M，et al. Homopolycyclotrimerization of A4-type tetrayne: a new approach for the creation of a soluble hyperbranched poly（tetraphenylethene）with multifunctionalities. Journal of Polymer Science Part A: Polymer Chemistry，2013，51（22）：4752-4764.

[53] Ito F，Fujimori J I. Fluorescence visualization of the molecular assembly processes during solvent evaporation via aggregation-induced emission in a cyanostilbene derivative. CrystEngComm，2014，16（42）：9779-9782.

[54] Wu Y F，Bai B L，Zhang C X，et al. Gelation properties of *N*, *N*-bis（3, 4, 5-tris（heptyloxy）benzoyl）fumarohydrazide in toluene and ethanol. Tetrahedron，2015，71（1）：37-43.

[55] Wang Z B，Heng L P，Jiang L. Wettability with aggregation-induced emission luminogens. Macromolecular Rapid Communications，2017，38（18）：1700041.

AIE 分子对材料结构、性能的可视化研究

>>

4.1 ▶ 引言

社会的发展伴随着新材料的出现，从古代青铜器到近代的塑料、橡胶，都是人类文明史上的一个重要里程碑。随着经济的高速发展，各行各业对于材料性能的要求愈发严苛，因此关于材料改性、性能设计及强化受到广泛关注。材料的微观结构、形貌与其性能有着密切的联系，通过调整材料的微观结构能够实现对材料性能的优化、功能的强化。因此，对材料微观结构及形貌的表征引起了科研工作者的广泛关注。对于材料微观形貌及结构的传统表征技术包括扫描电子显微镜（SEM）、透射电子显微镜（TEM）、原子力显微镜（AFM）及 X 射线衍射（XRD）、红外光谱（FT-IR）等，但是这些表征技术有着它们自身固有的缺陷。例如，样品制备要求严格、方法复杂，表征范围大多在纳米尺度，很难对材料进行介观尺度的评估[1]。因此，亟须开发一种制样简单、灵敏度高、介观尺度表征技术以实现对材料结构形貌的表征。

荧光探针因灵敏度高等优势而被广泛应用于传感、生物成像识别等领域。AIE 分子由于在聚集态情况下产生荧光增强现象，有利于对固态材料的微观结构及构象变化进行有效表征，将 AIE 分子作为荧光探针应用于对材料结构和形貌的可视化，大大弥补了材料表征技术的缺陷[1-3]。本章内容将分别从 AIE 分子对复合材料中不同组分的识别、对材料微小损伤的可视化检测及对指纹等信息的可视化鉴定几个方面进行介绍，探讨 AIE 分子在材料结构和性能评价中的重要作用。

4.2 ▶ AIE 对复合材料微观结构的可视化

聚合物材料因其高强度、高韧性及耐高温等特性而在农业、工业及国防科技等领域具有广泛的应用。为了进一步优化聚合物加工工艺、降低成型加工成本并提升聚合物材料的性能，研究者通过物理掺杂、共混方法构筑了多种有机-有机复合材料、有机-无机复合材料[4]。通过复合材料中各组元的相互增强、相互支撑，构筑得到的复合材料表现出优异的性能。为了实现对材料结构的表征，目前多采用 TEM、XRD、SEM 等研究方法[1]。然而，随着纳米材料在各个领域的蓬勃发展，这些常规表征手段已经不能满足纳米结构与性能研究的需求。本部分工作中，利用 AIE 分子在不同微环境下的荧光表现，针对有机-无机复合材料实现了对无机相的识别及分散度定性定量分析，针对有机-有机复合材料实现了不同组分相的识别及可视化分析，为功能复合材料的设计、构筑及优化提供了基础和依据。

4.2.1　有机-无机复合材料

无机纳米材料（如 SiO$_2$、二维层状材料等）被作为填料加入到有机聚合物（如聚乙烯、聚氯乙烯、硅胶等）中，从而提高有机聚合物的力学、抗氧化性、抑烟性等。而有机-无机复合材料性能的发挥大大依赖于无机填料在有机聚合物中的分散程度[5]。当无机填料聚集时，往往会导致复合材料的性能大幅下降[6]。因此，研究无机填料的分散状态对复合材料构效关系及设计构筑高性能复合材料至关重要。Tuteja 等从热力学的角度对无机填料的分散情况进行了研究[5]，但此理论模拟的方式计算烦琐、实用性不强。SEM 和 TEM 的发展为复合材料中的分散度研究提供了机会，但其制样工序复杂，仅适用于小面积窗口评价，所得到的结果无法代表无机填料的宏观分散状态[7]。因此需开发操作简便、实用性强、全方位的方法来评价无机填料在无机-有机复合材料中的分散度。

1. 前染定性评价

本书著作团队用激光扫描共聚焦显微镜（CLSM）代替传统电子显微镜，用于有机-无机复合材料中无机填料分散性的评价[7]。首先设计合成以四苯乙烯为核的十二烷基三甲基溴化铵（TPE-DTAB）阳离子表面活性剂，该分子在聚集状态时发出强烈的青色荧光。将 TPE-DTAB 用来修饰带负电的无机填料蒙脱土，实现了蒙脱土在固态状况下的荧光性。由于该分子保留了表面活性剂分子的特性，因此修饰后的蒙脱土表现出很好的油溶性，从而能够与聚合物基体相容，制得分散均匀的有机-无机复合材料。基于此，通过 CLSM 对聚氯乙烯（PVC）中的蒙脱土分散情况进行成像分析。在不同 z 轴深度上测得了 30 幅 x、y 二维平面内的图像，并利用这 30 幅图像进行三维重组获得了 TPE-DTAB 改性的蒙脱土颗粒在有机基体聚氯乙烯中的三维空间分布图（图 4-1）。该成像图尺寸达到微米级别，能够在介观尺度上观察蒙脱土在聚氯乙烯中的真实分散状态。另外，该课题组还设计合成了带负电的 AIE 表面活性剂［四苯乙烯为芯的十二烷基硫酸钠（TPE-SDS）］，并用其修饰了带正电的水滑石层状材料，获得了水滑石材料在聚氯乙烯中分散情况的荧光评价信息。这些结果为实现无机填料在有机基体中的分散性可视化评价提供了可能，为介观尺度上对材料结构形貌的评价提供了新的方法。

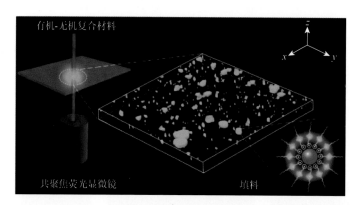

图 4-1　用 AIE 分子修饰的无机填料在有机基体中的分散状态示意图

　　基于此方法的设计和提出，针对电中性无机填料 SiO_2 在有机硅橡胶中的分散度评价，本书著作团队提出了对 SiO_2 进行共价修饰并进行荧光成像的方法[8]。首先通过在 SiO_2 表面引入 3-氨基丙基三乙氧基硅烷（APTES）来改善 SiO_2 在聚合物基体中的相溶性。之后，将 APTES 的暴露端与 5(6)-异硫氰酸荧光素（FITC）结合，形成被 FITC@APTES 修饰的具有荧光的 SiO_2。最后通过 CLSM 成像可以有效观察到修饰后的荧光 SiO_2 在硅橡胶中的分散情况，实现了在介观尺度对该有机-无机复合材料分散度的有效评价。

　　2. 后染定性评价

　　荧光成像技术俨然已成为有机-无机复合材料中无机填料分散度可视化的关键技术，具有广泛的应用前景。前面所述的成像技术大多是基于无机填料在被添加到有机基质之前，对其进行了预修饰，但是在实际应用中希望在不添加任何物质的情况下，对复合材料的分散度进行现场、无损、快速评价，因此需要开发一种简单的填充材料的定位技术[9]。

　　硼酸基团可以与羟基基团进行特异性结合，因而在分子识别、超分子组装等领域具有广泛应用。本书著作团队[10]将具有 AIE 活性的四苯基乙烯二硼酸（TPEDB）与层状双金属氢氧化物（LDHs）粉体进行特异性结合，发现结合后的复合物在 470 nm 处有强烈的蓝绿色荧光，且该复合物的量子产率是原 TPEDB 的25 倍，验证了 TPEDB 与无机相 LDHs 的有效结合及荧光增强。将 LDHs 掺杂进聚乙烯（PE）中，制得 PE-5%LDH 复合材料，然后随机选择其中的一块区域，将其置于 100 mmol/L 的 TPEDB 溶液中进行后染特异性识别复合材料中的LDHs。

通过 CLSM 观察，可以看到复合材料中呈现出大量的蓝色荧光斑点，实现了对复合材料中无机相 LDHs 的特异性定位及成像观察。进一步对羟基定位的准确性进行研究：首先利用静电作用，通过量子点（QDs）对 LDHs 进行了前染处理，制得 PE-5%（QD@LDH）复合材料；然后将该复合材料置于 TPEDB 溶液中进行后染，最后通过 CLSM 双通道进行成像检测。如图 4-2 所示，被 QDs 前染的 LDHs 呈现红色荧光；而经 TPEDB 后染的 PE-5%（QD@LDH）复合材料呈现青色荧光。重要的是，将这两幅图像重叠后发现染色点几乎完全重合，由此可以看出复合材料中的 LDHs 被准确定位。为了评估该技术的通用性，该课题组还构筑了二维层状材料蒙脱土(MMT)-聚丙烯（PP）复合材料，成功实现对其中 MMT 的成像观察。由此，该技术可以快速、直观地对聚合物基质中的无机二维层状材料进行原位识别和可视化。

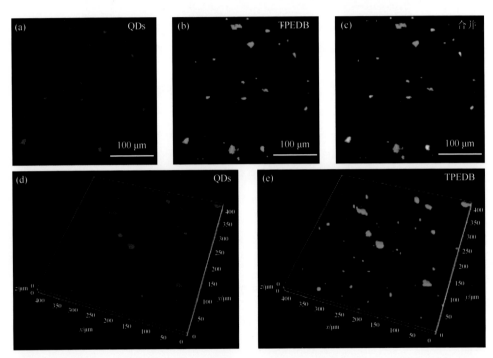

图 4-2　共染色 PE-5%（QD@LDH）薄膜的共聚焦荧光显微镜图像：（a）QDs 预染色的红色发射，（b）TPEDB 染色后的青色发射，（c）为（a）和（b）合并的图像；共染色技术的三维成像图：（d）QDs 预染色的红色发射，（e）TPEDB 染色后的青色发射

3. 定量评价

　　上述工作为无机填料分散度的定性分析提供了一种可靠的方法，然而这种方法无法定量描述其分散度，因此需要发展一种定量分析无机填料分散度的方法。本书著作团队[6]基于阳离子表面活性剂和多环芳烃之间的阳离子-π 相互作用，将

十六烷基三甲基溴化铵（CTAB）和荧光多环芳烃 9, 10-双苯乙炔基蒽（BPEA）
及苝共插层到蒙脱土中，使之在紫外光照射下发射强烈的绿色荧光，然后将修饰
过的蒙脱土分散于硅橡胶集体中，制得 CTAB-BPEA-MMT/硅橡胶复合材料或
CTAB-Perylene-MMT/硅橡胶复合材料。之后利用 CLSM 在每个样品的不同位置
获取三维荧光重构构图，并用三维图像分析软件获取图中的质心点后得到其质
心点的数据集。建立量化评估模型来评估蒙脱土在硅橡胶基体中的分散度，该
工作主要通过以下三个步骤来定量分析蒙脱土的分散度。首先，使用皮尔逊卡
方检验来评价不同数据集中质心数的偏差，建立一个虚假假设（H_0）：蒙脱土在
硅橡胶中的分散是均匀的，计算得到样品 A 和 B 的 χ^2 值分别为 26.4 和 319.1。
而在自由度为 23、置信水平为 95%时，查表可得临界值为 35.2，由此可以看出
样品 A 的分散是均匀的，而样品 B 是不均匀的。其次，对样品进行二维平面密
度的分析，将质心点分别投影到各个二维坐标系中（XY 平面、YZ 平面及 XZ 平面）。
如图 4-3 所示，对于分散均匀的样品 A 而言，质心点在平面内各个区域内的密度
相同，而样品 B 则相反。由此可以看出样品 A 的分散比较均匀。上述方法成功地
实现了无机填料分散度的定量分析，这对于有机-无机复合材料的性能评价具有非
常重要的意义。

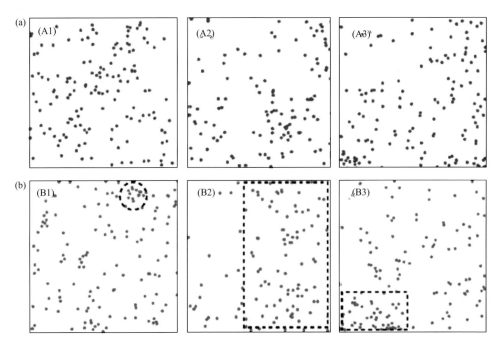

图 4-3　样品 A（a）和样品 B（b）的质心点投影到 XY 平面 [（A1）、（B1）]、XZ 平面 [（A2）、
　　　　（B2）] 及 YZ 平面 [（A3）、（B3）] 上的图像

4. 小结

本部分工作介绍了对有机-无机复合材料中无机纳米填料分散度的可视化评价工作，利用激光共聚焦荧光显微镜分别建立了前染定性评价、后染定性评价，直接观察复合材料中无机填料的分散情况。另外，通过建立量化评估模型对无机填料进行定量分析，进一步为复合材料评价提供了规范化的测试手段。这些方法的建立有望为复合材料的设计、构筑提供有力依据。

4.2.2 有机-有机复合材料

AIE 分子的发光特性可应用于有机-有机复合材料，实现对共混聚合物相区分、聚合物多态区分及聚合物降解过程中相变化等方面的可视化应用，为有机-有机复合材料的结构分析及实时监测提供直观可靠的数据。

1. 共混聚合物的相区分

共混是现代高分子科技中常用的制备功能高分子材料的有效方法。然而，绝大多数聚合物是不互溶的，这就不可避免地导致复合材料发生相分离，极大地影响复合材料最终性能。因此，实现对复合材料中不同相的有效表征，为复合材料的结构设计、性能优化及功能提升提供重要保障。

Tian 等[10]通过两种典型的分子模型，即线形均聚合物共混物与二嵌段共聚物模型，从热力学理论角度来研究和确定控制相行为的基本因素。Mangal 等也从热力学的角度提出了聚合物主链和支链之间的焓作用有助于克服聚合物复合材料中纳米粒子的相分离趋势[11]。但是这些方法都是从理论的角度分析的，其分析过程非常烦琐，无法准确、直接地实现对复合材料中不同相的有效区分，因此需要开发一种简单、有效、直接的可视化方法来观察聚合物复合材料中的相行为。

Han 等[12]基于 AIE 发光剂的分子内运动受限（RIM）和扭曲分子内电荷转移（TICT）两种机理，设计出了 RIM 型［四苯乙烯（TPE）］及 TICT 性质［三苯胺取代的[(Z)-4-亚苄基-2-甲基噁唑-5(4H)-酮]（TPABMO）］的两种不同的荧光探针。利用这两种探针对聚合物所处微环境刚性和极性的差异进行高灵敏度的荧光响应，从而实现高对比度的观察，有效区分了共混聚合物材料中的微相分离。该课题组研究了不同配比的聚苯乙烯（PS）与聚丁二烯（PB）混合物的微相分离情况。如图 4-4 所示，共混比影响 PS 和 PB 的相分离形态和相区尺寸。在 W_{PB} 为 10%时，具有微弱荧光发射的 PB 在强荧光发射的 PS 相中均匀分散，随着 W_{PB} 的增大，孤立的 PB 相趋向于结合到一起形成较大的区域，最终形成不规则的结构；当 W_{PB}

达到 30%时，出现了连续、相互渗透的网络；当 W_{PB} 达到 40%后，PB 的蓝色发射增强，PS 成次要成分；当 W_{PB} 逐渐增加到 80%时，岛状的 PS 相区域的平均尺寸越来越小；当 W_{PB} 达到 90%时，PS 相区域很难被观察到。该方法只需要将两种 AIE 探针掺杂到聚合物溶液中，不涉及任何复杂或者具破坏性的化学反应。这种荧光可视化方法可广泛用于观察两种或多种刚性及极性不同的聚合物组成的聚合物共混物体系的微相分离。

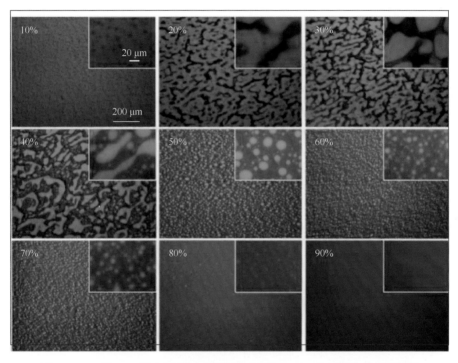

图 4-4　1%的 TPE 掺杂到不同质量分数 PB 的 PB/PS 共混膜中的荧光图像

　　第 3 章中也介绍到，Song 等[13]通过将具有不同极性的 AIE 分子（TPE 及其羧酸取代衍生物）分别掺杂到聚苯乙烯-*b*-聚乳酸（PS-*b*-PLA）嵌段共聚物和 PS/PLA 共混物中，研究了掺杂 AIE 分子的嵌段共聚物（BCPs）和共混物聚合物之间的本质区别。因 TPE 与其衍生物 TPE-2COOH 和 TPE-4COOH 的极性不同，所以在不同聚合物中的溶解性也不同。TPE 的极性最低，在 PS-*b*-PLA 嵌段共聚物或 PS/PLA 共混物中选择性地溶解于 PS 区域；四羧酸取代物 TPE-4COOH 极性最强，因此选择性地溶解于 PLA 区域；二羧酸取代物 TPE-2COOH 极性中等，因此在 PS 和 PLA 这两部分中皆有溶解。基于此，可以有效区分出嵌段共聚物和共混物聚合物，也可以实时监测大分子结构的链段运动。

2. 聚合物中的多态区分

多态性在自然界和工业材料中普遍存在，它描述的是具有相同化学式但存在形式或晶体结构不同的物质。由于物质微观结构决定材料性能，因此，对聚合物材料的微观多态性的研究具有重要意义。然而，对聚合物不同晶型的控制通常在本体溶液中进行，由自组装过程驱动，往往具备不确定性和不均匀性，阻碍了对分子系统多晶型的精确控制。有研究者提出，由于具有 AIE 特性的发光体可以在聚合物的不同晶态中选择性生长，而 AIE 发光行为取决于聚合物约束能力的大小，从而可以将聚合物的晶态信息转换为荧光颜色表达出来[14]。因此，可以将 AIE 发光分子嵌入聚合物中，再利用其荧光信号的变化实现对聚合物不同晶态的可视化判断。

Tang 等[15]将吡啶盐单元以双键的形式连接在 TPE 分子上，设计合成了一种两亲性的 D-A 型 AIE 分子 TPE-EP（表示 AIE 带有一个单位的正电荷）。TPE-EP 由三部分组成，疏水的 TPE 为电子供体，亲水的吡啶盐为电子受体，中间的双键为间隔单元。TPE-EP 的荧光性能取决于其不同的晶型：晶型 G（热力学稳定态）呈现绿色荧光、发射波长为 507 nm；晶型 Y（亚稳态）呈现黄色荧光、发射波长为 543 nm；晶型 O（亚稳态）呈现橙色荧光、发射波长为 575 nm。将该 AIE 分子TPE-EP 加入左旋聚乳酸（PLLA）中［图 4-5（a）］，采用蒸发结晶法，在 PLLA 中

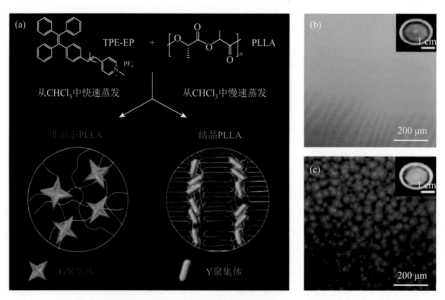

图 4-5 （a）TPE-EP 包埋的 PLLA 不同聚合物相荧光变化示意图；非晶（b）和结晶（c）聚合物薄膜的荧光照片及其相应的放大图像，激发波长：365 nm

获得了 TPE-EP 的多晶型状态。在荧光显微镜下观察，非晶态区域 TPE-EP 堆积成
G-晶体结构，显示绿色发射，而在晶态区域 TPE-EP 堆积成 Y-晶体结构，显示黄
色发射 [图 4-5（b）和（c）]。另外，改变 AIE 染料的含量时，其发射荧光几乎
不发生改变。由此可见，TPE-EP 的聚集态取决于宿主聚合物的微观环境。最后，
将 TPE-EP 染料加入不同结晶度（0%~48%）的 PLLA 中。结果表明，随着结晶
度的增加，材料发射波长从绿色向黄色转变。因此，该 AIE 分子为聚合物结晶度
的检测提供了一个平台，不仅可以观察晶相的分离状态，而且能够为样品的平均
结晶度提供新的信息。

3. 聚合物降解过程中的相变化

聚合物材料不可避免地会发生老化降解，使得材料失效、性能降低。关于大
多数聚合物材料降解过程的检测已有大量的研究，但这些方法都是通过在降解过
程中取样，然后进行测量质量损失来评价降解方法和降解性能。这样的评价方法
在侵入性取样过程中可能会对降解过程造成一定的破坏，因此需要开创一种无
创、灵敏度高的可视化方法来评价聚合物的降解过程。

Ma 等[14]采用活性可控自由基聚合法设计合成了两亲性的 AIE 探针分子 1, 1,
2, 2-四苯基乙烯-*co*-聚乙二醇甲醚甲基丙烯酸酯（TPEE-*co*-PEGMA），并将这种
AIE 探针与聚乳酸（PLA）共混，通过探针分子荧光发射的变化直接观察 PLA 的
降解过程。含有 AIE 探针的 PLA 基质逐渐降解为乳酸，并迅速溶解在水介质中；
由于 PLA 基质结构被破坏，其中掺杂的 AIE 探针被释放到溶液中，随着降解过程
的进行，释放的两亲性 AIE 探针开始自组装成胶束，从而引起溶液在紫外灯下的
荧光变化（图 4-6）。

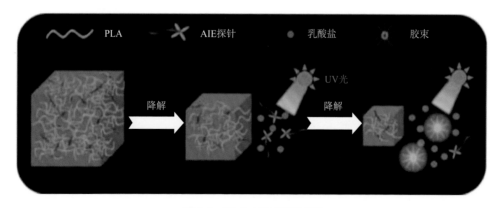

图 4-6　PLA-AIE 降解过程

该探针分子在水中分散性良好，且在 365 nm 的紫外光辐射下表现出较强的

蓝绿色发射，表明形成了微聚集体（胶束）；当将溶剂改为乙酸乙酯（EA）时，由于聚合物链溶解在 EA 中呈现单分散状态，因此无荧光发射。基于此，在 60℃和 pH = 14 的条件下对 PLA 的降解过程进行研究。在 PLA 降解过程中，样品的质量随着降解时间的延长而降低［图 4-7（a）］。降解液由于含有 AIE 分子，其荧光强度随着时间的推移而逐渐增强［图 4-7（b）和（c）］。另外，PLA 的质量减少与降解液发光强度呈现指数型变化［图 4-7（d）］。通过调控降解温度并控制 pH = 14，发现 PLA 降解速度与温度呈正相关。随着温度的升高，PLA 降解速度逐渐加剧。因此，该方法具有高灵敏度的优点，能够对 PLA 的降解过程进行实时监控，并展现出可视化的结果，对于聚合物材料结构变化的研究提供了有力帮助。

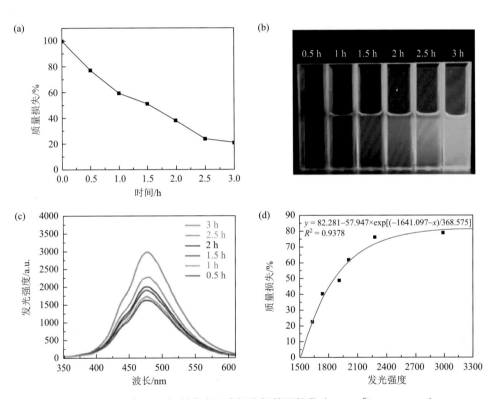

图 4-7　PLA 在 AIE 探针存在下水解降解的可视化（$T = 60℃$，pH = 14）

（a）PLA 水解过程失重曲线；（b）降解溶液在 365 nm 紫外光照射下荧光强度随降解时间变化的荧光照片；（c）PLA 降解过程中降解溶液的荧光强度随时间变化的 PL 光谱；（d）降解溶液在 475 nm 下的 PL 强度与PLA 失重的指数关系

4. 小结

这一小节内容分别从三个方面概述了 AIE 发光分子在有机-有机复合材料中

的可视化应用。第一，在共混聚合物相区分中的可视化应用。基于 AIE 发光分子的 RIM 与 TICT 两种机理设计合成了两种不同的荧光探针，可根据聚合物微环境的刚性、极性的差异，以及 AIE 分子在聚合物中的溶解性不同，有效区分聚合物材料中的微相分离。第二，AIE 发光分子在聚合物多态区分中的可视化应用。根据 AIE 发光体在聚合物不同形态中选择性生长这一原理，将 AIE 发光分子嵌入到聚合物中，利用 AIE 分子的荧光信号来判断聚合物的形态。第三，在聚合物降解过程中相变化的可视化应用。设计合成了两亲性的 AIE 探针，通过共沉淀法将其与 PLA 共混，根据探针分子荧光强度的变化来直接观察 PLA 的降解过程。

4.3　损伤检测

损伤存在于我们生活的方方面面，小到手指被划伤，大到一座桥梁开裂，以及人体中的基因出现损伤等。千里之堤毁于蚁穴，这些微小的裂纹、划痕会带来不可估量的灾难。因此，对材料损伤的早期、及时检测，能够有效提高材料的使用寿命，避免灾难的发生。

4.3.1　复合材料中的损伤检测

复合材料因其强度高、加工成型方便及弹性优良等特点，近年来被广泛应用于航天航空、汽车、电子电器及健身器材等领域。然而，由于其制造工艺不稳定，易产生缺陷；在应用过程中，由于疲劳撞击、腐蚀等因素，也容易产生缺陷[16]。部分缺陷由于浓度低、数量少而无法检测到，但是会造成复合材料局部强度降低，最终导致灾难性的事故发生[17]。因此，复合材料的损伤检测尤为重要。

1. 检测方法的发展

为了检测复合材料中的损伤，传统使用的方法包括非线性超声检测技术、X 射线显微术和射线照相术、扫描声学显微术、能量色散光谱法、红外热成像和激光剪切成像等[17]，然而这些检测方法通常需要从结构中移除或分离组件才能进行评估，无法在本体上进行检测，使得检测工序复杂、耗时长[18]。因此，需发展一种简单直观的复合材料损伤检测技术。

Vidinejevs 等[18]利用 pH 对分子结构及颜色的影响，将含有结晶紫内酯（CVL）染料的微胶囊与显色剂［封装的液态 4-羟基苯甲酸甲酯（MHB）或非封装的固态硅胶］嵌入到丙烯酸涂层中。当材料受到外界冲击时，微胶囊破裂使 CVL 与显色剂（MHB 或硅胶）发生反应而呈现颜色变化，判断损伤位置。然而，在这种方法中使用的显色剂是酸性显色剂，而传统的固化剂胺呈碱性，易使酸性显色剂失效，从而限制了此方法的应用[19]。另外，Lavrenova 等[20]通过电子给体和电子受体的电荷转移过程，实现了聚合物基质在发生损伤时的颜色变化的可视化。

微胶囊在聚合物中的应用为聚合物损伤检测提供了新的手段。Li 等[21]以 2′, 7′-二氯荧光素（DCF）制备了微胶囊，并将这种微胶囊分散于胺固化的环氧树脂涂层中。当环氧树脂涂层受到损伤，微胶囊破裂释放出 DCF，DCF 与环氧树脂涂层中游离的胺基作用，就会在损伤区域出现红色（图 4-8）。该检测方法不仅能够实现对损伤表面的检测，而且发现能够检测到 10 μm 的损伤。随着划痕深度的增加，其颜色强度明显增加。另外，该方法获得的微胶囊具有很好的稳定性，在环氧树脂中浸泡 48 h 或在 120℃下放置 200 min，均无颜色变化和质量损失；在压碎微胶囊后，依旧具有良好的活性。而损伤后破裂的 DCF 存放了 8 个月后划痕和新划痕的颜色强度一致。该方法的提出为材料损伤的检测提供了积极的指导，并且在损伤深度检测上提出了新的要求。

图 4-8　自主损伤指示概念示意图

含有指示剂的微胶囊嵌入涂层中，机械损伤后，微胶囊破裂，释放的芯材料与涂层反应，局部变色

2. 荧光可视化

上述这几种方法虽然能够检测复合材料的损伤变化，但是都基于化学反应来激发响应，对材料选择具有高度依赖性，所需材料复杂。荧光技术具有灵敏度高、操作简便等优点。AIE 分子在高浓度、聚集状态下表现出强荧光，使得 AIE 探针在复合材料损伤检测中表现出优异的性能。Robb 等[22]基于 AIE 分子对前面所述方法进行了改进，利用物质状态物理变化来实现材料损伤的检测。该课题组首先将 TPE 溶解到乙酸己酯中，并封装进微胶囊内，将微胶囊均匀地分散到聚合物涂

层中。若聚合物涂层发生机械损伤，则微胶囊破裂，释放出 TPE 溶液；随着溶剂的挥发，TPE 发生聚集，在紫外灯下显示出明显的荧光发射（图 4-9）。随着损伤深度的增加，其荧光信号的强度增强，并且发光区域也增大，而未发生机械损伤的涂层无荧光，由此可以实现对聚合物涂层机械损伤的可视化。

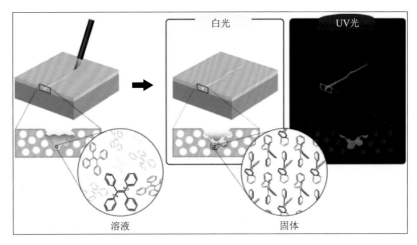

图 4-9　损伤检测原理图

该课题组还研究了在不同光源下完整微胶囊和破裂微胶囊的状态：在白光照射下可以同时观察到完整的微胶囊和破裂的微胶囊；而在紫外光照射下，只能观察到破裂的微胶囊，并伴有蓝色的荧光（图 4-10）。作为对照，该课题组制备了仅含有乙酸己酯的微胶囊，发现在紫外光照射下并无荧光变化。由此可以看出显示蓝色荧光的是聚集态的 TPE 分子。基于此，对该方法的响应强度和稳定性做了检

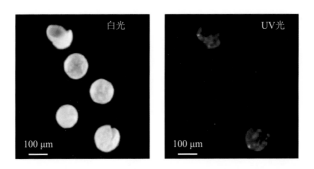

图 4-10　TPE 微胶囊在白光和紫外光照射下的立体照片显示了损伤诱导荧光

完整的微胶囊在紫外光下是不可检测的，而破裂的微胶囊是有荧光的，完整微胶囊的位置作为指南
（红色虚线圆圈）列出

测。结果表明，TPE 浓度及时间都不会对荧光响应产生影响。热重分析发现：在 220℃的条件下，含有 TPE 的微胶囊具有优异的热稳定性，且该微胶囊在环境条件下存放六个月，其性能不发生改变。

3. 不同深度可视化

Lu 等[23]进一步推进了 Robb 等的工作，将具有不同发射波长的 AIE 分子红色的 2, 3-双[4-(二苯基氨基)苯基]富马腈（BPF）、绿色的 HPS 和蓝色的 TPE 分别溶解于乙酸己酯溶剂中，然后将其分别封装进微胶囊中，并将这些微胶囊均匀分散于不同层的涂层中，由此通过颜色的不同来判断划痕的深度（图 4-11）。

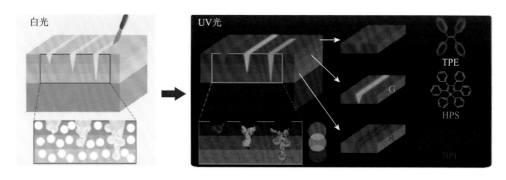

图 4-11　不同深度的划痕损伤指示原理图

该课题组首先对单个微胶囊的性能进行了评估：对于完整的微胶囊，在白光条件下，含有 TPE 和 HPS 的微胶囊是灰色的，而含有 BPF 的微胶囊是淡粉色的；但是在紫外光下这些微胶囊不发光而且不可见。当微胶囊破裂后，可以在紫外光下观察到明亮的蓝色、绿色和红色荧光。三种胶囊均具有优异的存储稳定性和热稳定性。对三种染料分子的混合效果进行考察，发现蓝色的 TPE 和绿色的 HPS 的混合色是青色，而红色的 BPF 与 TPE 或 HPS 混合后均得到橙色（图 4-12）。

因此，将含有 BPF 的涂层应该置于最底层，将含有绿色发光 HPS 的涂层置于中间层，将含有蓝色发光 TPE 的涂层置于顶层，以保持混合色之间的差异，提高辨识的灵敏度。然后按照顶层 160 μm、中层 160 μm、底层 480 μm 的厚度制备了三层涂层，并按此厚度分别制造了不同深度的三种划痕，实验结果表明仅在涂层顶层有划痕（划痕深度小于 160 μm）时，在紫外光下可观察到蓝色荧光；当划痕的深度穿过顶层至涂层中层时（划痕深度大于 160 μm 且小于 320 μm）时，涂层中的 TPE 微胶囊和 HPS 微胶囊同时发生破裂，在紫外光下可以观察到青色的荧光；进一步增加划痕的深度，当其深度大于 320 μm 时，涂层中的三种微胶囊同时发生了破裂，在紫外光下可以观察到明亮的橙色荧光（图 4-13）。由此可以看

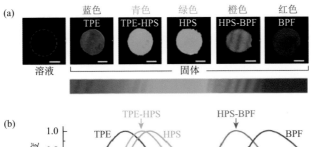

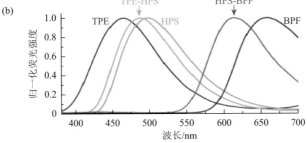

图 4-12　AIEgen 发射光谱的表征

（a）有效载荷液滴在紫外光下的图像；（b）BPF、HPS、TPE 及其混合物的荧光光谱

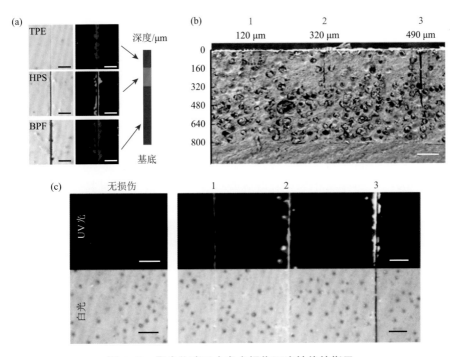

图 4-13　聚合物涂层中自主损伤深度性能的指示

（a）白光（左）和紫外光（右）下，单层聚氨酯涂层中嵌入 TPE（上）、HPS（中）和 BPF（下）微胶囊的划伤立体照片；三层聚氨酯涂层从顶层到底层分别嵌入 TPE、HPS 和 BPF 微胶囊受损时的横截面图（b）和正面图（c）（划痕从左到右深度为 120 μm、320 μm 和 490 μm，比例尺为 200 μm）

出将这种方法用于检测涂层不同深度的损伤是可行的。此方法使用 AIE 分子对聚合物损伤的可视化检测，不依赖于化学反应，具有良好的通用性和高灵敏度，不仅能将损伤区域和完整区域形成鲜明的对比，而且为损伤深度提供了丰富的信息。

4. 外力致形变可视化

材料在应用过程中往往需要有较强的承受应力的能力，在受到外界应力的作用下，能够保持自身结构，发挥其性能，因此，在应力作用下对材料的检测是对材料性能的重要保证。然而，传统对材料承受应力性能的检测一方面受检测区域大小的影响，另一方面无法实现对材料微观变化的监测。因此，开发一种无损、实时、现场应力监测新方法具有重要的意义[24]。

压致变色材料在机械传感器、光学记录、光学仪器等方面具有广泛应用，其发射颜色可随剪切、研磨或伸长等外部机械刺激而改变，因此可以将其作为检测压力的"智能"材料[25]。近年来，已开发了众多具有机械变色性能的 AIE 分子，但是由于成膜能力有限、与基底的兼容性不佳，限制了其在压力检测中的应用。

2018 年，Qiu 等[24]设计合成了具有 AIE 特性的 1, 1, 2, 2-四（4-硝基）乙烷（TPE-4N）分子，这种分子具有对机械刺激灵敏、在不同基底上表现出优异的成膜能力、晶态/非晶态荧光对比度高等优点，因此可将这种分子用于应力/应变分布可视化研究及裂纹的检测。该课题组首先验证了 TPE-4N 的 AIE 性能，发现含有 99% 水的 THF/水混合溶液中聚集态 TPE-4N 的荧光强度是其分散态荧光强度的 130 倍。其次，选用了三种不同的金属试件对该分子的性能进行了测试，包括拉伸、缺口和孔洞试件。采用浸染技术在金属试件表面形成 TPE-4N 薄膜，这种薄膜在非晶态条件下于 520 nm 处呈现绿色荧光。拉伸试件的测试结果显示，随着施加的作用力的增强，其绿色荧光的发光强度逐渐增强（图 4-14），通过其荧光变化情况有

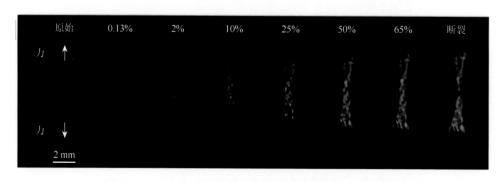

图 4-14 TPE-4N 涂层钢拉伸试件在不同应变下的荧光图像

拉伸力方向：垂直

效实现了对应力的可视化检测。通过扫描电子显微镜对其荧光可视化机理进行了研究，并对薄膜不同位置分别进行了荧光及扫描电子显微镜的观察。TPE-4N 薄膜通过拉伸发生了破裂，薄膜的破坏程度越大，其荧光强度越高。由此可以看出，TPE-4N 的荧光强度和所施加的力的大小并没有关系，而是与涂层的受破坏程度直接相关。

对于缺口和孔洞试件的测试结果显示，拉伸后在孔洞周围有强烈的荧光。基于 TPE-4N 对机械力的超灵敏响应，该课题组将其用于疲劳裂纹扩展的研究（图 4-15）。疲劳会导致材料微小裂纹的进一步扩展，对试件反复施加 $F = 700\,N$ 的力，循环 8000 次，直至试件断裂。荧光分析显示，在循环 1000 次时荧光信号开始出现［图 4-15（c）］；循环 5000 次后，荧光信号聚集在裂纹的右侧［图 4-15（e）］，随后发现裂纹继续向右侧扩展［图 4-15（f）］。由上述结果可以看出荧光信号可以预测疲劳裂纹的扩展路径，这对于仪器的维护至关重要。

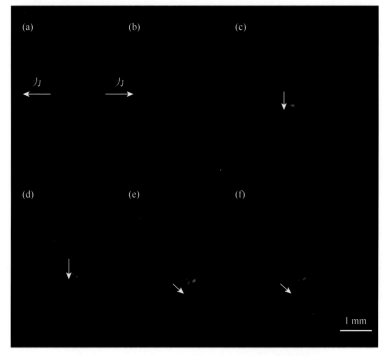

图 4-15　对钢在不同循环下疲劳裂纹扩展的监测

（a）初始；（b）预裂（$F = 300\,N$，45000 次循环）；（c）$F = 700\,N$，1000 次循环；（d）$F = 700\,N$，3000 次循环；（e）$F = 700\,N$，5000 次循环；（f）$F = 700\,N$，8000 次循环

5. 小结

复合材料微小损伤的检测对于材料的可靠性和安全性非常重要，本小节内容解

决了传统检测方法对材料依赖性强、所需材料复杂等问题，概述了近年来以 AIE 分子作为荧光探针检测材料损伤的变化。从仅用一种 AIE 发光分子作为荧光探针实现聚合物涂层机械损伤的可视化，到使用三种不同的 AIE 发光分子，将其分散在不同层的涂层中，根据荧光信号的不同判断涂层损伤的深度，成功实现了对划痕损伤的灵敏可视化。最后，通过压致变色材料，实现了聚合物所承受的应力变化的可视化检测。

4.3.2　人体损伤的可视化检测

人体损伤是指身体结构的完整性遭到了破坏，或者是功能（包括生理功能、心理功能）出现了差异或者直接丧失。目前有很多关于人体损伤的检测技术，例如，通过核磁共振成像检测血脑屏障；通过高效液相色谱法检测 DNA 片段；基于原子吸收光谱法检测骨骼中 Ca^{2+} 的流失等。然而，这些方法所用设备昂贵、工艺复杂，有一些对人体有很大的伤害。因此，荧光探针作为一种高灵敏度、高选择性、操作简单且低毒的方法来评估人体损伤受到了广泛的关注[25-28]。

1. 血脑屏障损伤

血脑屏障是一种特殊的脑毛细血管壁，这道屏障可以阻碍一些有害物质进入脑组织，减少血液中有害物质对脑组织的侵扰，从而保持脑组织内环境的基本稳定，对维持中枢神经系统的正常生理状况有着重要意义。如果血脑屏障遭到破坏，将导致神经损伤，造成严重后果。因此，检测血脑屏障损伤对于神经系统的治疗和评估非常重要。目前最常用的评估血脑屏障通透性的方法是伊文思蓝（EB）法，但它在体内有致死的毒性，因此需要开发一种灵敏性强、无毒性的评估方法。

Cai 等[26]基于 AIE 分子的优良特性，提出了一种能够精确检测血脑屏障完整性的方法。该课题组首先制备了尺寸可控的 2, 3-双（4-{苯基[4-(1, 2, 2-三苯基乙烯基)苯基]氨基}苯基）富马腈（TPETPAFN）AIE 分子，并对其稳定性和细胞毒性做了检测。将这种纳米粒子分别置于 4℃的 1×磷酸盐（PBS）缓冲液中孵化 10 d 或者是在 37℃的 1×PBS 缓冲液与人的血清中孵化 24 h 后，所有的纳米粒子都显示出良好的胶体稳定性。以浓度为 $15×10^{-6}$ mmol/L 的 TPETPAFN 纳米粒子对 NIH/ 3T3 细胞进行测试，发现在 48 h 后细胞活性仍保持在 90%以上。由此可以看出，TPETPAFN 纳米粒子具有优异的稳定性和低细胞毒性。选择老鼠血栓模型（PTI），用不同尺寸（60 nm、30 nm 和 10 nm）的 TPETPAFN 纳米粒子来评估这个模型血脑屏障的完整性。在没有注射 TPETPAFN 纳米粒子的情况下，老鼠大脑中任何区域都无法观察到荧光［图 4-16（a）～（c）］。注射 60 nm 的 TPETPAFN 纳米粒子后，由于纳米粒子无法穿透受损的血脑屏障，老鼠大脑无荧光显示［图 4-16（d）～（f）］。注射 30 nm 的 TPETPAFN 纳米粒子后，荧光成像中在缺血区域可以观察到红色荧光，而非缺血区域无此现象［图 4-16（g）～（i）］。当注射 10 nm 的 TPETPAFN 纳米粒子后，荧光成像中，在缺血区域及非出血区域同时观察到了红色荧光［图 4-16（j）～（l）］。上述结果证明，30 nm 的 TPETPAFN 纳米粒子荧光探针最适用于血脑屏障的损伤检测。因此，Cai 等通过荧光成像方法有效地实现了对血脑屏障损伤的检测，且该方法具有高特异性。

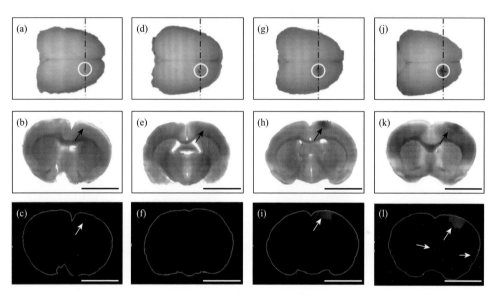

图 4-16　PTI 发生后 3 h，无纳米粒子（NPs）注射（a）或注射 60 nm（d）、30 nm（g）、10 nm（j）NPs 的光学显微镜图像；在 PTI 发生后 3 h，不注射 NPs（b）或注射 60 nm（e）、30 nm（h）和 10 nm（k）NPs 的冠状切片的共焦明亮场图像；PTI 发生后 3 h，无 NPs 注射（c）或注射 60 nm（f）、30 nm（i）、10 nm（l）NPs 的冠状切片的共焦荧光图像

2. 基因片段损伤

紫外线辐射会引起细胞 DNA 的损伤，甚至有可能致癌、致突变。*p53* 基因片段具有抑癌的作用，但红外线、紫外线及电离辐射等都会对其造成损伤，使得细胞癌变。近年来臭氧层的破坏导致紫外线辐射增强，而紫外线辐射对 *p53* 基因的影响是不可忽视的。常用于检测 DNA 片段损伤的技术大多数操作复杂，可能会对 DNA 片段造成二次损伤。因此，开发一种操作简便、灵敏度高且损伤较低的检测方法至关重要。

Ou 等[27]采用聚合酶诱导聚集产生双链 DNA，带负电的 DNA 骨架可以与带正电 AIE 分子 TPE-Z 通过静电作用相结合，AIE 分子聚集在 DNA 骨架上，因此产生荧光。通过实验发现未损伤基因片段的荧光信号比因紫外线辐射损伤的基因片段的荧光信号高 61%。为了提高信噪比，将线形 *p53*（L-*p53*）基因片段连接成环状 *p53*（C-*p53*）基因片段，再利用滚环扩增法（RCA）来延长 DNA 片段。接下来，选择带正电的 AIE 分子 TPE-Z 与带负电的 DNA 骨架通过静电作用相结合，聚集于 DNA 骨架上的 TPE-Z 分子释放出荧光信号。当 C-*p53* 基因片段受到紫外线损伤时，RCA 将无法正常进行，这样就会影响最终的荧光强度，此方法具有更好的灵敏度、操作简便且信噪比高。

3. 钙沉积、骨微裂及骨修复

生物系统中 Ca^{2+} 的浓度因微环境的差异而不同，并且其浓度与很多疾病息息相关。尽管之前有很多关于 Ca^{2+} 的检测技术，如原子吸收光谱法、比色滴定法等，但是这些方法操作复杂、仪器昂贵。后来发展的传统荧光技术，虽然操作简便、灵敏度高，但是由于荧光猝灭效应，只能进行纳摩尔/升到微摩尔/升级别的检测。然而毫摩尔/升级别的 Ca^{2+} 与很多疾病有关，如高钙血症、软骨组织及骨微裂等，因此需要开发一种毫摩尔/升水平上的 Ca^{2+} 原位检测技术。

AIE 分子弥补了传统荧光技术的缺陷。Gao 等[28]开发了一种具有 AIE 活性的荧光探针 SA-4CO_2Na，并对其 AIE 性能进行了检测：SA-4CO_2Na 荧光探针可以很好地溶解于水中，在 541 nm 处有微弱的发射峰；当 THF 与水的比例达到 99∶1 时，其量子产率由原来的 0.23%增加到了 5.2%，在固态条件下可以达到 10.6%，证明该探针的 AIE 性能。该课题组检测了 SA-4CO_2Na 荧光探针对 Ca^{2+} 的检测范围和选择性。如图 4-17（a）所示，在没有加入 Ca^{2+} 之前，SA-4CO_2Na 荧光探针仅发射微弱的荧光；当加入 Ca^{2+} 之后，SA-4CO_2Na 探针荧光强度逐渐增强。该荧光探针检测范围为 0.6～3.0 mmol/L ［图 4-17（b）］，有望区分高浓度钙（1.4～3.0 mmol/L）和正常浓度的钙（1.0～1.4 mmol/L）。该荧光探针具有良好的选择性，对多种金属离子，包括单价离子（Li^+、Na^+、K^+）、二价离子（Zn^{2+}、Mg^{2+}、Co^{2+}、Ni^{2+} 和 Cu^{2+}）和三价离子（Fe^{3+}）无响应，仅对 Ca^{2+} 响应并产生强烈的荧光。在牛血清白蛋白（BSA）、猪血红蛋白（PHB）和胎牛血清（FBS）等生物分子存在的条件下，进行了进一步的干扰实验，发现 SA-4CO_2Na 的荧光光谱几乎没有变化 ［图 4-17（c）和（d）］。

利用激光扫描共聚焦显微镜、扫描电子显微镜观察了 SA-4CO_2Na 与 Ca^{2+} 螯合前后的形态变化。可以观察到无 Ca^{2+} 时 SA-4CO_2Na 形成的是无规则聚集体，而加入 Ca^{2+} 形成的是纤维聚集体。将这种探针应用于砂粒型脑膜瘤切片进行钙沉积成像、骨微裂及骨修复材料羟基磷灰石微裂纹的检测。骨微裂纹处有高浓度不

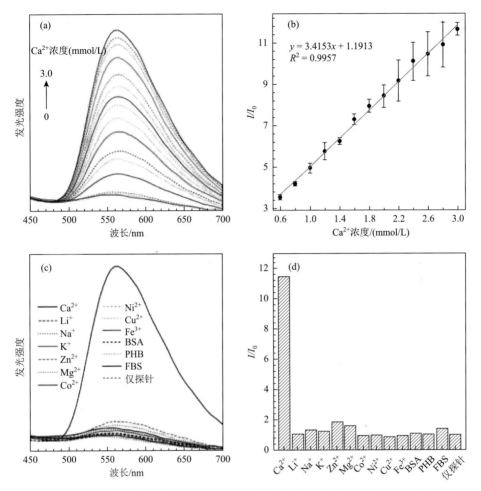

图 4-17   SA-4CO₂Na 在不同浓度 CaCl₂ 的 PBS 缓冲液（pH = 7.4）中的 PL 光谱（a）及相对荧光强度变化（b）；（c，d）在 PBS 缓冲液中加入不同的金属离子和生物分子对 SA-4CO₂Na 荧光光谱及荧光强度的影响

饱和的 Ca^{2+} 结合位点，因此可以通过荧光团与选择性结合配体结合到 Ca^{2+} 上来检测骨微裂纹。以牛骨表面的微裂纹为例，经过传统的 ACQ 荧光团钙黄绿素处理后，可以观察到钙黄绿素对骨微裂纹的选择性差、背景噪声大 [图 4-18（a）～（f）]，对最后的检查结果造成影响。而经过 AIE 分子 SA-4CO₂Na 处理后的牛骨表面，可以在微裂纹处观察到强烈的荧光信号，而在裂纹周围健康的骨表面保持非荧光 [图 4-18（g）～（l）]。因此，可以看出相对于会发生 ACQ 现象的钙黄绿素而言，SA-4CO₂Na 荧光探针对骨微裂的检测更可靠。综上所述，具有 AIE 活性的探针具有高信噪比和较强的原位保留能力等特点，因此这种 AIE 活性探针有望用于毫摩尔/升范围内 Ca^{2+} 的生物医学研究。

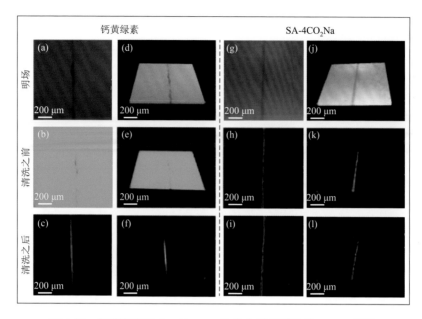

图 4-18   钙黄绿素和 SA-4CO$_2$Na 染色牛骨微裂纹的 CLSM 图像

用钙黄绿素染色的微裂纹的整个投影图像（z 叠加）[（a）～（c）] 和三维图像 [（d）～（f）]；用 SA-4CO$_2$Na 染色的微裂纹的投影图像 [（g）～（i）] 和三维图像 [（j）～（l）]

4. AIE 在指纹检测中的应用

指纹是一种独特的存在形式，又被称为"人体身份证"，是人一生中保持不变的一系列线条。指纹不仅在刑事案件侦破中是非常重要的证据，在人们的日常生活中，如安全检查、访问控制、生物认证等方面，都发挥着重要的作用[29, 30]。人的手指和手掌上存在大量的汗腺和皮脂腺，因此当手指与一些物体接触时会留下一些精细的纹路，这些精细的纹路被称为潜在指纹（LFPs）。但这些 LFPs 在环境光下是很难用裸眼直接观察到的，需要对其进行特殊处理，而 AIE 分子的出现为指纹的检测提供了新的契机。

2012 年，Su 课题组[31]首次探索了具有 AIE 性能的 TPE 识别 LFPs 的可能性。TPE 在良溶剂 CH$_3$CN 中没有荧光发射，当在 CH$_3$CN 中添加水这种不良溶剂时，则会产生荧光，是一种典型的 AIE 分子。随后，该课题组采集了不同基底上的 LFPs，用 TPE-CH$_3$CN-H$_2$O 混合溶液对这些 LFPs 进行处理，然后用超纯水进行淋洗并干燥。在紫外光照射下可以观察到清晰的 LFPs 信息，LFPs 的乳头脊被 TPE 染料标记为绿色荧光，而脊之间的空间依旧为黑色，产生了很强的视觉对比度，使得指纹图像清晰可辨。上述结果表明将具有 AIE 性能的化合物用于 LFPs 的可视化这一方法是可行的。

　　为了进一步提高 AIE 在 LFPs 可视化中的应用，研究者围绕 AIE 分子的合成及性能的提升展开了诸多工作。Singh 等[29]设计合成了同时具有 AIE 和激发态分子内质子转移（ESIPT）性能的二苯基嘧啶酮（DPSA）分子。该课题组将 DPSA 作为荧光探针应用于对 LFPs 的可视化中。首先采集了不同基底上的指纹，然后将这些基底用分散在 H_2O 与 CH_3CN 混合溶剂中的 DPSA 进行处理，并置于 365 nm 的紫外灯下进行观察。实验结果表明，DPSA 可以用于提取各种基底上的 LFPs，且能得到指纹的第二级特征信息（图 4-19）。图 4-19（a）中是三个不同受试者的指纹信息，基于第一级信息特征，可以观察到 LFP 1 和 LFP 3 是环形模式，而 LFP 2 是螺纹模式，因此，需要利用第二级特征信息来识别 LFP 1 和 LFP 3。从图 4-19（b）中至少可以观察到指纹的 8～16 个细节点，即核、三角洲、分岔、独立脊、脊点、脊端和湖。基于这些细节点可以观察到，在 LFP 1 中，与核相邻的第一个脊包含一个湖，而在 LFP 3 中没有这种类型的细节点；在 LFP 3 中与核相邻的脊中有一个脊点，这在 LFP 1 中是不存在的。通过这些观察结果，可以说明 LFP 1 和 LFP 3 来自不同的受试者。

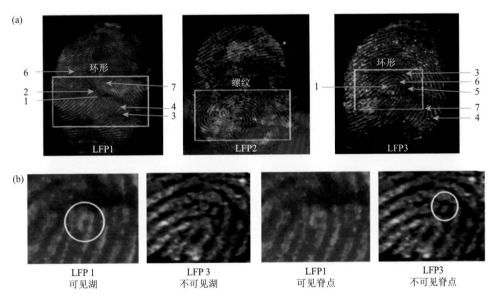

图 4-19　（a）在 365 nm 紫外灯下，用含有 90% 水的混合溶液从三个不同个体获得的皮脂腺指纹图像显示了第一级信息，即环形和螺纹，以及第二级信息，即 LFPs 的核（1）、湖（2）、独立脊（3）、三角洲（4）、脊端（5）、脊点（6）和分岔（7）；（b）LFP 1 和 LFP 3 的放大图像，在第二级特征信息区域呈现差异

　　此外，多个研究组设计开发了不同发光波长的 AIE 分子，成功探究了其在 LFPs 可视化中的应用，获得了多级结构信息，并验证了这些分子在对铝箔、硬币、

玻璃板等多种基体上指纹中脊端、分岔、湖、岛和交叉等二级特征信息，指纹鉴定识别的准确度高，有望成为一种通用的 LFPs 可视化技术。

4.4 本章小结

　　基于 AIE 分子在聚集状态运动受限而表现出的荧光增强，本章介绍了 AIE 荧光分子对材料微观结构及其变化的可视化研究。与以往的材料检测技术相比较，发现这类荧光探针具有信噪比高、光稳定性强、灵敏度高及操作简便等优势，有效地弥补了材料传统检测技术的缺陷。在过去十几年里，关于具有 AIE 性能的化合物在材料的结构和性能表征方面的发展已经取得了显著的成效，但是在这方面的研究还需要进一步加强，通过对原有 AIE 化合物合成技术的改进及设计构筑新的 AIE 化合物，从而推动 AIE 分子在材料结构及微观形态变化中的可视化应用。

参 考 文 献

[1] Li K T，Lin Y J，Lu C. Aggregation-induced emission for visualization in materials science. Chemistry：An Asian Journal，2019，14（6）：715-729.

[2] Gao X，Sun J Z，Tang B Z. Reaction-based AIE-active fluorescent probes for selective detection and imaging. Israel Journal of Chemistry，2018，58（8）：845-859.

[3] 胡蓉，辛德华，秦安军，等. 聚集诱导发光聚合物. 高分子学报，2018，2：132-143.

[4] Rusu V M，Ng C H，Wilke M，et al. Size-controlled hydroxyapatite nanoparticles as self-organized organic-inorganic composite materials. Biomaterials，2005，26（26）：5414-5426.

[5] Mackay M E，Tutega A，Duxbury P M，et al. General strategies for nanoparticle dispersion. Science，2006，311（5768）：1740-1743.

[6] Zhong J P，Li Z Q，Guan W J，et al. Cation-pi interaction triggered-fluorescence of clay fillers in polymer composites for quantification of three-dimensional macrodispersion. Analytical Chemistry，2017，89（22）：12472-12479.

[7] Guan W J，Wang S，Lu C，et al. Fluorescence microscopy as an alternative to electron microscopy for microscale dispersion evaluation of organic-inorganic composites. Nature Communications，2016，7：11811.

[8] Feng Z M，Zhong J P，Guan W J，et al. Three-dimensional direct visualization of silica dispersion in polymer-based composites. Analyst，2018，143（9）：2090-2095.

[9] Bates F S. Polymer-polymer phase behavior. Science，1991，251（4996）：898-905.

[10] Tian R，Zhong J P，Lu C，et al. Hydroxyl-triggered fluorescence for location of inorganic materials in polymer-matrix composites. Chemical Science，2018，9（1）：218-222.

[11] Mangal R，Srivastava S，Archer L A. Phase stability and dynamics of entangled polymer-nanoparticle composites. Nature Communications，2015，6：7198.

[12] Han T，Gui C，Lam J W Y，et al. High-contrast visualization and differentiation of microphase separation in polymer blends by fluorescent AIE probes. Macromolecules，2017，50（15）：5807-5815.

[13]　Song Z，Lv X，Gao L，et al. Dramatic differences in the fluorescence of AIEgen-doped micro-and macrophase separated systems. Journal of Materials Chemistry C，2018，6（1）：171-177.

[14]　Ma H H，Zhang A D，Zhang X M，et al. Novel platform for visualization monitoring of hydrolytic degradation of bio-degradable polymers based on aggregation-induced emission（AIE）technique. Sensors and Actuators B：Chemical，2020，304（1）：127342.

[15]　Khorloo M，Cheng Y H，Zhang H K，et al. Polymorph selectivity of an AIE luminogen under nano-confinement to visualize polymer microstructures. Chemical Science，2020，11（4）：997-1005.

[16]　葛邦，杨涛，高殿斌，等. 复合材料无损检测技术研究进展. 玻璃钢/复合材料，2009，6：67-71.

[17]　Meo M，Polimeno U，Zumpano G. Detecting damage in composite material using nonlinear elastic wave spectroscopy methods. Applied Composite Materials，2008，15（3）：115-126.

[18]　Vidinejevs S，Aniskevich A N，Gregor A，et al. Smart polymeric coatings for damage visualization in substrate materials. Journal of Intelligent Material Systems and Structures，2012，23（12）：1371-1377.

[19]　Vidinejevs S，Strekalova O，Aniskevich A N，et al. Development of a composite with an inherent function of visualization of mechanical action. Mechanics of Composite Materials，2013，49（1）：77-84.

[20]　Lavrenova A，Farkas J，Weder C，et al. Visualization of polymer deformation using microcapsules filled with charge-transfer complex precursors. ACS Applied Materials & Interfaces，2015，7（39）：21828-21834.

[21]　Li W，Matthews C C，Michael K Y，et al. Autonomous indication of mechanical damage in polymeric coatings. Advanced Materials，2016，28（11）：2189-2194.

[22]　Robb M J，Li W，Gergely R C R，et al. A robust damage-reporting strategy for polymeric materials enabled by aggregation-induced emission. ACS Central Science，2016，2（9）：598-603.

[23]　Lu X C，Li W L，Sottos N R，et al. Autonomous damage detection in multilayered coatings via integrated aggregation-induced emission luminogens. ACS Applied Materials & Interfaces，2018，10（47）：40361-40365.

[24]　Qiu Z J，Cao M K，Zhao W J，et al. Dynamic visualization of stress/strain distribution and fatigue crack propagation by an organic mechanoresponsive AIE luminogen. Advanced Materials，2018，30（44）：1803924.

[25]　Tong J Q，Wang Y J，Mei J，et al. A 1, 3-indandione-functionalized tetraphenylethene: aggregation-induced emission, solvatochromism, mechanochromism, and potential application as a multiresponsive fluorescent probe. Chemistry：A European Journal，2014，20（16）：4661-4670.

[26]　Cai X L，Bandla A，Mao D，et al. Biocompatible red fluorescent organic nanoparticles with tunable size and aggregation-induced emission for evaluation of blood-brain barrier damage. Advanced Materials，2016，28（39）：8760-8765.

[27]　Ou X W，Wei B M，Zhang Z Y，et al. Detection of UVA/UVC-induced damage of p53 fragment by rolling circle amplification with AIEgens. Analyst，2016，141（14）：4394-4399.

[28]　Gao M，Li Y X，Chen X H，et al. Aggregation-induced emission probe for light-up and *in situ* detection of calcium ions at high concentration. ACS Applied Materials & Interfaces，2018，10（17）：14410-14417.

[29]　Singh H，Sharma R，Bhargava G，et al. AIE + ESIPT based red fluorescent aggregates for visualization of latent fingerprints. New Journal of Chemistry，2018，42（15）：12900-12907.

[30]　Xu L R，Li Y，Li S H，et al. Enhancing the visualization of latent fingerprints by aggregation induced emission of siloles. Analyst，2014，139（10）：2332-2335.

[31]　Li Y，Xu L R，Su B. Aggregation induced emission for the recognition of latent fingerprints. Chemical Communications，2012，48（34）：4109-4111.

第5章

>>

生物过程的可视化研究

5.1 引言

　　生物体内大量存在的核酸、蛋白质、多糖、磷脂等是重要的生物活性分子，对于所有的生命形式都有着至关重要的作用。它们在生物介质中常以带电物质的形式存在，利用静电相互作用设计具有相反电荷的离子型 AIE 分子是对其进行可视化研究的常用策略。离子型 AIE 分子可以在水介质中溶解良好，不发生聚集而没有荧光信号；与生物分子静电结合后，发生聚集而显示出强荧光信号。除了静电相互作用，氢键和疏水相互作用也被用来提升 AIE 分子与生物分子的结合作用。基于这些非共价相互作用构建的荧光点亮型可视化系统，具有制备简单和易于操作的优点，能够方便地调控聚集状态从而开启或关闭 AIE 分子的荧光信号，大幅提升信号背景比，实现高灵敏检测。同时，选择性或靶向检测往往需要在 AIE 分子结构上键连特异性识别基团来完成。

　　生物活性分子在生物体内会参与一系列生化反应，展现不同的生物功能，如蛋白质相关的活动、代谢中的酶催化生化反应、核酸的复制和转录、遗传信息的存储和利用及蛋白质的生物合成等。同时，这些生物过程与活细胞的功能息息相关。细胞和细胞器（细胞核、线粒体、溶酶体、高尔基体等）在许多细胞过程（细胞生长、分化、凋亡、细胞动态平衡等）中发挥难以替代的作用，用于维持正常的生理功能。例如，溶酶体介导自噬降解受损细胞内基质，细胞核主导基因表达、转录后修饰与细胞分裂，高尔基体辅助蛋白质的分类、包装、加工和修饰，线粒体提供能量等。另外，生物过程的异常可能导致生物机体失衡，从而产生严重的疾病，如癌症、阿尔茨海默病和糖尿病等。基于此，设计用于生物分子检测的 AIE 分子，优化分子的化学结构，开发具有高分辨率、高灵敏度和高选择性的可视化方法，对酶催化反应、蛋白纤维化、线粒体动力学异常、病理凋亡、肿瘤细胞细胞增殖等相关生物过程进行实时监测，将有助于深入了解疾病的发病机制，在基础生物学和实际临床应用中都具有重大的意义。

在本章内容中，主要介绍了 AIE 分子对核酸和蛋白质等生物分子、细胞、生物组织、生物过程、细菌的可视化应用。在生物分子可视化应用中，概述了 AIE 分子在凝胶电泳染色、生物分子构象变化、酶活性检测等方面的应用进展。在细胞可视化应用中，AIE 分子表现出高荧光对比度和轻微的细胞毒性，是高性能的细胞成像染色剂。通过膜电位、生化环境等条件，利用 AIE 分子与细胞膜或细胞器的特定相互作用实现对细胞中各部分的靶向成像。在生物组织可视化应用中，具备红光发射和多光子激发能力的 AIE 分子及其制备的 AIE 纳米粒子具有优越的成像性能；在细菌可视化应用中，利用不同菌体的膜差异，可以实现不同菌群、活细菌和死细菌的快速区分，并对抗菌过程和抗菌机理进行研究。

5.2　核酸的可视化研究

核酸是脱氧核糖核酸（deoxyribonucleic acid，DNA）和核糖核酸（ribonucleic acid，RNA）的总称，是由核苷酸单体聚合而成的生物大分子。由于核酸在各种生理过程中具有关键作用，核酸检测在基因工程、法医学、生物化学与分子生物学等方面具有重要意义。目前，利用 AIE 分子开发的荧光技术被广泛用于核酸标记、定性识别、定量分析和构象监测[1]，本节着重讨论可视化研究方面的进展。

5.2.1　核酸凝胶电泳的可视化

DNA 凝胶电泳是分离和识别 DNA 片段的首要技术，对凝胶基质中 DNA 片段的高效标记是实现定性定量分析的基础。由于 DNA 分子带有负电，通过在 AIE 分子结构中引入阳离子基团，可以开发出简单通用的阳离子型 AIE 分子，实现 DNA 凝胶电泳的可视化。

以聚丙烯酰胺凝胶电泳（polyacrylamide gel electrophoresis，PAGE）为例，季铵化 AIE 分子（TTAPE-Me 和 TTAPE-Et）与带负电的 DNA 通过静电相互作用结合，既能在电泳前对 DNA 进行预染色，也能对电泳后凝胶中 DNA 进行后染色，从而实现凝胶中 DNA 的荧光标记与可视化定量研究［图 5-1（a）］[2]。利用结合作用的强弱，与 DNA 强结合的季铵化 AIE 分子不易去除而表现出强荧光信号，与凝胶表面弱吸附的季铵化 AIE 分子容易去除而没有荧光信号，从而大幅提升信号背景比和灵敏度。由于 TTAPE-Me 比 TTAPE-Et 在阳离子头位置具有更小的空间位阻，TTAPE-Me 对凝胶中 DNA 表现出更强的结合能力，相应的检测限为 0.25 μg，优于 TTAPE-Et 的 1.0 μg［图 5-1（b）］。在此基础上，将季铵阳离子换成氨基获得 AIE 分子 Z-N2TPE 和 E-N2TPE［图 5-1（c）］，利用氨基与 DNA 链或寡核苷酸中磷酸骨架的强氢键相互作用，实现凝胶基质中核酸的高灵敏标记[3]。其中，具有顺式构型的 Z-N2TPE 表现出更高的 DNA 亲和力和检测灵敏度。PAGE 条带的标记结果显示，对于长度为 20 个和 30 个核苷酸的寡核苷酸，检测限为 10 ng；对于具有 35 个碱基对和 75～300 个碱基对的双链 DNA（dsDNA），检测限可以低至 2.5 ng 甚至 1.0 ng，优于常用的商业荧光标记物（如溴化乙锭）。此外，AIE 荧光团 SITC 与氨基烯丙基-dUTP 键连得到 AIE 分子 SITC-dUTP，通过缺口平移法、随机引物法和 PCR 法对 DNA 进行标记［图 5-1（d）］。借助 AIE 特性，当标记度（degree of labeling，DOL）达到甚至超过理论极限时，荧光强度依然不会减弱，从而实现高效的荧光标记及琼脂糖凝胶电泳的可视化[4]。

| 0 μg | 0.25 μg | 0.5 μg | 1.0 μg | 5.0 μg | 10.0 μg | 25.0 μg | 50.0 μg |

(d)

SITC-dUTP

图 5-1　（a）TTAPE-Me 和 TTAPE-Et 分子的化学结构；（b）紫外灯下拍摄的 PAGE 中寡核苷酸染色照片，插图（ⅰ）是 TTAPE-Me 染色，插图（ⅱ）是 TTAPE-Et 染色，染料浓度 10 μmol/L，染色时间 30 min；（c）Z-N2TPE 和 E-N2TPE 分子的化学结构；（d）SITC-dUTP 分子的化学结构

5.2.2　细胞内核酸的可视化

在细胞成像方面，TTAPE-Me 和 TTAPE-Et 的蓝色荧光可以选择性点亮富含 DNA 的区域（如动物或植物细胞中的染色体）。由于 TTAPE-Me 的三甲基铵阳离子比 TTAPE-Et 的三乙基铵阳离子具有更小位阻，因而表现出与带负电的染色体 DNA 更强的静电结合能力，能够更清楚快速地可视化洋葱根尖细胞的有丝分裂过程 [图 5-2（a）][2]。当细胞进入前期时，核膜分解并将染色体释放到周围的细胞质中。染色体在中期沿中心平面排列，TTAPE-Me 在染色体上聚集而发出更强的荧光信号。姐妹染色单体在后期开始向细胞的相反两极迁移，导致 AIE 分子聚集松散，荧光信号减弱。在末期，染色体开始聚集在一起，促进了新核膜的形成。值得注意的是，TTAPE-Me 和 TTAPE-Et 无法穿透活细胞的细胞核，但可以穿透质膜受损的细胞，有望用于死细胞的定性定量分析或用于活细胞/死细胞的快速区分。在此基础上，通过改变阳离子基团类型和数量，具有亲脂性吡啶阳离子基团（Py）的 AIE 分子 FcPy 可以进入活细胞的细胞核，实现细胞核内染色体的可视化 [图 5-2（b）][5]。

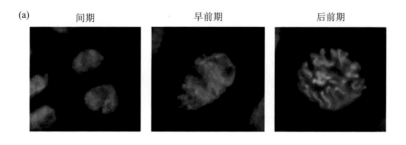

(a)　　　间期　　　　　　　早前期　　　　　　　后前期

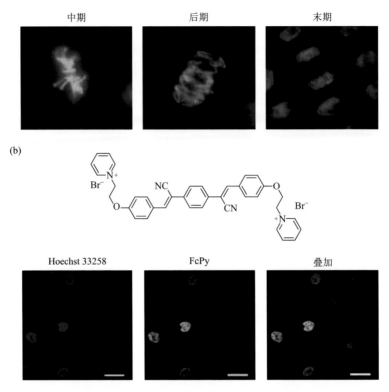

图 5-2 （a）洋葱根尖细胞在细胞周期的不同阶段被 **TTAPE-Me** 染色的荧光图像，染料浓度 50 μmol/L；（b）**FcPy** 分子的化学结构及其染色的 **HeLa** 细胞的荧光图像，比例尺：**20 μm**

5.2.3　核酸的可视化检测

通过改变 TTAPE-Me 和 TTAPE-Et 的侧臂长度和数量，系统地研究了带有铵阳离子的 TPE 衍生物与 DNA 的相互作用，并对 DNA 构象变化进行了可视化研究[6,7]。富含鸟嘌呤（G）重复序列的单链 DNA（ssDNA）可以在 Hoogsteen 氢键的帮助下自组装形成 G-四分体（G-quartet）方形平面结构。两个或更多个 G-四分体面对面堆叠可以形成一个二级四链结构，即 G-四链体（G-quadruplex、G-tetrads 或 G4-DNA），该结构由位于中心通道中的单价阳离子（如 K$^+$）进一步稳定。据报道，G-四链体的形成可以影响基因表达并抑制癌细胞中的端粒酶活性，是癌症等多种疾病的潜在治疗靶点。开发 AIE 分子可视化监测 G-四链体的形成有助于相关药物的发展。利用静电相互作用，带有三乙基铵阳离子的 TTAPE-Et［图 5-3（a）］和带有负电的富含 G 序列的 ssDNA 结合，形成强荧光的 TTAPE-Et/DNA 复合物。随着 K$^+$的加入，引发 G-四链体的形成，荧光强度几乎不变，最大发射波长红移到 492 nm。基于 G-四链体的特定发射峰，可以从其他四链体结构中用裸眼观察

到由人体端粒序列形成的 G-四链体（HG21）。与之相比，具有更长侧臂烷基链的
TTAPE-Et2［图 5-3（b）］结合 HG21 后显示出更强的荧光信号，但是 K⁺的加入
会促进 TTAPE-Et2/HG21 复合物的解离，导致聚集体松散，荧光大幅减弱。类似
地，带有三甲基铵阳离子的 TTAPE-Me 比 TTAPE-Et 具有更强的 DNA 亲和能力，
但是随着 G-四链体的形成，TTAPE-Me 更容易溶解在缓冲溶液中，导致
TTAPE-Me/HG21 复合物的解离和荧光信号下降。TTAPE-Me2［图 5-3（c）］仅具
有 TTAPE-Me 一半的侧臂数量，对单链和 G-四链体结构中 DNA 序列表现出较弱
的静电吸引力，因而难以产生明显的荧光信号变化。

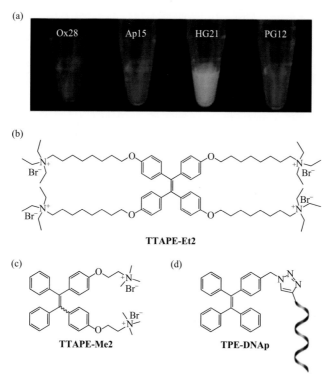

图 5-3　（a）紫外灯下拍摄的含有不同 G-四链体结构的 **TTAPE-Et** 溶液照片；**TTAPE-Et2**（b）、
TTAPE-Me2（c）和 **TPE-DNAp** 分子（d）的化学结构

　　依靠静电和氢键相互作用结合 DNA 的 AIE 分子，在实现特定核酸的检测方
面存在困难。通过在 AIE 分子上引入特定的寡核苷酸序列，对待测的互补 DNA
序列显示出特异性杂交反应，能够实现特定核酸的可视化检测[8-11]。TPE-DNAp
［图 5-3（d）］在 DMSO/水（1∶99，*V/V*）混合溶液中仅具有非常微弱的荧光；随
着互补序列的加入，显示出明亮的荧光。如果 DNA 互补序列中有一个或两个错
配碱基，那么增强的荧光要比完美匹配的低很多。完全随机的 DNA 序列则很难

引起荧光信号的增强，表明 TPE-DNAp 的高选择性。这种点亮型 DNA 探针灵敏度高，可以针对各种特定的 DNA 序列设计相应的互补序列，构建出用于核酸可视化研究的 AIE 分子库。

5.3 蛋白质的可视化研究

蛋白质是由一个或多个氨基酸残基组成的生物活性分子，在大量生物或生理过程中发挥作用，包括代谢反应、刺激响应和运输等。蛋白质的氨基酸序列会导致蛋白质折叠成特定的三维结构，从而带来独特的生物活性。蛋白质自然折叠成的形状称为天然构象，这些构象的变化与其活性和一些生理事件密切相关。对蛋白质构象转换的可视化研究可以为生物大分子的折叠和展开过程提供参考。AIE 分子对微环境中的细微振动具有灵敏的响应，使其成为构象转变监测的合适选择。鉴于此，水溶性 AIE 分子如磺化 TPE 衍生物 BSPOTPE 和磺化 DSA 衍生物 BSPSA 已被用于在变性剂存在下监测蛋白质解折叠过程[12-14]。

5.3.1 蛋白质及其构象的可视化检测

除了在折叠、展开（变性）和重折叠过程中对单个蛋白质的构象变化进行监测外，AIE 分子还能用于可视化蛋白质聚集过程。淀粉样蛋白原纤维是一种不溶性蛋白质聚集体，在器官和组织中的过度积累会引起生物学功能障碍并带来病理症状，如 2 型糖尿病、帕金森病、海绵状脑病、心律失常及动脉粥样硬化等。毫无疑问，淀粉样蛋白纤维化动力学的可视化具有重要的诊疗意义和价值。以胰岛素为例，利用与水混溶的磺化 AIE 分子 BSPOTPE，可视化研究了其原纤维形成过程[15]。天然胰岛素具有 pI 5.6 的等电点，在 PBS 缓冲液（pH = 7.0）中带负电，与溶解在水中的 BSPOTPE 静电排斥而不发生结合和聚集，此时几乎观察不到荧光信号；纤维状胰岛素由延伸的 β 链结构通过疏水相互作用组装而成，BSPOTPE 结构中的苯环能够停靠在 β 链结构的表面，触发 RIM 过程而显示出强荧光信号。利用这种点亮特性，能够在紫外灯下用裸眼区分天然和纤维状胰岛素溶液 [图 5-4（a）]。进一步地，通过分析荧光信号随时间的变化，能够监测胰岛素纤维化的动力学过程 [图 5-4（b）]：①初始阶段，纤维状胰岛素处于成核状态，几乎没有荧光；②随着原纤维的伸长，更多的 BSPOTPE 聚集在纤维状胰岛素上，观察到荧光强度的大幅增加；③平衡阶段，淀粉样蛋白接近终态 [图 5-4（c）]，此时荧光强度只发生微小波动。基于这些结果，类似设计的 AIE 分子无疑是淀粉样蛋白生成动力学可视化研究的合适探针。

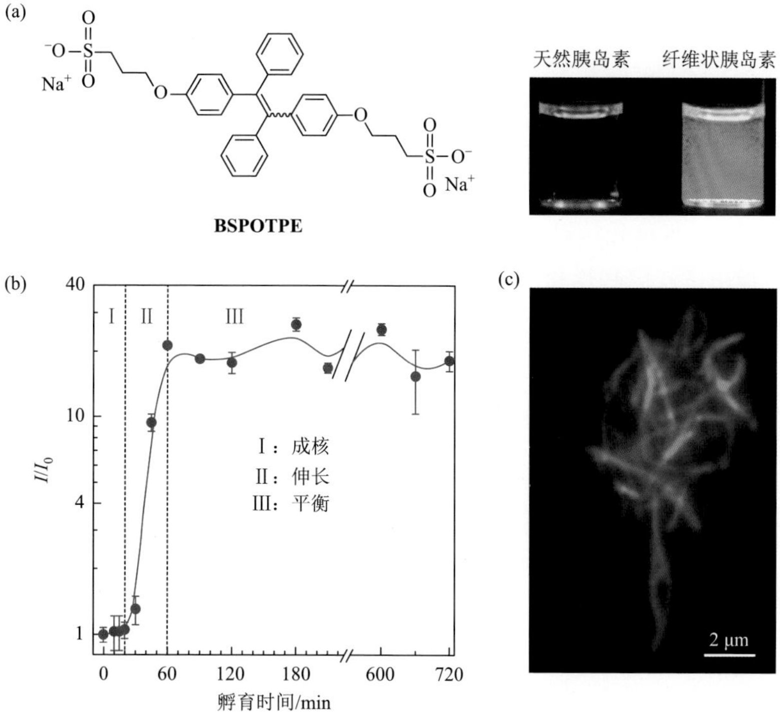

图 5-4 （a）BSPOTPE 的化学结构及分别与天然胰岛素、纤维状胰岛素混合的荧光照片；
（b）BSPOTPE 监测的胰岛素原纤维形成过程；（c）BSPOTPE 染色的胰岛素原纤维荧光图像

5.3.2 蛋白质凝胶电泳的可视化

十二烷基硫酸钠-聚丙烯酰胺凝胶电泳（SDS-PAGE）利用蛋白质分子量大小的不同对其进行分离纯化，是最常用的蛋白质分析技术之一。人血清白蛋白（human serum albumin，HSA）是循环系统中含量最丰富的蛋白质，在血液或尿液中的含量与肝脏疾病（如肝硬化和慢性肝炎）、肾脏疾病（如肾病综合征）等相关。通过静电作用，BSPOTPE 也可用于 PAGE 中 HSA 的荧光染色，实现痕量 HSA 的可视化[12]。除了灵敏度之外，与使用 SYPRO Ruby、考马斯亮蓝或银等常规染色剂相比，BSPOTPE 可以在 5 min 内完成凝胶的荧光染色，并且不会与凝胶基质中非蛋白质物质结合产生荧光，表现出优异的信号背景比。类似地，磺化 DSA 衍生物 BSPSA ［图 5-5（a）］ 也具有较好的凝胶染色性能，对 PAGE 中的铁蛋白显示出非常高的灵敏度（0.78 ng/μL）[16]。为了进一步增强 AIE 分子与蛋白质的疏水相互作用，开发出两亲 AIE 分子 TPE-SDS，在 PAGE 中表现出优异的前染能力，不仅能够可视化电泳过程，还能够区分蛋白质空腔的疏水性 ［图 5-5（b）］ [17]。除了通过疏水相互作用等非共价相互作用对 PAGE 中的蛋白质进行荧光染色外，凝胶中蛋白质也可以被 AIE 分子共价键连。AIE 分子 TPE-NCS 带有异硫氰酸酯基团［图 5-5（c）］，能够与多肽和蛋白质的伯胺（—NH$_2$）反应进行标记，广泛适用于 PAGE 中蛋白质的可视化[18]。TPE-NCS 既能够在变性步骤之前对 SDS-PAGE 中的蛋白质预染色，也可以将电泳后的凝胶浸泡在 TPE-NCS 溶液进行后染色。当 TPE-NCS 的异硫氰酸酯基团与蛋白质上的游离胺交联后，TPE 基团触发 RIM 从而开启荧光。预染模式下的检测限为 0.2 μg，后染模式下的检测限则低至 0.1 μg，并且都表现出广泛的线性检测范围。经过胺反应标记的蛋白质还能够转移到硝酸纤维素膜上进行进一步分析。

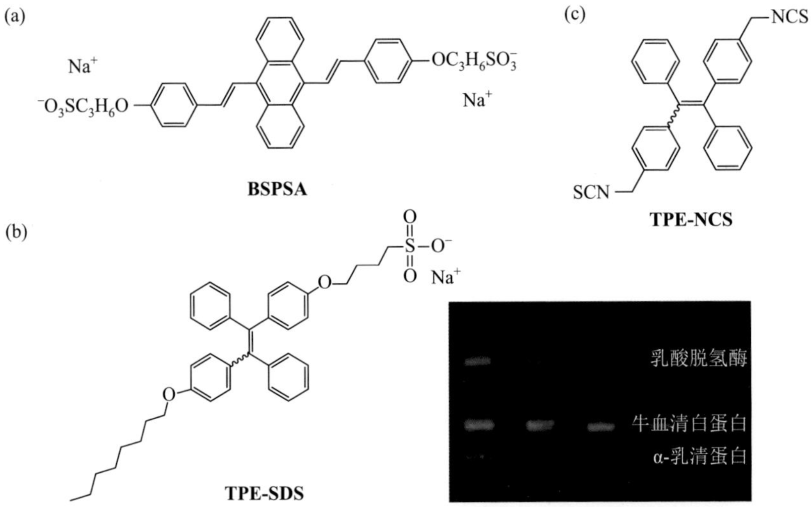

图 5-5　（a）BSPSA 分子的化学结构；（b）使用 TPE-SDS 作为染色试剂对 PAGE 中多种蛋白质可视化分析；（c）TPE-NCS 分子的化学结构

5.3.3　细胞内蛋白质的可视化

以上例子中的蛋白质标记方法都是非特异性的，利用一些自然发生但特定的结合过程，能够巧妙地开发出选择性蛋白质标记体系。以糖-蛋白质相互作用为基础，构建糖基 AIE 分子，能够开发出一系列特异性蛋白质可视化系统[19]。此类系统中糖基的引入不仅可以赋予 AIE 分子良好的水溶性和生物相容性，而且还提供中性配体结合特定蛋白质的能力。当糖基 AIE 分子溶解时，其稀水溶液几乎不发光；当添加特定蛋白质时，通过糖-蛋白质相互作用结合，引起糖基 AIE 分子聚集，开启强荧光。例如，刀豆球蛋白 A 是一种糖类结合蛋白质，具有四个对 α-D-甘露糖基和 α-D-葡糖基残基的特异性结合位点。AIE 分子经过多价 α-D-甘露糖基残基修饰后，能够选择性地检测刀豆球蛋白 A。通过对 AIE 分子的糖基进行改变，可以产生基于各类糖-蛋白质相互作用的蛋白质特异性检测系统。同样地，蛋白质/肽-蛋白质相互作用也可以用于特异性可视化研究。整合素 $\alpha_v\beta_3$ 在肿瘤生长和转移的调控中起着至关重要的作用，它在不同来源的肿瘤细胞上的表达水平与疾病的侵袭性密切相关，是一种独特的蛋白质生物标志物。整合素 $\alpha_v\beta_3$ 具有暴露的精氨酸-甘氨酸-天冬氨酸（RGD）序列的细胞外基质蛋白的受体。利用环状 Arg-Gly-Asp（cRGD）肽对 $\alpha_v\beta_3$ 的高度特异性，通过点击反应将 cRGD 肽键连到 AIE 分子 TPS 的两端，获得对 $\alpha_v\beta_3$ 特异性识别的探针 TPS-2cRGD［图 5-6（a）］[20]。首先，TPS-2cRGD 在缓冲液中溶解良好，不发生聚集而没有荧光信号。添加整合素 $\alpha_v\beta_3$，TPS-2cRGD 与整合素 $\alpha_v\beta_3$ 结合，导致聚集并开启荧光。与之相比，添加其他蛋白质，不能与 TPS-2cRGD 发生结合，保持无荧光的状态［图 5-6（b）］。出色的信号背景比使得 TPS-2cRGD 对整合素 $\alpha_v\beta_3$ 的检测限低至 0.5 μg/mL。进一步用于细胞成像，选择细胞膜上具有过表达整合素 $\alpha_v\beta_3$ 的结肠癌细胞 HT-29 作为整合素阳性癌细胞、具有低水平表达整合素 $\alpha_v\beta_3$ 的乳腺癌细胞 MCF-7 为阴性对照。图 5-6（c）显示了 HT-29 和 MCF-7 活细胞与 TPS-2cRGD 孵育后的 CLSM 图像。使用商业化

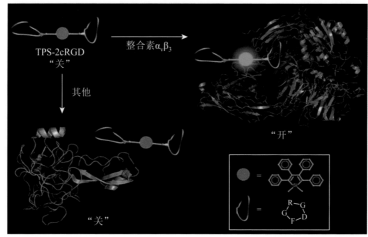

(a)

TPS-2cRGD

(b)

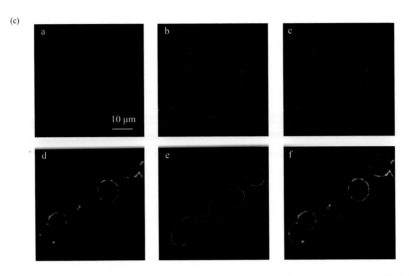

图 5-6　（a）TPS-2cRGD 分子的化学结构；（b）TPS-2cRGD 与整合素 $\alpha_v\beta_3$ 和其他蛋白质的相互作用示意图；（c）细胞内成像：（a～c）MCF-7 和（d～f）HT-29 细胞被（a、d）TPS-2cRGD 和（b、e）膜定位染料标记的荧光图像，以及（c、f）它们的叠加图像，（a、d）通道为 505～525 nm，（b、e）通道为 575～635 nm，图像比例尺：10 μm

膜定位染料来可视化细胞膜的位置［图 5-6（c）：插图 b］。在相同的实验条件下，MCF-7 细胞的荧光非常弱［图 5-6（c）：插图 a］，HT-29 细胞能观察到明显的荧光信号［图 5-6（c）：插图 d］。此外，TPS-2cRGD 和膜定位染料的荧光图像具有极好的重叠，证实了特异性结合发生在细胞膜上［图 5-6（c）：插图 f］。这些可视化结果能明确区分整合素 $\alpha_v\beta_3$ 阴性和阳性癌细胞。

5.3.4　酶的可视化

　　酶的测定对生物学研究和临床诊疗都具有重要意义。如图 5-7 所示，利用 AIE 分子建立的荧光点亮酶测定法一般遵循三个设计原则[21-28]：①利用酶的特异性和静电相互作用，当底物分子被酶直接或间接转化为带电物质时，新生成的产物将通过静电相互作用与带相反电荷的 AIE 分子结合形成复合物，触发 RIM 过程，从而导致荧光开启或增强；②利用 AIE 分子与酶作用前后的溶解度变化，当酶特异性地切断亲水基与疏水性 AIE 分子之间的共价键时，AIE 分子从亲水变为疏水，导致产生聚集体而开启或增强荧光；③利用猝灭荧光的恢复，先将猝灭荧光的底物加入到测定介质中或修饰到 AIE 分子上，当加入能特异性消除底物的酶时，猝灭的荧光被恢复导致开启或增强荧光。

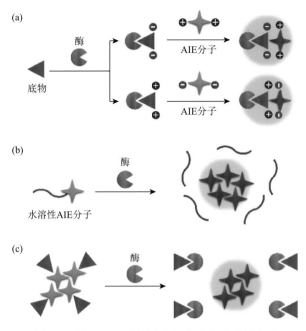

图 5-7　基于 AIE 分子建立的荧光点亮酶测定法

（a）静电作用；（b）溶解度变化；（c）猝灭恢复

乙酰胆碱酯酶（AChE）是一种分泌型羧酸酯酶，能够水解中枢神经递质乙酰胆碱。超水平水解会导致体内乙酰胆碱失衡，加速淀粉样蛋白的生成。根据图 5-7（a）所示的第一个设计原理，磺化 AIE 分子 BSPOTPE 和肉豆蔻酰胆碱组成了 AChE 荧光可视化测定系统［图 5-8（a）］[21]。肉豆蔻酰胆碱是一种带正电荷的两亲化合物，可以通过静电相互作用与带负电荷的 BSPOTPE 形成聚集体。同时，肉豆蔻酰胆碱是 AChE 的底物，可以被水解成肉豆蔻酸和胆碱。单独的 BSPOTPE 溶解在 PBS 缓冲液中没有荧光信号［图 5-8（a）：插图Ⅰ］；随着肉豆蔻酰胆碱的加入，与 BSPOTPE 静电结合触发 RIM 机制，产生强荧光信号［图 5-8（a）：插图Ⅱ］；添加 AChE 后，肉豆蔻酰胆碱被水解，导致 BSPOTPE 解离回到溶液中，荧光信号大幅减弱［图 5-8（a）：插图Ⅲ］。该方法简便灵活，兼具高灵敏度和高选择性，可扩展为各种酶的快速可视化筛选工具。

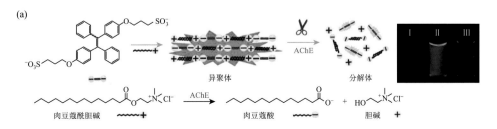

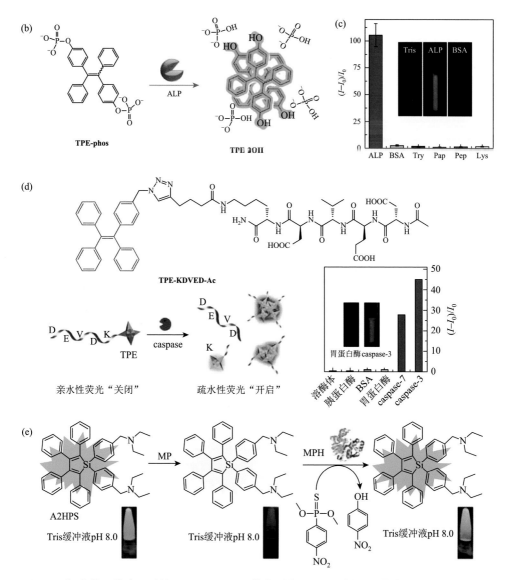

图 5-8 （a）基于静电吸引作用，BSPOTPE 荧光测定 AChE，插图：单独 BSPOTPE（Ⅰ），BSPOTPE 和肉豆蔻酰胆碱复合溶液（Ⅱ），以及 AChE 存在下 BSPOTPE 和肉豆蔻酰胆碱复合溶液（Ⅲ）的荧光照片；（b）基于磷酸末端 TPE-phos 的 ALP 测定原理图解；（c）TPE-phos 在 Tris 缓冲液的不同蛋白质溶液中温育的条形图，插图：在 Tris 缓冲液中及分别与 ALP 和 BSA 孵育前后 TPE-phos 的荧光照片；（d）TPE-KDVED-Ac 分子的化学结构和设计原理，以及对 caspase 的特定点亮响应；（e）使用 A2HPS-MP 复合物作为探针可视化检测 MPH

　　碱性磷酸酶（ALP）广泛存在于哺乳动物的骨骼、肝脏、胎盘和肠道等多种器官中，是临床诊断中重要的生物标志物。血清中 ALP 水平升高通常与多种疾病有关，如胆道梗阻、骨病（如成骨细胞骨肿瘤、骨软化症）、白血病、淋巴瘤、结节病、甲状腺功能亢进、肝病、乳腺癌和糖尿病等。根据图 5-7（a）所示的第二个设计原理，带有两个磷酸末端的 TPE 衍生物 TPE-phos，通过 ALP 水解为羟基末端，实现一步点亮荧光测定 [图 5-8（b）][24]。TPE-phos 溶解在 Tris 缓冲液（pH 8.0）中没有荧光信号；随着 ALP 的加入，酶识别并裂解 TPE-phos 上的磷酸基团以产生高度疏水的产物 TPE-2OH，聚集后的 TPE-2OH 表现出强荧光信号。利用 TPE-phos 对 ALP 的特异性响应，能够在其他蛋白质或酶存在的情况下进行可视化区分 [图 5-8（c）]。

　　类似地，胱天蛋白酶（caspase）属于半胱氨酸蛋白酶家族，其中的 caspase-3 被认为是细胞凋亡的关键介质，开发高灵敏、非侵入性和特异性荧光方法进行实时监测，对于评估与细胞凋亡相关的药物和治疗有重要价值。通过用亲水性乙酰保护的 N 端 Asp-Glu-Val-Asp-Lys（DEVDK-Ac）肽修饰 TPE 获得偶联物 TPE-KDVED-Ac[26]。DEVD 首先赋予探针亲水性，使 TPE-KDVED-Ac 在没有 caspase 的水介质中不发生聚集，没有荧光信号。其次，DEVD 作为 caspase 的底物，被酶水解后留下疏水性 TPE-K，在缓冲液中聚集开启荧光。在存在 caspase-3/caspase-7 的情况下，观察到高出 75 倍的荧光增强；在不存在 caspase-3/caspase-7 的情况下，无论加入哪种蛋白质或酶，均未观察到荧光变化 [图 5-8（d）]，表明 TPE-KDVED-Ac 对 caspase 的特异性识别。

　　甲基对硫磷水解酶（MPH）是催化甲基对硫磷（MP）到 p-硝基苯酚（pNP）的转化酶，可用于解毒/检测环境中的有机磷化合物。根据图 5-7（c）所示的第三个设计原理，以氨基功能化的 HPS（A2HPS）为荧光信号单元，被 MPH 的底物 MP 猝灭荧光后，通过加入 MPH 恢复荧光，实现 MPH 的点亮型可视化检测 [图 5-8（e）][27]。疏水的 A2HPS 在 Tris 缓冲液（pH 8.0）中自聚集显示出明亮的绿色荧光，添加 MP 后荧光大幅减弱，从而获得很低的检测背景。与 MPH 反应后，MP 变成 pNP，A2HPS 聚集体的荧光得到恢复，荧光强度表现出对 MPH 浓度的依赖性。该系统不仅具有高选择性，检测限也可以低至 1×10^{-5} μg/mL。

5.4　细胞的可视化研究

　　生物过程与细胞、细胞器的动态行为紧密相关，对细胞和细胞器行为的监测是深入了解相关生物过程的直接而必要的途径。然而，在光学显微镜下，细胞及其结构特性的视差很小，因此需要使用荧光染色剂。为了能够对生物过程长期实时地进行高分辨可视化研究，荧光探针必须具有细胞器特异性、抗光漂白能力强、亮度大及信号背景比高的特点。目前，借助荧光成像技术，经不同靶向基团修饰的 AIE 探针已经被广泛用于可视化监测各种生物过程中相关细胞和细胞器的动力学行为，如自噬、线粒体动力学、干细胞分化和凋亡等[29-31]。

5.4.1 细胞膜的可视化

细胞膜主要是由磷脂构成的富有弹性的半透性膜（膜厚约 8 nm），将细胞内部与外界环境隔离的同时，能够选择性地交换物质、吸收营养物质、排出代谢废物、分泌与运输蛋白质。对细胞膜及其相关过程的可视化研究对生物学、医学等领域具有重要意义。

根据细胞膜的化学组成可知，带有阳离子基团的 AIE 探针可以靶向到带负电荷的细胞膜上，而亲脂性结构对于确保探针分子嵌入但不穿透细胞膜是至关重要的[32-35]。例如，带正电荷的精氨酸片段可作为细胞膜的靶向配体、长链结构的棕榈酸链可作为细胞膜的锚定配体，将其修饰到 TPE 分子骨架上，便可以获得点亮型 AIE 分子探针（TR4）进行细胞膜的特异性成像分析 [图 5-9 (a)][33]。该探针具有较好的抗光漂白能力，可用于对细胞膜的长时示踪，且能被双光子近红外光激发。进一步地，以嘌呤替换 TPE 作为探针骨架、戊基作为探针的疏水部分、[（三甲基铵）丙基] 吡啶基团作为阳离子基团，制备出具有大斯托克斯位移和良好生物相容性的细胞膜特异性 AIE 探针 Pent-TMP [图 5-9 (b)][34]。通过静电相互作

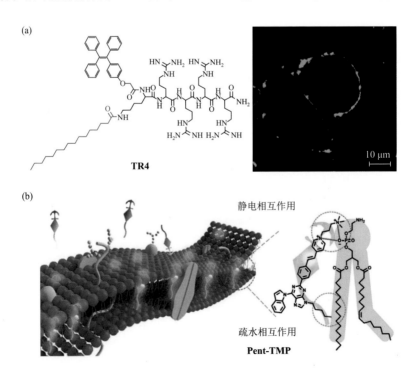

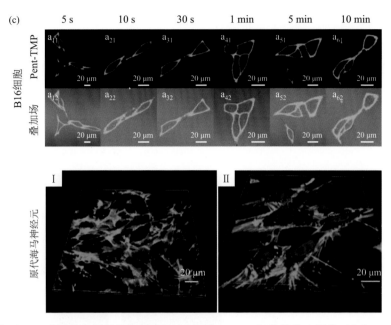

图 5-9 （a）TR4 分子的化学结构和孵育 **30 min** 活 MCF-7 细胞的荧光图像，浓度：**50 μmol/L**；
（b）Pent-TMP 分子的化学结构和靶向嵌入细胞膜机理；（c）Pent-TMP 染色 B16 细胞不同时间的荧光图像，插图Ⅰ和Ⅱ分别为 Pent-TMP 和 Pent-TMP 与 NucRed（核染色剂）染色原代海马神经元细胞的三维重构图

用靶向细胞膜、疏水相互作用嵌入细胞膜中，整个过程可以在几秒内完成。利用三维重构技术，可以获得高分辨的细胞膜三维荧光图片［图 5-9（c）］。此外，以细胞膜上的蛋白质作为靶标，设计特异性 AIE 探针也能实现细胞膜靶向标记与可视化［图 5-6（c）］[20]。

5.4.2 细胞核的可视化

细胞核是真核细胞中最大和最重要的细胞器，是细胞遗传和代谢的控制中心。理论上，能对 DNA 或 RNA 特异性标记的 AIE 分子都是潜在的细胞核染色剂[5]，但是活细胞的核膜往往会阻止探针的进入。ASCP 是一种具有 AIE 特征的 α-氰基二苯乙烯衍生物，与 FcPy 相似，也带有亲脂性吡啶阳离子基团，可同时靶向线粒体和细胞核的核仁[36]。此外，ASCP 与线粒体膜和核酸具有不同的相互作用，在荧光显微镜下能观察到其在线粒体［图 5-10（a）：插图Ⅰ］和核仁［图 5-10（a）：插图Ⅱ］分别表现橙色荧光和红色荧光。类似地，带有吡啶阳离子基团的 Mito-Nucleo-VS 也表现出同时特异性标记线粒体和核仁的能力［图 5-10（b）］[37]。另外，染色体外围（CP）是覆盖有丝分裂染色体表面的类鞘结构，含有特定的染色

体外周蛋白（CPPs）。与 CPPs 特异性结合的 AIE 探针 ID-IQ，能够对 CP 进行靶向标记[38]。当 ID-IQ 与蓝光核染色剂对染色体进行共染色时，ID-IQ 的黄色荧光信号清楚地显示了染色体的边缘［图 5-10（c）］。经测试，基于 ID-IQ 的染色方法可应用于包括干细胞［人胚胎干细胞（hES2）和诱导性多能干细胞（iPSC）］、癌细胞［乳腺癌细胞（MDA-MB-231）和肝癌细胞（HepG2）］及普通细胞（HEK-293T）的 CP 成像。

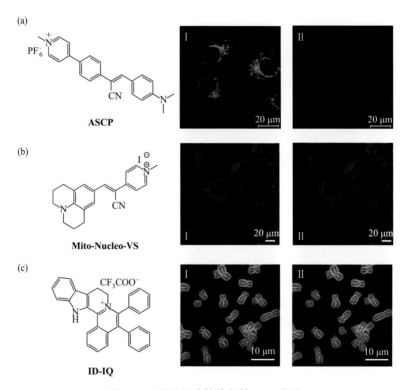

图 5-10　用于细胞核染色的 AIE 分子

（a）ASCP 分子的化学结构，插图 I 和 II 分别是 ASCP 对 HeLa 活细胞中线粒体和核仁的同时标记和双色成像；（b）Mito-Nucleo-VS 分子的化学结构，插图 I 和 II 分别是单独 Mito-Nucleo-VS 染色和 Mito-Nucleo-VS 与核染色剂共染色的细胞成像；（c）ID-IQ 分子的化学结构，插图 I 和 II 分别是单独 ID-IQ 染色 CP 和 ID-IQ 与核染色剂共染色的细胞成像

　　相比于 AIE 分子，AIE 纳米粒子可能通过被动扩散穿过核孔复合体到达细胞核，从而实现细胞核靶向定位与可视化[39-41]。红光 AIE 分子 TPE-TPA-FN（TTF）被有机改性二氧化硅（ORMOSIL）纳米粒子封装得到红光 TTF-ORMOSIL 纳米粒子。通过 CLSM 成像，观察到 TTF-ORMOSIL 纳米粒子不仅能染色 HeLa 细胞的细胞质，还能进入到细胞核中（由蓝光核染色剂共染确认）[39]。基于 TTF-ORMOSIL

纳米粒子对核膜的高穿透能力，有望将其用于递送生物分子或药物到细胞核并可视化整个过程。类似地，红光 AIE 分子 BODIPY 衍生物（3TPA-BDP）经聚合物 DSPE-PEG$_{2000}$ 封装得到 3TPA-BDP 纳米粒子，在 HeLa 细胞中也表现出细胞质和细胞核双标记的特性[40]。

5.4.3　线粒体的可视化

线粒体是一种由两层膜包被的细胞器，存在于大多数细胞中，为细胞制造能量，在细胞的生存和凋亡过程中扮演着重要角色。利用线粒体内膜的负电性，设计带有正电基团的 AIE 分子能够靶向线粒体，实现线粒体形态和功能的动态可视化研究[42-48]。亲脂性三苯基膦（TPP）阳离子是常用的线粒体靶向基团，修饰到 TPE 的两端获得光稳定性好和对环境惰性的线粒体靶向 AIE 探针 TPE-TPP [图 5-11（a）][42]。TPE-TPP 标记的线粒体形态可以清楚地被 CLSM 观察到。得益于 AIE 特性，TPE-TPP 能够使用比传统线粒体染色剂更高的浓度进行标记，表现出优异的长时可视化性能 [图 5-11（b）]。类似地，在 AIE 分子水杨醛吖嗪两端引入 TPP 得到线粒体靶向探针 AIE-mito-TPP [图 5-11（a）][43]。由于具有 AIE 和激发态分子内质子转移（ESIPT）双重特性，AIE-mito-TPP 的荧光仅在 N—N 键的运动受到限制并形成分子内氢键时才能开启，因而几乎没有背景荧光。与正常细胞相比，癌细胞具有更高的线粒体膜电位，使得 AIE-mito-TPP 探针倾向于在癌细胞的线粒体中积累，触发 RIM 过程而显示出强绿色荧光 [图 5-11（c）]。同时，AIE-mito-TPP 在线粒体中的积累可以有效降低膜电位，增加细胞内 ROS 水平，从而对癌细胞（HeLa、HepG2、U87-MG、MDA-MB-231 和 MCF-7）表现出更高的细胞毒性。

(a)

TPE-TPP　　**AIE-mito-TPP**

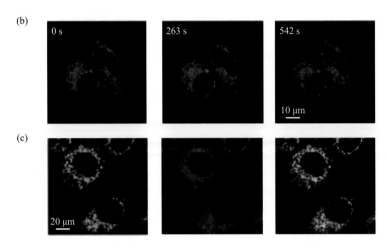

图 5-11　利用带有 TPP 阳离子基团的 AIE 探针对细胞成像

（a）TPE-TPP 和 AIE-mito-TPP 分子的化学结构；（b）TPE-TPP 对线粒体的长时成像；（c）AIE-mito-TPP 用于癌细胞内追踪线粒体的荧光图像

　　亲脂性吡啶阳离子基团也是常用的线粒体靶向配体，可以通过静电相互作用与线粒体结合[44-47]。例如，将 AIE-mito-TPP 结构中的 TPP 换成吡啶阳离子得到的 AIE-MitoGreen-1，能够用于监测线粒体形态变化，可视化活体棕色脂肪细胞的分化过程[44]。类似地，键连一个吡啶阳离子的 TPE 衍生物 TPE-Py 和 TPE-Py-NCS ［图 5-12（a）］也表现出线粒体靶向性[45, 46]。随后，将 TPE 换成 α-氰基二苯乙烯，构建了具有扭曲分子内电荷转移（TICT）效应的线粒体靶向 AIE 探针 AIE-SRS-Mito。AIE-SRS-Mito 具有绿色荧光（500 nm）和增强的炔烃拉曼峰（2223 cm^{-1}），靶向标记活细胞中的线粒体后，能够进行荧光显微 ［图 5-12（b）］及受激拉曼散射（stimulated Raman scattering，SRS）显微 ［图 5-12（c）］双模式光学成像[47]。这类组合策略有助于推动利用 SRS 显微镜对生物系统中的荧光探针或其他非荧光化合物进行定量表征，并为特定生物靶标开发双模式探针。此外，修饰了苯并吲哚阳离子基团的 AIE 分子 TPE-Ph-In 具有红色荧光，在长时间激光激发下表现出较高的抗光漂白性，能对线粒体长期靶向追踪和成像分析[48]。线粒体膜电位（$\Delta\Psi_m$）作为亲脂性阳离子染料进入线粒体的主要驱动力，是反映线粒体功能状态的重要参数，其数值直接影响染料的积累程度。利用 TPE-Ph-In 对 $\Delta\Psi_m$ 进行实时监测时，当加入线粒体呼吸链抑制剂寡霉素（oligomycin）处理细胞后，$\Delta\Psi_m$ 增加，线粒体红色荧光明显增强；当加入线粒体自噬诱导药物羰基氰化氯苯腙（carbonyl cyanide 3-chlorophenylhydrazone，CCCP）处理细胞后，$\Delta\Psi_m$ 降低，线粒体红色荧光明显减弱 ［图 5-12（d）］。这些成像结果表明 TPE-Ph-In 在探测和追踪细胞内 $\Delta\Psi_m$ 变化方面具有巨大潜力。

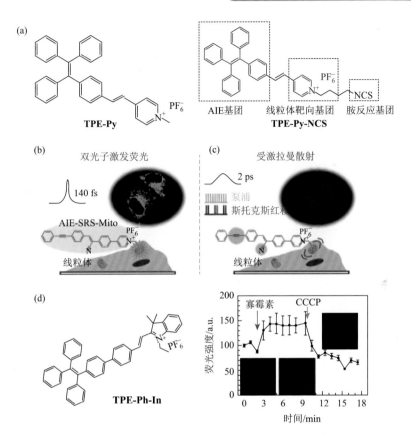

图 5-12　（a）TPE-Py 和 TPE-Py-NCS 分子的化学结构；AIE-SRS-Mito 对线粒体的荧光显微成像（b）和 SRS 显微成像（c）；（d）TPE-Ph-In 分子的化学结构及用于感应线粒体膜电位，比例尺：20 μm，TPE-Py-NCS 用于线粒体自噬过程的实时监测，箭头指向的红色荧光点的出现意味着线粒体自噬过程的开始，红色荧光点的消失表明线粒体自噬过程已经完成

　　为了实现更高空间分辨率（如纳米级）的线粒体形态和动态分析，需要不断开发出适用于超分辨率荧光显微技术的线粒体靶向 AIE 探针。TPE-Ph-In 在直接随机光学重建显微镜（dSTORM）上表现出良好的适用性，能够进行活细胞的超分辨率成像和线粒体动力学/流动性评估[49]。嵌入到线粒体膜上的 TPE-Ph-In，随着膜动力学的变化会发生相应的移动，从而能够通过跟踪健康和受损线粒体中的单个 TPE-Ph-In 分子来评估线粒体膜流动性［图 5-13（a）～（f）］。另外，具有优异光活化行为的 AIE 分子 o-TPE-ON＋被开发出来，其在水溶液中由于 RIM 和 TICT 效应消耗激发态能量导致没有荧光信号，而在紫外光照射下发生光环脱氢反应产生具有强荧光的 c-TPE-ON＋［图 5-13（g）］[50]。借助这种可光激活的荧光关闭/开启行为，在 STORM 下清楚地观察到了线粒体，分辨率达到 104 nm。整个

过程操作简单，不需要添加硫醇和除氧剂等添加剂。进一步地，线粒体裂变（绿色箭头）和融合（红色箭头）的动态过程也可以在纳米级分辨率下进行可视化研究 ［图5-13（h）～（j）］。

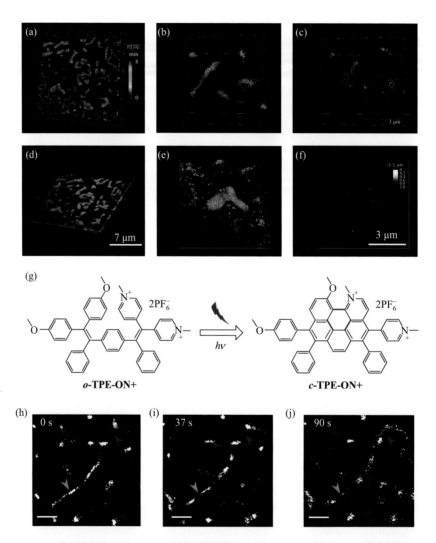

图5-13　（a）在成像后 8 min 内检测到的所有定位、颜色时间编码；（b）在观察的前 10 s 内检测到的定位；（c）在最后 10 s 的观察中检测到的定位；（d）相同时间序列（所有时间点组合）的三维图像，颜色编码用于定位 z 深度；（e）单个线粒体（所有时间点组合）的放大视图，颜色编码用于定位 z 深度；（f）单个线粒体的放大图（在 1 s 内检测到定位）显示线粒体内结构，颜色编码用于定位 z 深度；（g）o-TPE-ON + 的光环化脱氢反应；o-TPE-ON + （10×10^{-6} mol/L）染色活 HeLa 细胞中线粒体的动力学：STORM 下 2.5 s 时间序列捕获的裂变（绿色箭头）和融合（红色箭头），图像是在 0 s（h）、37 s（i）和 90 s（j）时获取，比例尺：500 nm

5.4.4 溶酶体的可视化

溶酶体是真核细胞中另一个重要的细胞器，作为自噬的主要参与者被称为细胞的废物处理场。靶向特异性 AIE 探针既能实现溶酶体的可视化，也可以对溶酶体参与自噬的过程长期追踪。借助吗啉/哌嗪基团对溶酶体较高的亲和力，通过在不同的 AIE 分子骨架中引入吗啉/哌嗪基团，开发出一系列溶酶体特异性 AIE 分子探针，如 AIE-LysoY、2M-DPAS、CSMPP、AIE-Lyso-1 等［图 5-14（a）～（c）］[51-54]。除了直接在 AIE 分子结构上修饰靶向基团外，利用吗啉基表面活性剂形成的胶束包裹 AIE 分子制备出 AIE 纳米粒子，也能够实现溶酶体的靶向染色[55]。如图 5-14（d）所示，通过简单的共沉淀法，以两亲性嵌段共聚物 PEO113-*b*-PS46、HClO 响应探针 SA-C2-PCD 和吗啉基表面活性剂 MAA-CO720 制备得到 AIE 纳米粒子 AIED-Lyso。靶向标记到溶酶体的 AIED-Lyso 本身只表现出较强的红色荧光，

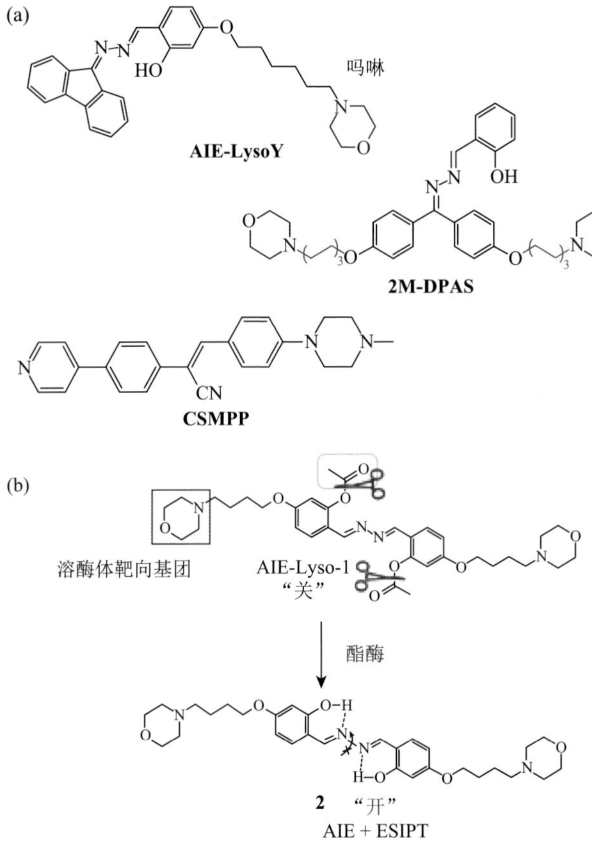

(a)

AIE-LysoY

吗啉

2M-DPAS

CSMPP

(b)

溶酶体靶向基团

AIE-Lyso-1
"关"

酯酶

2 "开"
AIE + ESIPT

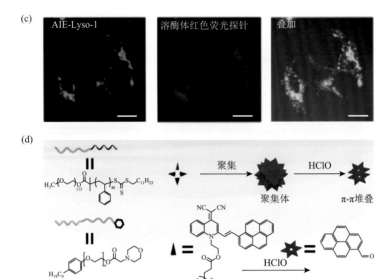

图 5-14　用于溶酶体功能成像的 AIE 探针

（a）AIE-LysoY、2M-DPAS 和 CSMPP 分子的化学结构；AIE-Lyso-1 对溶酶体酶的响应机理（b）及标记溶酶体的
荧光图像（c），比例尺：20 μm；（d）AIE 纳米粒子 AIED-Lyso 的制备及其对溶酶体中内源性 HClO 进行比率
荧光成像机理

HClO 的加入能够打断 SA-C2-PCD 的碳碳双键（伴随红色荧光显著下降），产生 1-芘甲醛（经 π-π 堆叠产生蓝色荧光且逐渐增强），从而实现溶酶体中内源性 HClO 的可视化比率荧光检测。

5.4.5　细胞动态过程可视化

自噬是一种受调控的生物过程，它可以降解不必要的细胞并回收细胞成分。自噬与许多疾病密切相关，如癌症和神经退行性疾病。因此，自噬过程的长时监测对于揭示自噬机制和指导药物开发都具有重要意义。

在自噬过程中，溶酶体是起决定作用的细胞器之一，利用具有 pH 惰性、斯托克斯位移大、抗光漂白能力强的 AIE 分子探针，可视化和跟踪溶酶体的活性可以帮助理解自噬机制。借助 AIE 和 ESIPT 双重特性，AIE-LysoY 特异性地靶向 HeLa 细胞中的溶酶体后，表现出高成像对比度。经过雷帕霉素（一种可以诱导 HeLa 细胞自噬的药物）处理后的细胞，溶酶体数量会增加并与自噬体融合形成自溶酶体。在荧光显微镜下，对应于 AIE-LysoY 标记的溶酶体（黄点）数量随着雷帕霉素处理时长的增加而增加 ［图 5-15（a）］[52]。同时，具有较好抗光漂白性的

AIE-LysoY 能对 60 min 的自噬过程进行全程可视化研究。此外，在雷帕霉素处理之前洗掉未标记溶酶体的 AIE-LysoY，在雷帕霉素处理之后新形成的溶酶体也会被点亮，表明自噬过程中自噬区室和原始溶酶体之间融合的发生。

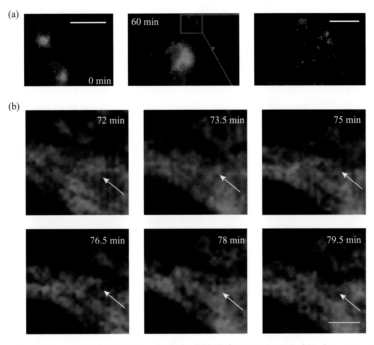

图 5-15　（a）AIE-LysoY 染色的 HeLa 细胞在雷帕霉素处理后不同时间（0～60 min）的荧光图像，比例尺：30 μm；（b）TPE-Py-NCS（黄色荧光）和 Lyso Tracker Red DND-99（溶酶体染色剂，红色荧光）共染色的 HeLa 细胞在雷帕霉素处理后不同时间点的荧光图像，比例尺：2 μm

　　线粒体是自噬的主要靶点之一，有丝分裂吞噬是选择性自噬线粒体降解的过程，有助于消除功能失调的线粒体来维持细胞健康。具有黄色荧光的 TPE-Py-NCS 不仅能够靶向标记活细胞线粒体，还能通过异硫氰酸酯基团与线粒体蛋白的共价偶联使其具有对抗线粒体自噬过程中伴随的膜电位变化和酸化问题[46]。结合上述独特的优点，TPE-Py-NCS 被成功地用于线粒体自噬过程中线粒体变化的实时监测。如图 5-15（b）所示，黄色荧光的 TPE-Py-NCS 与红色荧光的溶酶体染色剂共染色 HeLa 细胞，以观察雷帕霉素诱导的线粒体自噬过程。在 72 min 之前，在线粒体和溶酶体中分别观察到黄色和红色发射没有明显变化。在 73.5 min 时，出现了一个新的红色荧光点（白色箭头）并与线粒体重叠，这意味着酸性自噬体的形成和线粒体自噬过程的开始。这个过程随着红点在 79.5 min 的消失而完成。线粒体被自噬体水解降解，在与红点重叠的区域发出较弱的黄色发射。这些成像结果充分展示了 AIE 探针在研究线粒体形态和动态变化方面的潜力。

　　长期细胞追踪具有重要的科学价值和实际意义，使研究人员能够系统地、持续地监测生物过程、病理途径和治疗效果。例如，骨髓间充质干细胞（BMSC）已被证明可修复由损伤或疾病引起的骨缺损。显然，开发合适的 AIE 探针，对输送 BMSCs 的分布和分化过程进行长期可视化追踪，将有助于提高干细胞疗法的效率。通过使用 DSPE-PEG$_{2000}$、DSPE-PEG$_{2000}$-Mal 和红色荧光 AIE 分子 PITBT-TPE 制备得到 AIE 纳米粒子，进一步修饰穿膜肽 Tat 得到 AIE-Tat 纳米粒子，用于长期追踪小鼠 BMSCs 的分化过程 [图 5 16（a）] [56]。继代培养 6 代后，AIE-Tat 纳米粒子标记的 BMSCs 仍然具有强荧光信号，表现出有效的细胞摄取和长期细胞内保留能力，可用于骨修复过程中的干细胞追踪 [图 5-16（b）]。

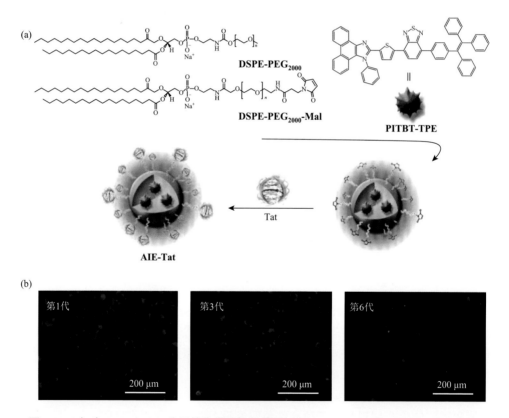

图 5-16　（a）PITBT-TPE 分子的化学结构和基于 PITBT-TPE、DSPE-PEG$_{2000}$ 和 DSPE-PEG$_{2000}$-Mal 制备的 AIE-Tat 纳米粒子；（b）在指定通道期间用 AIE-Tat 纳米粒子染色的小鼠 BMSCs 的荧光图像

5.5 生物体内的可视化研究

5.5.1 短波红外成像

利用比光谱区域和传统 NIR 生物窗口（700～900 nm）更长波长（900～1700 nm）的短波红外（short-wave infrared，SWIR）进行荧光成像，在生物组织中的散射及自发荧光都较小，理论上可以提高成像的深度、信噪比和空间分辨率。NIR 发光分子一般具有较大的共轭体系，是强疏水物质，难溶于水。通过物理包裹到胶束等纳米材料后又会因 ACQ 效应发生荧光猝灭。与之相比，两亲聚合物 Pluronic F-127 包裹的具有红外发光的 AIE 分子 TQ-BPN 既能够得到在水中具有较好分散性的 TQ-BPN 纳米粒子，还能触发 RIM 增强荧光[57]。经验证，TQ-BPN 纳米粒子分别在 NIR 和 SWIR 区域的宽范围内表现出高荧光量子产率。结合 SWIR 荧光显微成像，能够在 800 μm 的深度下清楚地观察到活体小鼠脑部血管（图 5-17）。

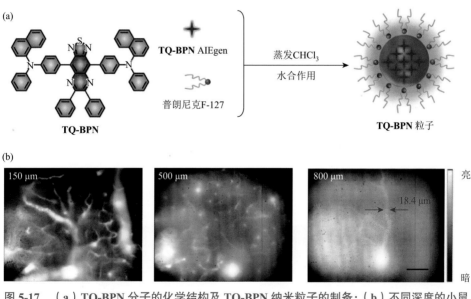

图 5-17　（a）TQ-BPN 分子的化学结构及 TQ-BPN 纳米粒子的制备；（b）不同深度的小鼠脑血管系统的体内和实时 SWIR 荧光显微成像，比例尺：100 μm

5.5.2 双光子成像

双光子荧光显微镜（two-photon fluorescence microscope，2PFM）是实现体内

生物成像的有力工具[58]。依靠荧光团同时吸收两个近红外光子，2PFM 能够无创地实现深层组织穿透和高效可视化检测。双光子荧光（2PF）强度与激发光强度呈平方幂关系，赋予 2PFM 固有的组织切片能力和高成像质量。

2PFM 需要具有高效 2PF 的荧光分子。荧光团的 2PF 由其双光子作用截面决定，该值是双光子吸收（2PA）截面积和荧光量子产率的乘积[59]。AIE 纳米粒子是实现高灵敏 2PFM 的有力候选材料。由于 RIM 效应，AIE 纳米粒子的荧光量子产率可以通过增加纳米粒子内 AIE 分子的数量来轻松提高。单个纳米粒子的 2PA 截面积大致是单个 AIE 分子的 2PA 截面积和封装的 AIE 分子数量的乘积。因此，每个纳米粒子的 2PA 截面积可以通过增加内部的 AIE 分子含量实现最大化。

神经元成像在脑科学研究中具有重要意义。在 2PFM 的基础上，AIE 分子 TPE-TPP 实现了体内深层组织神经元成像[60]。通过将 TPE-TPP 的 DMSO 溶液与水混合，TPE-TPP 分子可以自发形成 AIE 纳米粒子。在 740 nm 飞秒激光的激发下，观察到 TPE-TPP 纳米粒子明亮的青色 2PF，其峰值波长为 480 nm。2PFM 成像说明 TPE-TPP 纳米粒子在体外特异性染色原代神经元。将 TPE-TPP 进一步显微注射到小鼠大脑中，深度为 300 μm。在亲水性生物环境中自发形成 TPE-TPP 纳米粒子并带有正电性，使其能够在体内对小胶质细胞进行染色。典型的三维 2PFM 图像显示了小鼠大脑内 TPE-TPP 纳米粒子（青色斑点）的分布，可以很容易地从背景中区分出来 [图 5-18（a）]。借助 TPE-TPP 纳米粒子的高亮 2PF，小胶质细胞的形态得到了生动的展示，并且 TPE-TPP 纳米粒子广泛分布在小胶质细胞的胞体、树突和轴突中 [图 5-18（b）]。此外，由于 TPE-TPP 纳米粒子具有较好的抗光漂白性，这些小胶质细胞可以长期观察到。

除了神经元成像，AIE 纳米粒子还可用于 2PFM 辅助的体内脑血管造影[58,61]。常规 2PFM 的激发波长通常为 770～860 nm。然而，通过使用蒙特卡罗模拟研究激光束在生物组织中的传播，发现 1040 nm 激光束比 800 nm 激光束具有更少的组织散射，表现出更好的穿透和聚焦能力。利用 DSPE-PEG 封装 BODIPY-TPE 分子

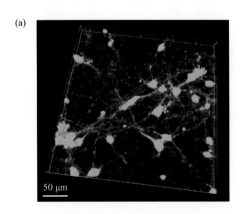

(a)

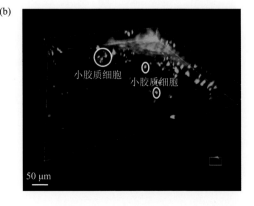

(b)

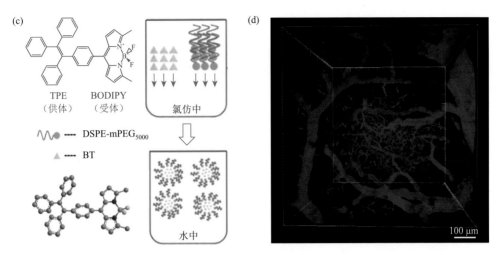

图 5-18 （a）TPE-TPP 染色原代神经元的 2PFM 图像；（b）TPE-TPP 染色小鼠大脑小胶质细胞（治疗后 30 min）的重建三维 2PFM 图像；（c）BODIPY-TPE 分子的化学结构及 AIE 纳米粒子的制备；（d）AIE 纳米粒子染色小鼠脑血管的重建三维 2PFM 图像

制备了红光发射的 AIE 纳米粒子 [图 5-18（c）][58]。该纳米粒子的 2PA 截面积在 1040 nm 处约为 2.9×10^6 GM，远大于在 770～860 nm 波长范围内的截面积值。因此，利用 1040 nm 飞秒激光作为激发源，进一步应用于小鼠脑血管的 2PFM 体内成像，构建了高对比度的三维 2PFM 图像 [图 5-18（d）]，可以清楚地看到主要血管和小毛细血管。2PFM 成像深度在小鼠大脑中达到 700 μm，比 770～860 nm 飞秒激发的深度要深得多。因此，将红光发射、AIE 纳米粒子的高 2PA 横截面积和高效的 1040 nm 飞秒激发相结合，将在未来大幅推动功能性体内 2PFM 的发展。

5.5.3 三光子成像

三光子荧光显微镜（three-photon fluorescence microscope，3PFM）是一种具有更高分辨率和更大成像深度的活体生物可视化工具[62]。与 2PF 相比，3PF 是一种更高阶的非线性光学效应。3PF 强度与飞秒激光的强度具有三次相关性，并且在焦点处发射的 3PF 信号比焦点外的信号要亮得多。因此，3PFM 显著降低了远离焦平面区域的离焦背景，与 2PFM 相比，信号背景比提高了几个数量级，有助于提高空间分辨率、成像对比度及成像深度。此外，3PFM 的飞秒激发波长通常在 1000～1700 nm 范围内，该区域光由组织散射引起的衰减较小，这使得 3PFM 飞秒激发具有更深的组织穿透性和更好的聚焦能力。

荧光团的 3PF 由其三光子作用截面积值决定，该值是三光子吸收（3PA）截面积值和荧光量子产率的乘积[59]。与 2PF 类似，AIE 纳米粒子的荧光量子产率和 3PA 截面积值都可以通过简单地增加纳米粒子内 AIE 分子的数量来增强，是有力的 3PFM 潜在探针。然而，并不是所有的 AIE 分子都具备有效的 3PA 截面积值，仅有少量的 AIE 分子如 TPE-TPA-FN、TPEPT、DCDPP-2TPA 和 TPATCN 适用 [图 5-19（a）] [63-68]。

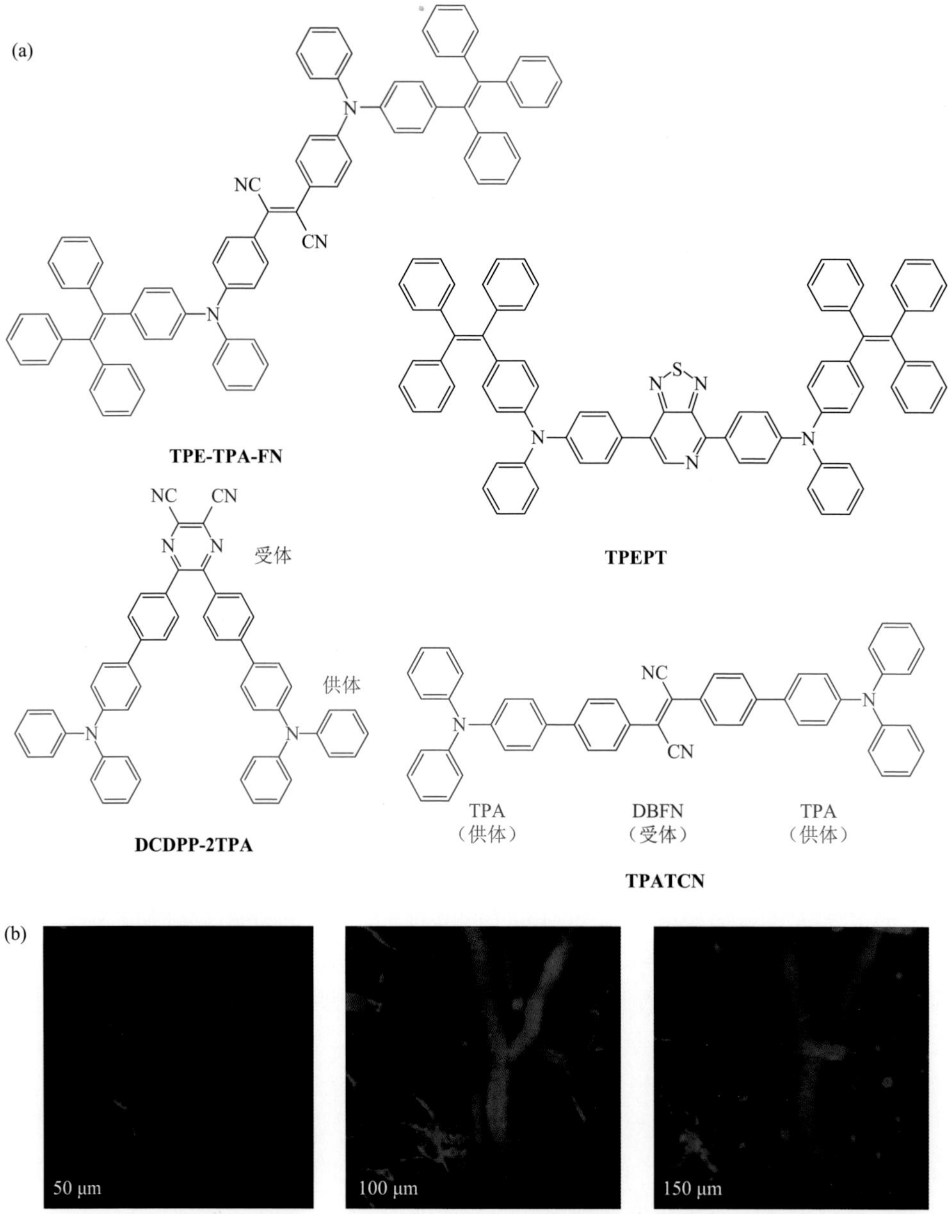

(a)

TPE-TPA-FN

TPEPT

受体

供体

DCDPP-2TPA

TPA
（供体）

DBFN
（受体）

TPA
（供体）

TPATCN

(b)

50 μm

100 μm

150 μm

图 5-19　（a）TPE-TPA-FN、TPEPT、DCDPP-2TPA 和 TPATCN 分子的化学结构；（b）在 1560 nm 飞秒激光激发下 TPE-TPA-FN 染色不同深度小鼠脑血管的 3PFM 图像

AIE 分子 TPE-TPA-FN 具有典型的 D-π-A-π-D 结构和较大的 π-共轭长度，赋予其丰富的非线性光学效应[63-65]。在 1560 nm 飞秒激光的激发下，TPE-TPA-FN 展现出较好的高阶非线性光学效应，能够在有机溶液中实现 2PF、3PF 和 4PF。对于固态 TPE-TPA-FN，可以观察到 3PF 和三次谐波产生（THG），并且通过 THG 信号的单光子吸收感应出 3PF 信号。通过用 DSPE-PEG 封装 TPE-TPA-FN 分子进一步制造 TTF 纳米粒子。借助 AIE 效应，随着 TPE-TPA-FN 的负载量增加，在 TTF 纳米粒子中观察到 THG 和 3PF 强度增加。TTF 纳米粒子能够用于 1560 nm 飞秒激光激发下的体内 3PFM 成像。通过静脉注射 TTF 纳米粒子获得的不同 3PF 信号，生动地揭示出不同垂直深度的小鼠大脑中血管结构 ［图 5-19（b）］。小鼠大脑中的 3PFM 成像深度达到 550 μm，可以非常清楚地观察到一些微小的毛细血管。

5.6　微生物的可视化研究

人类发展史就是一部人类与疾病的斗争史。细菌、真菌和病毒是导致许多严重疾病特别是传染病的三种致命病原体。细菌是单细胞生物，几乎生活在地球上的所有环境中：空气、岩石、海洋，甚至北极雪。根据细胞壁结构的不同，细菌可分为革兰氏阳性菌和革兰氏阴性菌。在抗生素被发现之前，细菌感染是人类生命的最大威胁。许多严重的疾病都是由细菌感染引起的，如鼠疫、麻风病、霍乱、肺结核、败血症、炎症性肠病等。真菌是一种微生物，其特征在于它们的细胞壁中含有一种称为几丁质的物质。虽然真菌感染不会危及生命，但它们可能出现在身体的许多部位，尤其是皮肤。典型的真菌感染包括足癣、股癣和体癣。

对细菌、真菌和病毒的灵敏诊断是更好地控制这些病原体引起的疾病的先决条件。许多技术，包括酶联免疫吸附测定、聚合酶链反应、DNA 芯片、微流体分析、基于核酸序列的扩增和微菌落方法，已被开发用于检测细菌、真菌和病毒。此外，由于抗病原体药物（尤其是抗生素）的滥用，耐药病原体感染已成为严重的全球公共卫生问题。目前，AIE 分子已广泛应用于细菌可视化检测的各个方面，如革兰氏阳性和革兰氏阴性菌的鉴别、活菌和死菌的鉴别、细菌内毒素的成像等，对病原菌、真菌方面的诊疗具有重要意义和临床价值[69-72]。

5.6.1　微生物的可视化识别

现场快速检验（POCT）是在采样现场进行的、利用便携式分析仪器及配套试剂快速得到检测结果的一种检测方式，具有易于使用、灵敏度和可靠性高、周转时间短和成本效益好等特点。作为可视化检测探针，AIE 分子具有背景低、耐光漂白性好、对微环境高灵敏响应等优点，有助于在有限资源条件下实现病原体的POCT[73]。根据病原体的结构差异，巧妙设计的 AIE 分子可以选择性地点亮病原体而无须额外的洗涤步骤，并且响应的荧光信号可以直接用裸眼观察。

革兰氏阳性菌和革兰氏阴性菌的可视化鉴别，在食品安全和临床诊断等许多领域具有重要实用价值。从膜结构上看，革兰氏阳性菌的外膜是一层厚厚的肽聚糖层［含有脂磷壁酸（LTA）］，而革兰氏阴性菌的外膜是脂多糖（LPS）层（不含LTA）。因此，LTA 的氨基可用作识别革兰氏阳性菌的靶标。首先，带负电荷的AIE 分子通过静电相互作用，与 LTA 的氨基结合，聚集触发 RIM，导致荧光开启/增强。与革兰氏阴性菌如大肠杆菌（*Escherichia coli*）或铜绿假单胞菌（*Pseudomonas aeruginosa*）孵育时，完全看不到荧光；与革兰氏阳性菌如金黄色葡萄球菌（*Staphylococcus aureus*）或枯草芽孢杆菌（*Bacillus subtilis*）孵育时，裸眼可以清楚观察到荧光，从而实现革兰氏阳性菌和革兰氏阴性菌的可视化鉴别［图 5-20（a）］[74]。其次，带有活化炔烃的 AIE 分子（alkyne-TPA）可以通过点击反应与各种基团（包括—NH₂、—SH 和—OH）简便快速键连，实现特异性点亮革兰氏阳性菌外膜的肽聚糖［图 5-20（b）］[75]。经验证，孵育 2 min 能检测到革兰氏阳性金黄色葡萄球菌和枯草芽孢杆菌。另外，可以利用脂多糖与肽聚糖的渗透差异性来设计 AIE探针可视化区分革兰氏阳性菌和革兰氏阴性菌。例如，近红外发光 AIE 分子 TTVP能在 3 s 内迅速插入革兰氏阳性菌外膜的肽聚糖网络，触发 RIM 发出强荧光，而其无法进入革兰氏阴性菌外膜的脂多糖网络，没有可见荧光［图 5-20（c）］[76]。这些点亮型 AIE 探针能以非常高的信噪比实现对革兰氏阳性菌的快速、免洗、可视化区分。

针对革兰氏阳性耐药菌的可视化鉴别，利用其细胞壁的肽聚糖序列 N-acyl-D-Ala-D-Ala 与万古霉素的特异性结合，开发出万古霉素修饰的 AIE 分子 AIE-2Van，

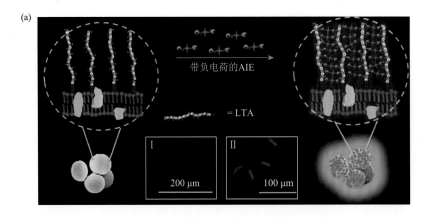

(a)

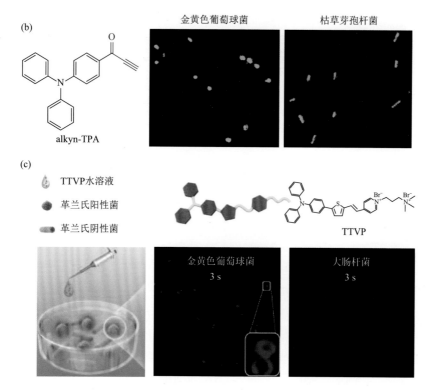

图 5-20　（a）基于静电相互作用可视化区分革兰氏阳性菌和革兰氏阴性菌，插图 I 和 II 分别是大肠杆菌和枯草芽孢杆菌的荧光图像；（b）基于胺反应点亮革兰氏阳性菌；（c）TTVP 分子的化学结构及其与金黄色葡萄球菌和大肠杆菌孵育 3 s 的荧光图像

能够选择性地裸眼识别包括万古霉素耐药菌株在内的革兰氏阳性菌。当革兰氏阳性菌对万古霉素产生耐药性时，万古霉素对耐药菌的结合力大幅降低。通过 AIE-2Van 对正常和万古霉素耐药革兰氏阳性菌菌株的结合能力不同，从视觉上识别具有暗淡粉色荧光的耐药菌株[77]。为了进一步实现革兰氏阴性菌、革兰氏阳性菌及真菌的可视化鉴别，开发出具有扭曲 D-π-A 结构的 AIE 分子 IQ-Cm，对微环境变化具有高度敏感的光响应［图 5-21（a）］。IQ-Cm 在不同微环境中有选择性的定位（位于革兰氏阴性菌菌体的胞膜和细胞质、革兰氏阳性菌菌体的细胞质和真菌的线粒体），导致 IQ-Cm 染色的革兰氏阴性菌显示弱粉色荧光、革兰氏阳性菌显示橙红色荧光及真菌显示亮黄色荧光［图 5-21（c）］。利用三种不同波段的荧光信号，可以在 30 min 内实现对革兰氏阴性菌、革兰氏阳性菌和真菌的裸眼识别。此外，IQ-Cm 在检测尿路感染样本等复杂情况下也有很好的表现，有望用于临床诊断[78]。

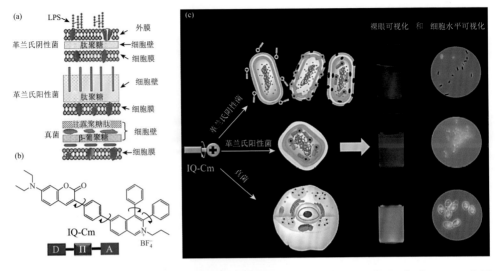

图 5-21 （a）革兰氏阴性菌、革兰氏阳性菌及真菌的细胞包膜结构示意图；（b）IQ-Cm 分子的化学结构；（c）紫外灯下裸眼区分三种病原体和荧光显微镜下的细胞水平成像区分

　　活细菌和死细菌的可视化鉴别，能够通过它们的细菌膜差异来完成。活细菌具有完整的细菌膜和相对较低的渗透性，死细菌具有受损的细菌膜，导致渗透性增强[79, 80]。例如，AIE 分子 TPE-2BA 与活细菌一起孵育，由于不能通过细菌膜，导致无法染色。然而，与死细菌一起孵育，TPE-2BA 可以穿过受损的细菌膜并通过凹沟结合标记细菌内部的 dsDNA，发出强荧光，从而实现可视化鉴别死细菌［图 5-22（a）］[79]。同时，利用硼酸-二醇相互作用，具有三硼酸基团的 AIE 分子 TriPE-3BA［图 5-22（b）］通过与细菌表面的顺式二醇络合点亮荧光，用于可视化细菌检测［图 5-22（b）：插图Ⅰ］[80]。结合 TPE-2BA 选择性染色死细菌的成像结果，实现活细菌的检测与细菌活性的监测［图 5-22（b）：插图Ⅱ］。

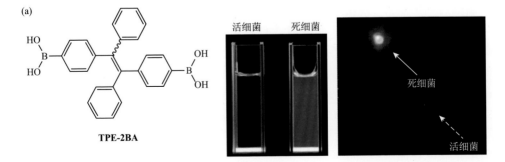

TPE-2BA

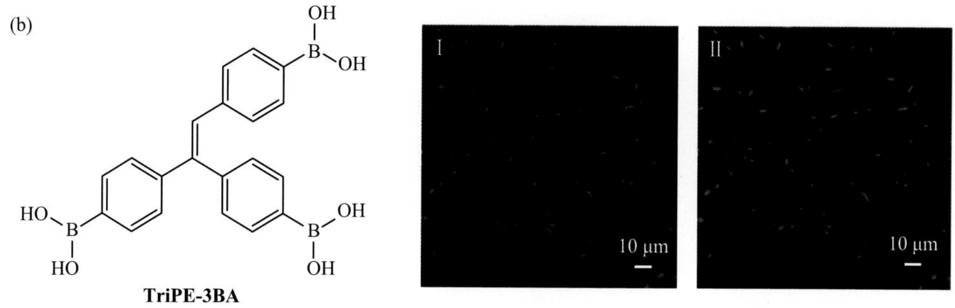

图 5-22 （a）TPE-2BA 分子的化学结构及其可视化区分活细菌/死细菌的荧光图像；
（b）TriPE-3BA 分子的化学结构，插图 Ⅰ 和 Ⅱ 分别是单独 TriPE-3BA 染色细菌和 TriPE-3BA
与死细菌染色剂共染细菌的荧光图像

病毒的早期可视化诊断，对避免病毒扩散和疾病暴发具有重要意义。将具有 ALP 切割位点的水溶性 AIE 分子 TPE-APP、金纳米粒子和链霉亲和素-碱性磷酸酶（SA-ALP）集成到免疫分析平台上，能够实现荧光和等离子体比色双模态可视化检测多种病毒[81]。当磁珠、抗 VP1 单克隆抗体（mAb-VP1）、兔多克隆抗体（P-Ab）和生物素化抗体（Biotin-Ab）组成的免疫捕获单元捕获目标 EV71 病毒时，SA-ALP 会促进水溶性 TPE-APP 水解生成不溶于水的 TPE-DMA ［图 5-23（a）］，导致聚集并发出明亮的荧光 ［图 5-23（b）：通道 Ⅰ］。同时，TPE-APP 的水解可以介导银离子的还原，从而在金纳米粒子表面生成银纳米壳，产生裸眼可见的等离子体颜色变化［图 5-23（b）：通道 Ⅱ］。此外，借助免疫磁富集技术，基于 TPE-APP 的免疫检测平台对 EV71 病毒粒子的检测限可降至 1.4 copies/μL。更重要的是，24 例真实临床样本中 EV71 病毒粒子的诊断准确率为 100%。通过改变识别抗体，H7N9 和寨卡病毒也可以被特异性检测出来。与标准的聚合酶链反应分析方法相比，该方法不涉及昂贵的仪器和复杂的预处理步骤，在 POCT 检测水平具有快速诊断的巨大潜力。

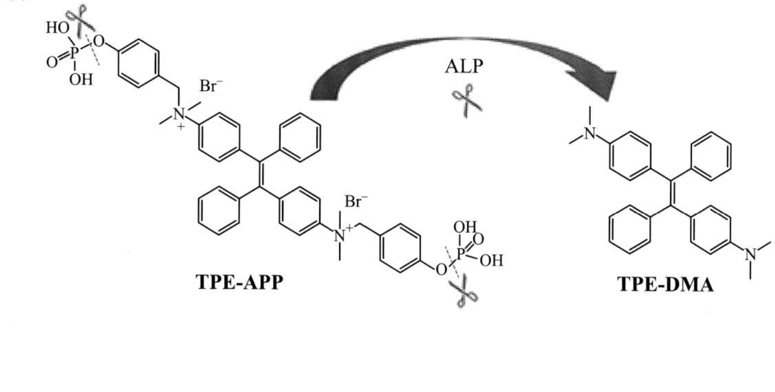

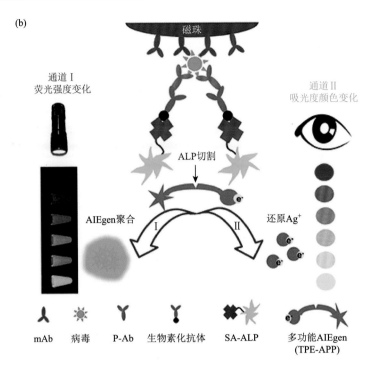

(b)

通道 I
荧光强度变化

通道 II
吸光度颜色变化

磁珠

ALP切割

AIEgen聚合

I   II

还原Ag⁺

mAb   病毒   P-Ab   生物素化抗体   SA-ALP   多功能AIEgen
(TPE-APP)

图 5-23　（a）TPE-APP 分子的化学结构和反应生成 TPE-DMA 路线；（b）ALP 水解后形成 TPE-DMA 聚集体作为荧光信号通道 I，金纳米粒子表面形成带有明显颜色变化的银壳层作为等离子体比色通道 II

5.6.2　微生物的显微成像可视化

　　基于独特的 AIE 特性，通过精心设计的 AIE 分子与目标细菌结合后，可以清楚地观察到细菌的显微图像，由此引导的细菌代谢、抗菌机理等可视化研究对临床具有重要价值[82-92]。

　　细菌代谢标记是细菌检测和精准抗菌治疗的有力工具。细菌需要丰富的 D-氨基酸进行肽聚糖的生物合成，而肽聚糖可作为特定细菌代谢标记的靶标。例如，利用高 H_2O_2 炎症环境敏感的金属-有机框架 MIL-100（Fe）纳米粒子靶向递送叠氮基功能化的 D-丙氨酸（D-Ala），其可以通过细菌生物合成选择性地整合到肽聚糖细胞壁中 [图 5-24（a）][82]。通过点击反应，二苯并环辛炔修饰的 AIE 分子可以精确地锚定到细菌细胞壁上，触发 RIM 开启荧光，从而实现体内细菌的精准可视化 [图 5-24（b）]。另外还合成了 D-Ala 修饰的 AIE 分子 TPEPy-D-Ala，用于细胞内细菌的代谢标记 [图 5-24（c）][83]。由于 D-Ala 和吡啶鎓的亲水部分，TPEPy-D-Ala 在水性介质中的发射较弱，确保了它在细胞内具有低背景信号。一旦将 TPEPy-D-Ala 代谢并入肽聚糖中，TPEPy-D-Ala 的荧光可以显著增强，实现隐藏在巨噬细胞中的细菌的可视化 [图 5-24（d）]。在定位这些细胞内细菌后，探针也可以通过原位产生单线态氧（$^1O_2$）来消除它们，达到同时可视化和消除细胞内细菌的目标。

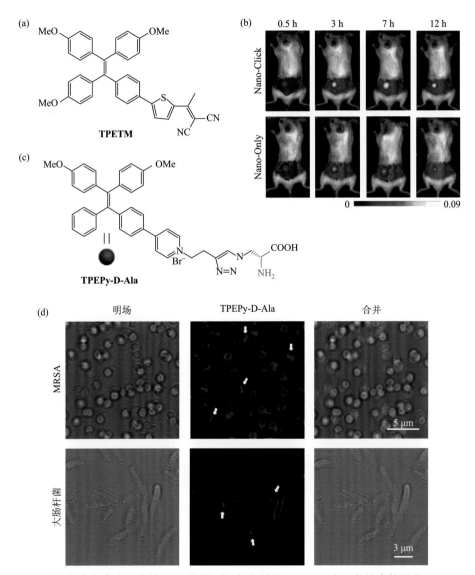

图 5-24 （a）参与点击反应的 AIE 分子；（b）分别用 MIL-100（Fe）纳米粒子（Nano-Click 组）或盐水（Nano-Only 组）预处理后注射 AIE 纳米粒子的带菌小鼠的时间依赖性体内荧光图像；（c）TPEPy-D-Ala 分子的化学结构；（d）用 TPEPy-D-Ala 处理的耐甲氧西林金黄色葡萄球菌（MRSA）和大肠杆菌细胞的明场图像、荧光图像和合并图像，白色箭头表示标记的隔膜平面

　　细菌膜与抗菌肽（AMP）相互作用的可视化研究，有助于了解 AMP 的杀菌机制。AIE 分子能够对细菌膜进行高密度染色，适合长时监测细菌-AMP 的动态相互作用。例如，将 AIE 分子 HBT 共价键连 AMP 得到 AMP-2HBT［图 5-25（a）］[84]。AMP-2HBT 与大肠杆菌一起孵育后，在细菌膜上检测到强荧光信号，这表明 AMP 易于在细菌膜上聚集，破坏膜结构，导致核酸和蛋白质流出。其中，AMP 与细菌之间的结合过程无须清洗即可点亮，并且 AIE 分子的修饰也不会损害肽的杀菌活性。另一种 AIE 分子修饰 AMP 得到的 TPE-AMP 可用于研究细菌膜和 AMP 之间的相互作用[85]。有趣的是，荧光信号与 TPE-AMP 的抗菌活性相关，有望用于新AMP 抗菌活性的预测。同样，AIE 分子也被用于研究细菌和表面活性剂之间的相

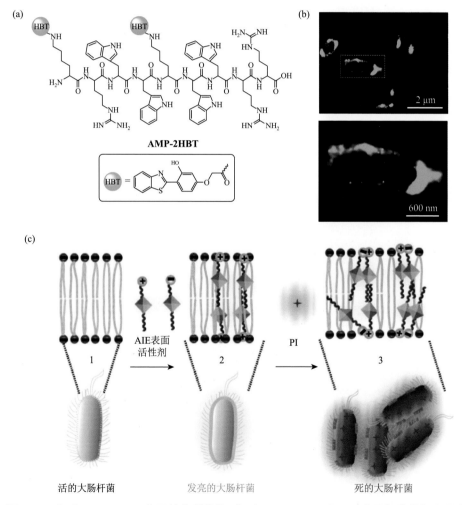

图 5-25　（a）AMP-2HBT 分子的化学结构；（b）AMP-2HBT 处理后大肠杆菌的超分辨率荧光图像；（c）AIE 表面活性剂与革兰氏阴性大肠杆菌之间的相互作用

互作用[86]。阳离子型 AIE 表面活性剂通过静电作用被吸附到细菌膜的表面，其结构中的疏水部分（长烷基链和 TPE）通过疏水作用嵌入到细菌的疏水脂质层，破坏细菌膜的渗透性导致细菌死亡，并伴随 TPE 青色荧光的开启和增强 [图 5-25（c）]。这种成像方法有助于表面活性剂抗菌的机理研究及开发具有更高抗菌效率的洗护产品。

将 AIE 分子与包括肽或 DNA 适体在内的靶向和识别基团相结合，可以用于实时检测细菌毒素[87-89]。地拉罗司（ExJade）是美国食品药品监督管理局（FDA）批准的能够常规使用的铁螯合剂。Sessler 等将苯酚单元功能化修饰在 ExJade 支架上制备出荧光响应前螯合剂 ExPhos，其独特的 AIE 特性能够检测细菌生物膜中的 ALP 并通过了 FDA 的批准[90]。另外，基于 AIE 的细菌成像在杀菌剂可视化筛选方面具有很好的潜力[91]。以带正电荷的 AIE 分子为例，有效的抗生素会延缓或完全抑制细菌的生长，只有微量的细菌能与 AIE 分子结合，大多数 AIE 分子溶解在培养基中而不发生聚集，几乎没有荧光信号；相反，无效的抗生素不会显著影响细菌的生长，大量存在的细菌会与 AIE 分子结合，触发 RIM 开启荧光。通过测量或可视化这些培养液的荧光强度可以快速比较含有不同抗生素的培养基中的细菌数量。类似地，唾液酸包被的 AIE 分子 TPE4S 对唾液酸酶显示出高灵敏度和高选择性，TPE4S 的荧光强度变化可以用于唾液酸酶抑制剂的高通量筛选[92]。

5.7　本章小结

综上，AIE 分子在生物分子的高灵敏和特异性可视化分析方面表现出非凡的潜力。通过对 AIE 分子的化学结构和实验条件的巧妙设计，可以轻松地在荧光点亮模式下工作。基于 AIE 效应的传感方法具有广泛的适用性，几乎可用于所有生物物种，无论它们的大小、带电或中性、活性或非活性；基于 AIE 效应的传感系统具有高效的操作性，通常构筑简单、易于修改、响应迅速、灵敏度高；基于 AIE 效应的传感平台具有可拓展的多功能性，可以同时实现定性识别、量化、监测和可视化，有时甚至可以抑制一些生物破坏性过程（如淀粉样蛋白纤维化、致病菌感染等）。同时，随着 AIE 分子在生物分子可视化检测、生物过程可视化监测、发病机理可视化研究及疾病可视化诊断等方面越来越广泛的应用，一些临床应用的挑战（如穿透深度、靶向能力、生物相容性和安全性等）也逐渐显现。以组织的穿透深度为例，具有许多转子的 AIE 分子理论上具有良好的光声成像特性，而光声成像技术具有卓越的毫米至厘米级穿透深度，两者的结合将为 AIE 分子的体内应用带来机遇。同时，用于光声成像的 AIE 分子在靶点区域产生的热量可进一步为肿瘤提供光热疗法。另外，具有长波长激发和发射（如 NIR 和多光子成像）

的 AIE 分子既可以穿透较厚的组织，也能够大幅减少生物基质的光损伤和自发荧光的背景干扰，促进活体内成像和监测生物过程。

可以预见，通过将可视化检测、放射疗法、化学疗法和光疗等功能集成在单个 AIE 平台上，有潜力为个性化医学提供可追溯的癌症治疗机会、为临床医生提供细胞消融和肿瘤切除等治疗的实时可视化指导。此外，在生物安全性、体内分布和代谢方面的研究尚需更多的精准投入，从而推动 AIE 分子能真正应用到临床。

参 考 文 献

[1] Wang X D，Xu M，Huang K X，et al. AIEgens/nucleic acid nanostructures for bioanalytical applications. Chemistry：An Asian Journal，2019，14（6）：689-699.

[2] Hong Y M，Chen S J，Leung C W T，et al. Water-soluble tetraphenylethene derivatives as fluorescent "light-up" probes for nucleic acid detection and their applications in cell imaging. Chemistry：An Asian Journal，2013，8（8）：1806-1812.

[3] Xu L，Zhu Z C，Zhou X，et al. A highly sensitive nucleic acid stain based on amino-modified tetraphenylethene：the influence of configuration. Chemical Communications，2014，50（49）：6494-6497.

[4] Yu Y，Liu J Z，Zhao Z J，et al. Facile preparation of non-self-quenching fluorescent DNA strands with the degree of labeling up to the theoretic limit. Chemical Communications，2012，48（51）：6360-6362.

[5] Xu X W，Yan S Y，Zhou Y M，et al. A novel aggregation-induced emission fluorescent probe for nucleic acid detection and its applications in cell imaging. Bioorganic & Medicinal Chemistry Letters，2014，24（7）：1654-1656.

[6] Hong Y N，Haussler M，Lam J M Y，et al. Label-free fluorescent probing of G-quadruplex formation and real-time monitoring of DNA folding by a quaternized tetraphenylethene salt with aggregation-induced emission characteristics. Chemistry：A European Journal，2018，14（21）：6428-6437.

[7] Hong Y N，Xiong H，Lam J M Y，et al. Fluorescent bioprobes：structural matching in the docking processes of aggregation-induced emission fluorogens on DNA surfaces. Chemistry：A European Journal，2010，16（4）：1232-1245.

[8] Li Y Q，Kwok R T K，Tang B Z，et al. Specific nucleic acid detection based on fluorescent light-up probe from fluorogens with aggregation-induced emission characteristics. RSC Advances，2013，3：10135-10138.

[9] Lou X，Leung C W T，Dong C，et al. Detection of adenine-rich ssDNA based on thymine-substituted tetraphenylethene with aggregation-induced emission characteristics. RSC Advances，2014，4（63）：33307-33311.

[10] Lu D Q，He L，Wang Y Y，et al. Tetraphenylethene derivative modified DNA oligonucleotide for in situ potassium ion detection and imaging in living cells. Talanta，2017，167：550-556.

[11] Zhu L Y，Zhou J，Xu G H，et al. DNA quadruplexes as molecular scaffolds for controlled assembly of fluorogens with aggregation-induced emission. Chemical Science，2018，9（9）：2559-2566.

[12] Hong Y N，Feng C，Yu Y，et al. Quantitation，visualization，and monitoring of conformational transitions of human serum albumin by a tetraphenylethene derivative with aggregation-induced emission characteristics. Analytical Chemistry，2010，82（16）：7035-7043.

[13] Sun B J，Yang X J，Ma L，et al. Design and application of anthracene derivative with aggregation-induced emission charateristics for visualization and monitoring of erythropoietin unfolding. Langmuir，2013，29（6）：1956-1962.

[14] Wang Z L，Ma K，Xu B，et al. A highly sensitive "turn-on" fluorescent probe for bovine serum albumin protein

detection and quantification based on AIE-active distyrylanthracene derivative. Science China Chemistry，2013，56：1234-1238.

[15] Hong Y N，Meng L M，Chen S J，et al. Monitoring and inhibition of insulin fibrillation by a small organic fluorogen with aggregation-induced emission characteristics. Journal of the American Chemical Society，2012，134（3）：1680-1689.

[16] Wang F F，Wen J Y，Huang L Y，et al. A highly sensitive "switch-on" fluorescent probe for protein quantification and visualization based on aggregation-induced emission. Chemical Communications，2012，48（59）：7395-7397.

[17] Li Z，Guan W J，Lu C，et al. Hydrophobicity-induced prestaining for protein detection in polyacrylamide gel electrophoresis. Chemical Communications，2016，52（13）：2807-2810.

[18] Yu Y，Qin A J，Feng C，et al. An amine-reactive tetraphenylethylene derivative for protein detection in SDS-PAGE. Analyst，2012，137（23）：5592-5596.

[19] Wang J X，Chen Q，Bian N，et al. Sugar-bearing tetraphenylethylene：novel fluorescent probe for studies of carbohydrate-protein interaction based on aggregation-induced emission. Organic & Biomolecular Chemistry，2011，9（7）：2219-2226.

[20] Shi H B，Liu J Z，Geng J L，et al. Specific detection of integrin alphavbeta $\alpha_v\beta_3$ by light-up bioprobe with aggregation-induced emission characteristics. Journal of the American Chemical Society，2012，134（23）：9569-9572.

[21] Wang M，Gu X G，Zhang G X，et al. Convenient and continuous fluorometric assay method for acetylcholinesterase and inhibitor screening based on the aggregation-induced emission. Analytical Chemistry，2009，81（11）：4444-4449.

[22] Peng L H，Zhang G X，Zhang D G，et al. A fluorescence "turn-on" ensemble for acetylcholinesterase activity assay and inhibitor screening. Organic Letters，2009，11（17）：4014-4017.

[23] Shen X，Liang F X，Zhang G X，et al. A new continuous fluorometric assay for acetylcholinesterase activity and inhibitor screening with emissive core-shell silica particles containing tetraphenylethylene fluorophore. Analyst，2012，137（9）：2119-2123.

[24] Liang J，Kwok R T，Shi H B，et al. Fluorescent light-up probe with aggregation-induced emission characteristics for alkaline phosphatase sensing and activity study. ACS Applied Materials & Interfaces，2013，5（17）：8784-8789.

[25] Song Z G，Hong Y N，Kwok R T K，et al. A dual-mode fluorescence "turn-on" biosensor based on an aggregation-induced emission luminogen. Journal of Materials Chemistry B，2014，2（12）：1717-1723.

[26] Shi H B，Kwok R T K，Liu J Z，et al. Real-time monitoring of cell apoptosis and drug screening using fluorescent light-up probe with aggregation-induced emission characteristics. Journal of the American Chemical Society，2012，134（43）：17972-17981.

[27] Zhao G N，Tang B，Dong Y Q，et al. A unique fluorescence response of hexaphenylsilole to methyl parathion hydrolase：a new signal generating system for the enzyme label. Journal of Materials Chemistry B，2014，2（31）：5093-5099.

[28] Liang J，Shi H B，Kwok R T K，et al. Distinct optical and kinetic responses from E/Z isomers of caspase probes with aggregation-induced emission characteristics. Journal of Materials Chemistry B，2014，2（27）：4363-4370.

[29] Gu X G，Kwok R T K，Lam J W Y，et al. AIEgens for biological process monitoring and disease theranostics. Biomaterials，2017，146：115-135.

[30] Qian J，Tang B Z. AIE luminogens for bioimaging and theranostics：from organelles to animals. Chem，2017，

3 (1): 56-91.

[31] Khan I M, Niazi S, Iqbal Khan M K, et al. Recent advances and perspectives of aggregation-induced emission as an emerging platform for detection and bioimaging. TrAC Trends in Analytical Chemistry, 2019, 119: 115637.

[32] Li Y H, Wu Y Q, Chang J, et al. A bioprobe based on aggregation induced emission (AIE) for cell membrane tracking. Chemical Communications, 2013, 49 (96): 11335-11337.

[33] Zhang C Q, Jin S B, Yang K N, et al. Cell membrane tracker based on restriction of intramolecular rotation. ACS Applied Materials & Interfaces, 2014, 6 (12): 8971-8975.

[34] Shi L, Liu Y H, Li K, et al. An AIE-based probe for rapid and ultrasensitive imaging of plasma membranes in biosystems. Angewandte Chemie International Edition, 2020, 59 (25): 9962-9966.

[35] Wu M Y, Leung J K, Kam C, et al. Cancer cell-selective aggregation-induced emission probe for G-term plasma membrane imaging. Cell Reports Physical Science, 2022, 3 (2): 100735.

[36] Yu C Y Y, Zhang W J, Kwok R T K, et al. A photostable AIEgen for nucleolus and mitochondria imaging with organelle-specific emission. Journal of Materials Chemistry B, 2016, 4 (15): 2614-2619.

[37] Mukherjee T, Soppina V, Ludovic R, et al. Live-cell imaging of the nucleolus and mapping mitochondrial viscosity with a dual function fluorescent probe. Organic & Biomolecular Chemistry, 2021, 19 (15): 3389-3395.

[38] Wu M Y, Leung J K, Liu L, et al. A small-molecule AIE chromosome periphery probe for cytogenetic studies. Angewandte Chemie International Edition, 2020, 59 (26): 10327-10331.

[39] Zhu Z F, Zhao X Y, Qin W, et al. Fluorescent AIE dots encapsulated organically modified silica (ORMOSIL) nanoparticles for two-photon cellular imaging. Science China Chemistry, 2013, 56: 1247-1252.

[40] Qin W, Li K, Feng G X, et al. Bright and photostable organic fluorescent dots with aggregation-induced emission characteristics for noninvasive long-term cell imaging. Advanced Functional Materials, 2013, 24: 635-643.

[41] Ma L L, Tang Q, Liu M X, et al. [12]aneN₃-based gemini-type amphiphiles with two-photon absorption properties for enhanced nonviral gene delivery and bioimaging. ACS Applied Materials & Interfaces, 2020, 12 (36): 40094-40107.

[42] Leung C W, Hong Y N, Chen S J, et al. A photostable AIE luminogen for specific mitochondrial imaging and tracking. Journal of the American Chemical Society, 2013, 135 (1): 62-65.

[43] Hu Q L, Gao M, Feng G X, et al. Mitochondria-targeted cancer therapy using a light-up probe with aggregation-induced-emission characteristics. Angewandte Chemie International Edition, 2014, 53 (51): 14225-14229.

[44] Gao M, Sim C K, Leung C V W, et al. A fluorescent light-up probe with AIE characteristics for specific mitochondrial imaging to identify differentiating brown adipose cells. Chemical Communications, 2014, 50 (61): 8312-8315.

[45] Zhao N, Li M, Yan Y L, et al. A tetraphenylethene-substituted pyridinium salt with multiple functionalities: synthesis, stimuli-responsive emission, optical waveguide and specific mitochondrion imaging. Journal of Materials Chemistry C, 2013, 1 (31): 4640-4646.

[46] Zhang W J, Kwok R T K, Chen Y L, et al. Real-time monitoring of the mitophagy process by a photostable fluorescent mitochondrion-specific bioprobe with AIE characteristics. Chemical Communications, 2015, 51 (43): 9022-9025.

[47] Li X S, Jiang M J, Lam J W Y, et al. Mitochondrial imaging with combined fluorescence and stimulated Raman scattering microscopy using a probe of the aggregation-induced emission characteristic. Journal of the American Chemical Society, 2017, 139 (47): 17022-17030.

[48] Zhao N，Chen S J，Hong Y N，et al. A red emitting mitochondria-targeted AIE probe as an indicator for membrane potential and mouse sperm activity. Chemical Communications，2015，51（71）：13599-13602.

[49] Lo C Y，Chen S J，Creed S J，et al. Novel super-resolution capable mitochondrial probe，MitoRed AIE，enables assessment of real-time molecular mitochondrial dynamics. Scientific Reports，2016，6：30855.

[50] Gu X G，Zhao E G，Zhao T，et al. A mitochondrion-specific photoactivatable fluorescence turn-on AIE-based bioprobe for localization super-resolution microscope. Advanced Materials，2016，28（25）：5064-5071.

[51] Gao M，Hu Q L，Feng G X，et al. A fluorescent light-up probe with "AIE + ESIPT" characteristics for specific detection of lysosomal esterase. Journal of Materials Chemistry B，2014，2（22）：3438-3442.

[52] Leung C W，Wang Z M，Zhao E G，et al. A lysosome-targeting AIEgen for autophagy visualization. Advanced Healthcare Materials，2016，5（4）：427-431.

[53] Zhang W J，Zhou F，Wang Z M，et al. A photostable AIEgen for specific and real-time monitoring of lysosomal processes. Chemistry：An Asian Journal，2019，14（10）：1662-1666.

[54] Shi X J，Yan N，Niu G L，et al. In vivo monitoring of tissue regeneration using a ratiometric lysosomal AIE probe. Chemical Science，2020，11：3152-3163.

[55] Hong Y X，Wang H，Xue M J，et al. Rational design of ratiometric and lysosome-targetable AIE dots for imaging endogenous HClO in live cells. Materials Chemistry Frontiers，2019，3（2）：203-208.

[56] Gao M，Chen J J，Lin G W，et al. Long-term tracking of the osteogenic differentiation of mouse BMSCs by aggregation-induced emission nanoparticles. ACS Applied Materials & Interfaces，2016，8（28）：17878-17884.

[57] Qi J，Sun C W，Zebibula A，et al. Real-time and high-resolution bioimaging with bright aggregation-induced emission dots in short-wave infrared region. Advanced Material，2018，30：1706856.

[58] Wang Y L，Hu R R，Xi W，et al. Red emissive AIE nanodots with high two-photon absorption efficiency at 1040 nm for deep-tissue in vivo imaging. Biomedical Optics Express，2015，6（10）：3783-3794.

[59] Cheng L C，Horton N C，Wang K，et al. Measurements of multiphoton action cross sections for multiphoton microscopy. Biomedical Optics Express，2014，5（10）：3427-3433.

[60] Qian J，Zhu Z F，Leung C W T，et al. Long-term two-photon neuroimaging with a photostable AIE luminogen. Biomedical Optics Express，2015，6（4）：1477-1486.

[61] Ding D，Goh C C，Feng G X，et al. Ultrabright organic dots with aggregation-induced emission characteristics for real-time two-photon intravital vasculature imaging. Advanced Materials，2013，25（42）：6083-6088.

[62] Horton N G，Wang K，Kobat D，et al. In vivo three-photon microscopy of subcortical structures within an intact mouse brain. Nature Photonics，2013，7（3）：205-209.

[63] Qian J，Zhu Z F，Qin A J，et al. High-order non-linear optical effects in organic luminogens with aggregation-induced emission. Advanced Materials，2015，27（14）：2332-2339.

[64] Li D Y，Zhao X Y，Qin W，et al. Toxicity assessment and long-term three-photon fluorescence imaging of bright aggregation-induced emission nanodots in zebrafish. Nano Research，2016，9（7）：1921-1933.

[65] Zhu Z F，Qian J，Zhao X Y，et al. Stable and size-tunable aggregation-induced emission nanoparticles encapsulated with nanographene oxide and applications in three-photon fluorescence bioimaging. ACS Nano，2016，10（1）：588-597.

[66] Zhang H Q，Alifu N，Jiang T，et al. Biocompatible aggregation-induced emission nanoparticles with red emission for in vivo three-photon brain vascular imaging. Journal of Materials Chemistry B，2017，5（15）：2757-2762.

[67] Wang Y L，Han X，Xi W，et al. Bright AIE nanoparticles with F127 encapsulation for deep-tissue three-photon

intravital brain angiography. Advanced Healthcare Materials，2017，6（21）：1700685.

[68] Wang Y L，Chen M，Alifu N，et al. Aggregation-induced emission luminogen with deep-red emission for through-skull three-photon fluorescence imaging of mouse. ACS Nano，2017，11（10）：10452-10461.

[69] He X W，Xiong L H，Zhao Z，et al. AIE-based theranostic systems for detection and killing of pathogens. Theranostics，2019，9（11）：3223-3248.

[70] Bai H T，He W，Chau J H C，et al. AIEgens for microbial detection and antimicrobial therapy. Biomaterials，2021，268：120598.

[71] Chen X H，Han H，Tang Z，et al. Aggregation-induced emission-based platforms for the treatment of bacteria, fungi，and viruses. Advanced Healthcare Materials，2021，10（24）：2100736.

[72] He W，Zhang T，Bai H，et al. Recent advances in aggregation-induced emission materials and their biomedical and healthcare applications. Advanced Healthcare Materials，2021，10：2101055.

[73] Gao H Q，Zhang X Y，Chao C，et al. Unity makes strength: how aggregation-induced emission luminogens advance the biomedical field. Advanced Biosystems，2018，2（9）：1800074.

[74] Naik V G，Hiremath S D，Das A，et al. Sulfonate-functionalized tetraphenylethylenes for selective detection and wash-free imaging of Gram-positive bacteria（*Staphylococcus aureus*）. Materials Chemistry Frontiers，2018，2（11）：2091.

[75] Hu X L，Zhao X Q，He B Z，et al. A simple approach to bioconjugation at diverse levels: metal-free click reactions of activated alkynes with native groups of biotargets without prefunctionalization. Research（Wash D C），2018，1：3152870.

[76] Lee M M S，Xu W H，Zheng L，et al. Ultrafast discrimination of Gram-positive bacteria and highly efficient photodynamic antibacterial therapy using near-infrared photosensitizer with aggregation-induced emission characteristics. Biomaterials，2020，230：119582.

[77] Feng G X，Yuan Y Y，Fang H，et al. A light-up probe with aggregation-induced emission characteristics（AIE）for selective imaging，naked-eye detection and photodynamic killing of Gram-positive bacteria. Chemical Communications，2015，51（62）：12490-12493.

[78] Zhou C C，Jiang M J，Du J，et al. One stone，three birds: one AIEgen with three colors for fast differentiation of three pathogens. Chemical Science，2020，11（18）：4730-4740.

[79] Zhao E G，Hong Y N，Chen S J，et al. Highly fluorescent and photostable probe for long-term bacterial viability assay based on aggregation-induced emission. Advanced Healthcare Materials，2014，3（1）：88-96.

[80] Kong T T，Zhao Z，Li Y，et al. Detecting live bacteria instantly utilizing AIE strategies. Journal of Materials Chemistry B，2018，6（37）：5986-5991.

[81] Xiong L H，He X W，Zhao Z，et al. Ultrasensitive virion immunoassay platform with dual-modality based on a multifunctional aggregation-induced emission luminogen. ACS Nano，2018，12（9）：9549-9557.

[82] Mao D，Hu F，Kenry，et al. Metal-organic-framework-assisted *in vivo* bacterial metabolic labeling and precise antibacterial therapy. Advanced Materials，2018，30（18）：1706831.

[83] Hu F，Qi G B，Kenry，et al. Visualization and *in situ* ablation of intracellular bacterial pathogens through metabolic labeling. Angewandte Chemie International Edition，2020，59（242）：9288-9292.

[84] Chen J J，Gao M，Wang L，et al. Aggregation-induced emission probe for study of the bactericidal mechanism of antimicrobial peptides. ACS Applied Materials & Interfaces，2018，10（14）：11436-11442.

[85] Li N N，Li J Z，Liu P，et al. An antimicrobial peptide with an aggregation-induced emission（AIE）luminogen for

studying bacterial membrane interactions and antibacterial actions. Chemical Communications，2017，53（23）：3315-3318.

[86]　Zhang L J，Jiao L L，Zhong J P，et al. Lighting up the interactions between bacteria and surfactants with aggregation-induced emission characteristics. Materials Chemistry Frontiers，2017，1（19）：1829-1835.

[87]　Zhang R Y，Cai X L，Feng G X，et al. Real-time naked-eye multiplex detection of toxins and bacteria using AIEgens with the assistance of graphene oxide. Faraday Discussions，2017，196：363-375.

[88]　Tang Y Y，Kang A，Yang X T，et al. A robust OFF-ON fluorescent biosensor for detection and clearance of bacterial endotoxin by specific peptide based aggregation induced emission. Sensors and Actuators B：Chemical，2020，304：127300.

[89]　Chen M，He J，Xie S，et al. Intracellular bacteria destruction via traceable enzymes-responsive release and deferoxamine-mediated ingestion of antibiotics. Journal of Controlled Release，2020，322：326-336.

[90]　Sedgwick A C，Yan K C，Mangel D N，et al. Deferasirox（ExJade）：an FDA-approved AIEgen platform with unique photophysical properties. Journal of the American Chemical Society，2021，143（3）：1278-1283.

[91]　Zhao E G，Chen Y L，Chen S J，et al. A luminogen with aggregation-induced emission characteristics for wash-free bacterial imaging，high-throughput antibiotics screening and bacterial susceptibility evaluation. Advanced Materials，2015，27（33）：4931-4937.

[92]　Liu G J，Wang B H，Zhang Y，et al. A tetravalent sialic acid-coated tetraphenylethene luminogen with aggregation-induced emission characteristics：design，synthesis and application for sialidase activity assay，high-throughput screening of sialidase inhibitors and diagnosis of bacterial vaginosi. Chemical Communications，2018，54（76）：10691-10694.

第6章

>>

药物递送系统的可视化研究

6.1 引言

在过去的几十年里，纳米技术的快速发展已经改变了生物医学研究的许多领域，包括组织工程、药物发现和疾病诊断[1, 2]。其中，将药物载入纳米载体是定向和持续给药的有效方法之一，基于纳米载体的药物递送系统（nanocarrier-based drug delivery system，NDDS）的突破性发展引起了全世界的关注[3]。与传统给药相比，NDDS 更加丰富且复杂，可以通过非共价相互作用包裹或共价连接多种生物活性成分（如化学小分子、多肽、抗体和核苷酸片段等）[4, 5]。同时，纳米载体自身具有精细的纳米结构，可以精确可控地释放被包裹或键连的生物活性物质，从而实现疾病早期预防、快速诊断和精准治疗等多功能性[6, 7]。但是，目前只有少数的 NDDS 被应用到临床上。这种不成比例的低效率临床转变可能是由于对 NDDS 的吸收、分布、代谢、排泄和毒性特性研究的不足[8, 9]。鉴于 NDDS 在结构和功能上与传统药物的不同，有必要实现对纳米载体的动态和实时可视化研究。

目前，各种成像系统已经被用来对纳米载体的药物递送过程进行监测。其中，基于发光探针的光学显微成像系统具有较好的成像质量、合适的分辨率、灵活的可控性、可调的选择性和高灵敏度，已经成为必不可少的研究手段[10]。尤其是 AIE 荧光团，其在纳米载体中不仅能够避免 ACQ 问题，还能够获得更高的发光效率。通过共价或非共价连接引入到药物递送系统中，利用 AIE 荧光团的荧光信号可以方便地追踪纳米载体和完整药物递送的行为[11, 12]。

为了更好地介绍 AIE 在药物递送过程研究中的可视化应用，本章依次介绍了 AIE 荧光团可视化研究药物递送系统的生物学基础，AIE 荧光团在各种刺激响应型（氧化还原、pH、热和光等）药物递送系统中的可视化应用和 AIE 荧光团可视化研究药物递送系统在体内的去向。AIE 荧光团通过共价和非共价连接成功地整合到了不同的药物递送系统中，并凭借其简单的合成和出色的生物安全性为实现药物递送过程中纳米载体的实时监测和可视化研究提供了新的机会。

6.2　药物递送系统的可视化基础

　　一般用于跟踪药物递送过程在体外和体内去向的方法，目前主要有：计算机断层扫描（CT）、正电子发射断层成像（PET）和磁共振成像（MRI）等。但这些成像工具分辨率低、灵敏度不足和操作复杂，限制了它们在监测药物递送系统去向方面的进一步应用[13-16]。相比之下，荧光成像具有高灵敏度、高分辨率和出色的成像质量等优点，使其成为可以可视化研究药物递送系统的有前途的工具。荧光剂通常是成像质量的主要决定因素，因此也是荧光成像的先决条件。然而，一些小的有机荧光团，如异硫氰酸荧光素、罗丹明和花青染料等，在聚集时荧光信号大幅减弱，是阻止它们被用于可视化药物递送系统的主要障碍[17, 18]。相比之下，AIE 荧光团凭借简单的合成和出色的生物安全性为生物成像提供了新的机会，更重要的是，在细胞培养和动物饲养过程中几乎观察不到荧光强度的损失，这证明了AIE 分子具有良好的光稳定性[19-21]。由于大多数 AIE 荧光团的疏水性，研究人员可以将它们与溶液中的两亲聚合物组装在一起。不仅如此，研究人员还通过静电相互作用开发了非共价连接法。此外，共价连接被认为是形成基于 AIE 的药物递送系统的另一种常见方式。共价连接通常需要依赖于特定的化学基团（如羧基、羟基、醛和氨基等）[22, 23]。因此，将 AIE 基团整合到药物递送系统后，不仅可以显示运转机制或完整药物递送系统的运动和行为，还可以对药物递送系统在细胞、组织、器官或全身的运转进行更有针对性、更全面的可视化观察，这将有力地促进药物递送系统的未来发展。

　　此外，为了成功地传递到细胞内环境并到达亚细胞目标，药物递送系统通常需要克服几个障碍并进行一系列细胞转运，例如，在锚定到细胞表面后，药物递送系统需要通过内吞作用穿过细胞膜并被隔离到内体/溶酶体中。大多数药物递送系统需要实现内体/溶酶体逃逸，以便可以释放到细胞质中，然后转运到细胞器，如细胞核和其他亚细胞靶点[24, 25]。因此，对药物递送系统的动态可视化是更好地分析药物递送系统去向的前提。利用 AIE 荧光团的优势，可以更精确地对药物递送系统进行实时监测。

6.3　刺激响应型药物递送系统中的可视化应用

　　为了探索 NDDS 在细胞中的去向，可以将荧光团整合到这些系统中，赋予它们自我指示的特性，为直接可视化监控 NDDS 的摄取、激活、释放、运输和胞吐作用提供新的机会。然而，特异性差、溶解度低和生物利用率低是传统药物研发的主要障碍[26]。药物递送系统为这些问题提供了潜在的解决方案。例如，刺激响应型药物递送系统因其卓越的靶向性而备受关注。当暴露在各种刺激（氧化还原、酸碱度、温度、光、电脉冲、磁场、酶等）下时，它们可以很容易地通过其结构和性质的特定变化做出反应，最终释放生物活性物质[27]。1978 年，第一个温度刺激响应药物递送系统被 Blumenthal 小组发现[28]。从那时起，一系列具有高灵敏度、良好稳定性和灵活可控性的刺激响应型药物递送系统得到了快速的发展。其中，AIE 荧光团因其可以通过聚集诱导的荧光变化来可视化监测这些动态过程而得到了大量的关注。因此，依靠 AIE 荧光团的"开/关"变化，可以监测刺激响应型药物递送系统的去向，以获得有关药物-靶点相互作用的详细信息。

6.3.1　氧化还原响应型药物递送系统

氧化还原反应是生物体内的重要反应之一，这些反应维持了各种氧化物质和抗氧化剂之间的平衡[29]。生物体内各种氧化剂或还原剂在局部组织或细胞环境中的浓度具有明显的差异，例如：谷胱甘肽（GSH）的浓度可以从细胞外的 2～10 μmol/L 变化到细胞内的 2～10 mmol/L，这种显著的浓度差异为开发各种氧化还原响应型药物递送系统提供了可能[30]。到目前为止，已经设计了多种含有 AIE 基团的氧化还原响应型药物递送系统用于负载物质（药物、肽、核苷酸片段等）的可控释放和对药物递送系统行为的可视化实时监测[31, 32]。

作为实现细胞内氧化还原反应的常用策略之一，二硫键在 GSH 浓度相对较低时保持稳定，但在富含 GSH 的环境中会迅速裂解。二硫键的这种特性已被用于设计各种氧化还原响应型的药物递送系统，以实现药物的可控释放。为了更好地监测此类药物递送系统的去向，研究人员使用具有内在 AIE 效应的超支化聚酰胺（H-PAMAM）作为纳米粒子的核心，并通过二硫键桥接聚乙二醇（PEG）作为纳米粒子的外壳，最后利用 PEG 和 α-环糊精的主客体相互作用构建了具有 AIE 效应和荧光共振能量转移（FRET）效应的超分子纳米粒子[33]。该纳米粒子的分支结构形成的大量空腔，使其可以负载足够多的阿霉素（DOX）。H-PAMAM 和 DOX 之间的 AIE 和 FRET 效应可以分别监测药物载体的动态轨迹和药物释放的动态过程（图 6-1）。此外，Hu 等也开发了一种基于 AIE 的负载 DOX 的氧化还原可控胶束[34]。在这项工作中，二硫键被用作聚合物基质和四苯乙烯（TPE）分子之间的连接点。一旦高浓度的 GSH 引起二硫键的破坏，胶束结构就会破裂，引发 DOX 释放到细胞质中。接下来，研究小组分析了这些系统在 4T1 细胞中的细胞行为。用胶束处理 1 h 后，在细胞质中可以清楚地观察到 DOX 的红色荧光信号和 TPE 的蓝色信号。随着共培养时间延长至 3 h 和 5 h，两种信号的强度急剧增加，表明胶束持续被细胞摄取。孵育 7 h 后，部分 DOX 出现在细胞核中，而在整个细胞质中可以观察到 TPE 的荧光。因此，在 AIE 基团的帮助下，研究人员能够可视化药物递送系统负载的药物对细胞内氧化还原剂响应的有效递送。

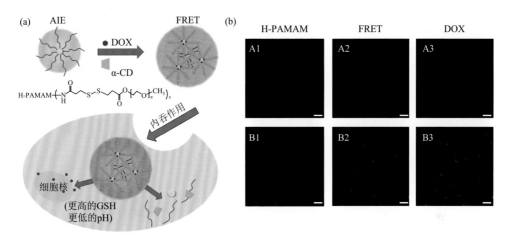

图 6-1 氧化还原响应型 AIE-NPs/DOX 系统的细胞示踪

（a）具有 AIE 和 FRET 效应的氧化还原响应超分子组装体的示意图，用于药物递送和释放；（b）与 HG/CD（A）和 HG/CD@DOX（B）一起孵育 3 h 后的 MCF-7 细胞的 CLSM 图像，数字 1、2 和 3 分别代表 H-PAMAM、FRET 和 DOX 通道的图像，比例尺：50 μm

6.3.2 pH 响应型药物递送系统

除了生物体内氧化还原剂浓度的不同之外，已经发现肿瘤细胞可以形成一种特殊的细胞环境。因此，可以通过这一特性来区分肿瘤细胞和正常组织细胞。肿瘤微环境通常具有低 pH。正常细胞的 pH 约为 7.4，而肿瘤细胞的 pH 约为 6.0。pH 的差异可应用于 pH 响应型药物递送系统的开发[35]。此外，当药物递送系统通过内吞作用进入细胞质时，容易被吞入到内体/溶酶体中，从而引发它们的降解和生物活性物质的失活。内体和溶酶体的 pH 分别为 5～6.5 和 4～5，是酸性环境，而细胞质的 pH 在 6.8 和 7.4 之间波动。这种细胞内 pH 梯度也可以成为设计内体/溶酶体逃逸以有效释放药物的有效策略[36]。

为了实时监测 pH 响应型药物递送系统在细胞中的去向，Zhong 等首次通过第尔斯-阿尔德（Diels-Alder）反应分别合成了基于透明质酸（HA）的 TPE 修饰的糖多肽和对 pH 敏感的 DOX 前药[37]。然后，以不同的比例将二者组装起来制备了具有自指示能力的 pH 响应型纳米复合物（图 6-2）。不同配比的自组装方法，可以有效地调控纳米复合物的自组装性能，包括尺寸和形状。此外，较高的药物包封率和负载率通过这种方式也易于实现，可分别在 86%～97% 和 7%～25% 的范围内调节。最重要的是，DOX 和 TPE 之间的 FRET 效应可以有效地检测 TPE 的蓝色 AIE 荧光变化。

通过 FRET 效应观察 TPE 的蓝色荧光变化，可以很容易地在肿瘤细胞内跟踪由细微的 pH 变化触发的 DOX 释放，从而实现了对载药纳米胶束在细胞内变化的自我指示和实时可视化监测。此外，Xue 等通过静电作用将 TPE-COOH 和 DOX 结合，从而构建基于 AIE 的 pH 响应型 TPE-DOX 纳米粒子（TD NPs）[38]。在 pH 为 7.4 的中性条件下，TD NPs 中的 TPE 基团由于向 DOX 传递能量而荧光发射减弱。尽管从 TPE 获得了额外的能量，但由于分子内 "π-π 堆积"，TD NPs 中的 DOX 并没

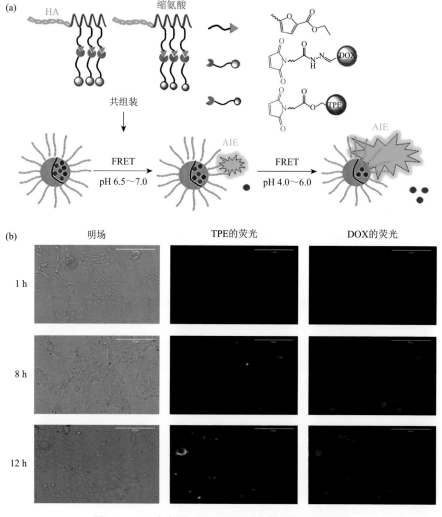

图 6-2　pH 响应型 AIE-DOX 纳米粒子的细胞示踪

（a）具有 AIE 和 FRET 效应的 pH 响应超分子组装体的示意图，用于药物递送和释放；（b）用 AIE 纳米粒子培养 1 h、8 h 和 12 h 的 HeLa 细胞的荧光显微镜观察图像，比例尺：200 μm

有产生强烈的红色信号。因此，在中性 pH 条件下，TD NPs 中 TPE 和 DOX 的荧光发射均减弱。相比之下，随着暴露于溶酶体等酸性环境，TD NPs 可以分解释放 TPE 载体和 DOX 分子，导致酸敏感药物释放并大大增强 TPE 和 DOX 的荧光信号。为了进一步评估 TD NPs 的细胞行为，研究小组将 MCF-7 细胞与这些纳米颗粒一起孵育，并比较了它们的激光扫描共聚焦图像。他们发现在内吞作用后 TD NPs 可以在溶酶体的低 pH 条件下分解。最后，细胞核内出现红色信号，表明 DOX 分子成功转运至细胞核，药物在此发挥抗癌作用。相比之下，TPE 载体主要留在细胞质中。因此，通过分析不同荧光信号的时空分布，研究人员能够监测对 pH 敏感的药物递送系统结构的分解，并追踪生物活性物质和载体的体外行为。

6.3.3　热响应型药物递送系统

目前用于药物递送系统的热响应纳米材料包括聚 N-异丙基丙烯酰胺（p-NIPAM）、热敏脂质体、水凝胶、多糖和超顺磁性氧化铁纳米颗粒（SPIONs）。这些纳米材料通常具有上临界溶解温度（UCST）或下临界溶解温度（LCST）。当温度高于 UCST 时，这些纳米材料会变得亲水。相反，当温度低于 LCST 时，这些纳米材料变得疏水[39]。因此，这些纳米材料可以通过这一特性对温度做出响应。

为了更好地实时监测热响应型药物递送系统的动态运输过程，使用丙烯酰胺（AM）修饰 TPE 基团得到 AIE 单体 TPEA，并与胆酸通过断裂链转移（RAFT）共聚制备了 UCST 聚合物（图 6-3）[40]。基于独特的 AIE 优势，UCST 聚合物的相变过程可以通过荧光成像进行原位监测。此外，活性 UCST 聚合物可以作为自我监测药物载体，用于精确输送 DOX 和帕那多（PA）。该药物递送系统在 43℃（高于 UCST）时，超过 70% 和 82% 的 DOX 分别在 8 h 和 24 h 内释放。相反，在 37℃（低于 UCST）下，只有不到 20% 的 DOX 可以在 24 h 内释放。这些结果表明，该药物递送系统可以作为一种优异的热刺激响应型药物载体，并且药物释放过程可以通过荧光"开/关"成像进行原位监测和验证。此外，通过 N-异丙基丙烯酰胺（NIPAM）和 TPE-丙烯酰胺单体的共聚合成了具有 AIE 特性的共聚物 P1、P2 和 P3。与 p-NIPAM 一样，共聚物水溶液（P1~P3）具有热响应性，在低于和高于其临界溶解温度时因为构象转换（膨胀/收缩）而发生荧光强度变化[41]。在共聚物链中引入 TPE 使 p-NIPAM 的 LCST（32℃）降低，降低程度取决于 TPE 的浓度。在单宁酸（TA）存在下，热响应型 P1 还可以通过其丙烯酰胺基团和 TA 的末端羟基之间的氢键进一步聚集，导致其在水性条件下的荧光增强。具有 AIE 效应的刺激响应型 P1-TA 复合物不仅可用作药物递送系统，其荧光的变化还可以很方便地监测药物递送过程。因此，基于 AIE 分子可以实时监测热响应型药物递送系统的药物运输过程。

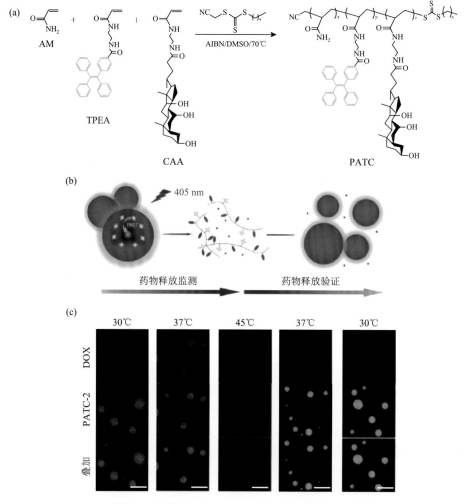

图 6-3　热响应 AIE-NPs/DOX 系统的细胞示踪

（a）AM、TPEA 和 CAA 的 RAFT 共聚合；（b）热响应 AIE-NPs/DOX 系统药物释放过程的示意图；（c）在加热和冷却过程中，含有 DOX 的 PATC-2 的水悬浮液（2 mg/mL）的 CLSM 图像，比例尺：10 μm

6.3.4　光响应型药物递送系统

与其他刺激响应方法相比，光响应系统具有非侵入性、空间精确和可遥控等优点，光响应型药物递送系统在特定的光照射下能够高效和精确地释放药物，因此得到了广泛的应用[42]。根据其响应原理，光响应型药物递送系统可分为三种类型：光化学、光热和光异构化介导的治疗[43]。最近，几种能够在特定光线照射下产生非致死量的活性氧（ROS）的光敏剂已被用于构建药物递送系统，以增强内体/溶酶体膜的渗透性并促进生物活性物质的释放[44]。由于许多 AIE 荧光团也可以诱导 ROS 产生，因此此类 AIE 材料不仅可以用作荧光标记，还可以作为高效的光敏剂用于光诱导的药物递送系统的分解和药物释放。

例如，有研究人员通过将 AIE 基团掺入到脂质双分子层内构建了基于 AIE 的脂质偶联物（图 6-4）[45]。AIE 基团插入到脂质双分子层中会产生固有的亮红色荧光，从而克服了传统荧光脂质体 ACQ 的问题，实现了细胞摄取过程的可视化。同时，该 AIE 基团还具有一定的光敏能力，比具有核壳结构的 NPs 更有效地产生 ROS。因此，AIE 基团的引入在体内表现出了良好的肿瘤靶向和成像功效，并且极大地抑制了肿瘤生长。为了提高 AIE 光敏剂的 ROS 生成效率，有研究还基于亲水性聚乙二醇（mPEG）和疏水性己内酯（ε-CL）制备了聚合物 P-Hyd、聚合物 P-SS 和非响应型聚合物 P-Control[46]。所制备的聚合物都能在水溶液中自发地自组装成具有核壳结构的纳米胶束，这些纳米胶束可以稳定、高效地负载 AIE 光敏剂（MeTTMN）。癌细胞有效摄取 MeTTMN 修饰的纳米胶束（M-Hyd、M-SS 和 M-Control）后，M-Hyd 中的腙键在溶酶体酸性环境中被裂解，M-SS 中的二硫键因癌细胞中的高浓度 GSH 而受损。分解释放的 MeTTMN 比纳米胶束的核心暴露更多的氧气，导致更高的 ROS 生成效率。与市售聚合物 DSPE-PEG 相比，这些聚合物对 MeTTMN 的载药量和包封率分别提高了约 3.2 倍和 5.5 倍。刺激响应型纳米胶束载体相比于非响应型对照组在模拟癌症环境中 ROS 的生成效率显著提高。此外，Yuan 等还开发了一种光响应药物递送系统以提高 DOX 的递送效率[47]。TPETP 是 TPE 的衍生物，通过将 ROS 敏感的硫酮（TK）连接到 PEG 链上。两亲性的 TPETP-TK-PEG 载体可以包裹 DOX，形成 AIE-NPs/DOX 递送系统。作为该系统的一部分，TPETP 和 DOX 由于相互荧光猝灭而表现出微弱的发射。一旦暴露在光照射下，快速生成的 ROS 可以破坏 TK，诱导 DOX 的释放，使 TPETP

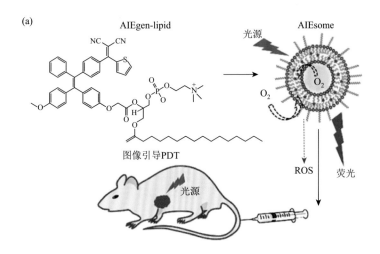

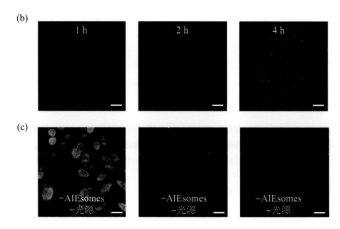

图 6-4 光响应 AIE 纳米粒子系统的体外示踪

（a）基于 AIE 的脂质偶联物的构建和光诱导药物释放示意图；（b）与 AIE 纳米粒子孵育 1 h、2 h 和 4 h 后活 4T1 癌细胞的共聚焦荧光图像，比例尺：25 μm；（c）4T1 细胞在不同条件下用 DCFDA 染色后的共聚焦荧光图像，比例尺：25 μm

载体和 DOX 化合物都表现出强烈的荧光信号。总体而言，AIE 荧光团可以监测药物递送系统构建体的光响应分解过程和随后的溶酶体逃逸，并比较负载物质和载体分子的细胞内分布。

6.3.5 多刺激响应型药物递送系统

目前，对单一刺激响应型的纳米载药系统已有广泛的研究，也取得了一定的成绩。但实际上，癌症很难被提前诊断和预测发病路径，因此，多功能组合刺激类型材料的开发显得尤为重要，这能够实现对抗癌药物递送和作用更精准的控制。多刺激响应纳米材料应运而生，它们表现出高效、智能和多阶段的药物递送/释放行为，同时也与药物一起发挥协同治疗的作用。此外，多刺激响应纳米材料的多样性和复杂性为在不同条件下准确控制不同药物的释放提供了实用途径。而自组装多肽在阻断细胞质量交换、阻碍肌动蛋白丝形成导致程序性细胞死亡等方面的生物学意义，使得刺激反应型多肽纳米颗粒受到越来越多的关注。在此背景下，Wang 等成功制备了具有 pH/GSH 响应的 PEG-Pep-TPE/DOX NPs，PEG-Pep-TPE/DOX NPs 成功地结合了 AIE、FRET 效应和 D-肽的优势，其中 AIE 分子 TPE-CHO 可以与捕获的抗肿瘤药物 DOX 形成 FRET 对，能够动态监测药物的释放（图 6-5）[48]。同时，进行了细胞毒性评估实验，证明游离 DOX 与自组装肽的协同作用比单一抗癌药物产生更高的毒性，可以提高其抗肿瘤效率，还降低了 DOX 的副作用。除此之外，采用了三种方法检测和量化 A549 细胞内 FRET 信号的变化，随后证明了 PEG-Pep-TPE/DOX NPs 在成功监测纳米探针的细胞摄取和细胞内药物分子释放方面的潜力,对纳米载体的药物释放反应也更为直观。这种 pH/GSH 响应型多功能纳米颗粒可以为联合癌症治疗提供一个有前景的平台,并且强调了 FRET 结合 AIE 在实时可视化监测刺激响应型纳米药物释放方面的潜力。

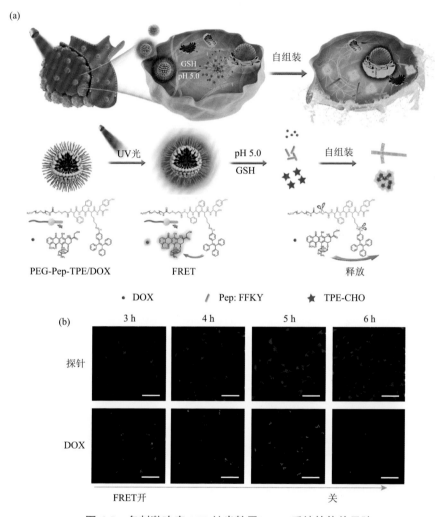

图 6-5 多刺激响应 AIE 纳米粒子/DOX 系统的体外示踪

(a) 自组装 PEG-Pep-TPE/DOX NPs 通过 FRET 和 pH/GSH 响应的抗肿瘤协同化疗的药物释放行为示意图;
(b) 与 10 μg/mL 剂量的 PEG-Pep-TPE/DOX NPs 一起孵育 3 h 后的 A549 细胞的 CLSM 图像,比例尺:20 μm

总之,AIE 分子可以灵活地引入药物递送系统以利用其优异的荧光特性和能力,因此研究人员能够追踪药物递送系统内吞、分解、再分布、运输和胞吐的过程。基于 AIE 系统的帮助，已经获得了自指示药物递送系统的详细体外观察结果，并且已经可视化了刺激响应药物递送系统的精细细胞控制。要设计量身定做的药物递送系统，需要进一步探索 AIE 引导的细胞研究。

6.4 药物递送系统在体内去向的可视化研究

通常，含有荧光团的药物递送系统成像主要应用于细胞内观察。然而，由于药物递送系统和活体的复杂相互作用与治疗效果及对这些系统的不良反应相关，活体成像同样重要且备受追捧。在 AIE 荧光团的帮助下，可以深入了解药物递送系统在体内的去向，以促进这些系统的治疗和诊断应用的开发。

在临床应用中，一直面临着用药剂量大、治疗效果不好，且具有较强不良反应的困境。因此，非常需要监测体内药物的释放和分布以评估治疗效果和安全性。值得注意的是，已有大量的研究表明药物递送系统能够自我指示在组织和器官中的动态药物行为[49, 50]。将 AIE 荧光团应用于药物递送系统的体内研究也是一种可行的策略。AIE 荧光团除了出色的光稳定性、良好的生物相容性和高灵敏度外，还可以用于长期跟踪药物递送系统在体内的行为，这使其成为活体成像的有力候选者。例如，有研究报道了一种使用超分子 AIE 纳米粒子进行图像引导药物递送的方法（图 6-6）[51]。该方法结合了 AIE 和超分子纳米材料的特点，赋予了超分子 AIE 纳米粒子长血液循环和程序化肿瘤微环境反应性的优点，实现了肿瘤细胞内化和肿瘤细胞内定点药物的释放。该超分子 AIE 纳米粒子的合成是先通过设计

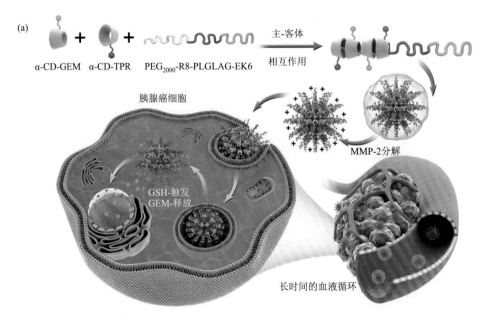

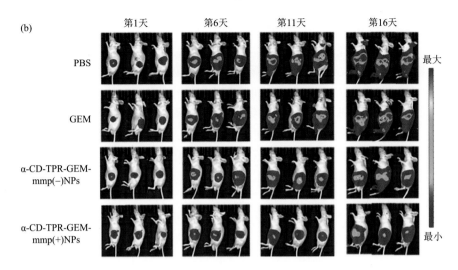

(b)

图 6-6 基于 AIE 的超分子纳米颗粒内药物释放的长期可视化

（a）α-CD-TPR 和 α-CD-GEM 的化学结构，通过主-客体组装制备 α-CD-TPR-GEM-mmp（+）NPs，靶向可激活的
肿瘤微环境和 GSH 触发的药物释放的多个阶段；（b）不同治疗组中原位胰腺肿瘤小鼠体内具有代表性的时间依赖
型生物发光图像，通过 AIE 分子的长期荧光成像可以观察到超分子纳米颗粒中药物释放的情况

和合成一种具有电子供体-受体结构的远红/近红外发射型罗丹宁-3-乙酸（TPR）
AIE 分子，然后将合成的 TPR 与具有还原敏感性的吉西他滨（GEM）前药通过三
乙烯四胺间隔物与 α-环糊精（α-CD）偶联，最后以主-客体的方式与金属蛋白酶-2
（MMP-2）共组装制备。超分子 AIE 纳米粒子凭借着两性离子隐形肽 EK6 实现了
在血液中的长时间循环。同时，用于药物追踪和胰腺癌诊断的结果也证明了具有
远红/近红外光（FR/NIR）的 AIE 分子 TPR 可用于可视化监测药物的体内递送。
因此，借助 AIE 荧光团，研究人员可以长期追踪药物的释放及其载体的降解。这
些长期观察将促进新型药物递送系统的体内研究，以进一步改进这些药物的配方
及对其不良反应进行监测。

6.5 本章小结

在本章中，重点介绍了 AIE 在药物转运过程研究中的可视化应用。AIE 荧光
团所具有的灵活、可控、生物相容性好和成像质量高的性质，使其在对药物转运
过程的可视化研究中发挥了重要作用。通过共价和非共价连接，AIE 荧光团可以
成功地整合到不同的药物递送系统中。利用 AIE 荧光团的优势，实现了对药物递
送系统传递到细胞内并到达其亚细胞目标这一系列细胞转运的可视化实时监测。
此外，依靠 AIE 荧光团的"开/关"变化，可以监测刺激响应型药物递送系统的去

向，以获得有关药物-靶点相互作用的详细信息。在氧化还原响应型药物递送系统的研究中，通过将 AIE 荧光团灵活地引入药物递送系统，研究人员能够追踪药物递送系统内吞、分解、再分布、运输和胞吐的过程。在 pH 响应型药物递送系统研究中，通过药物和 AIE 荧光团之间潜在的相互作用不同，药物有不同的释放速率，在 AIE 荧光团的辅助下，可以详细评估不同 pH 敏感药物递送系统的 ADMET 性能。在光响应型药物递送系统的研究中，许多 AIE 荧光团可以诱导 ROS 产生，其除了用作荧光标记，还可以作为高效的光敏剂用于光诱导的药物递送系统的分解和药物释放。通过监测药物递送系统的光响应分解过程和随后的溶酶体逃逸，可比较负载物质和载体分子在细胞内的分布。在热响应型药物递送系统的研究中，含有 AIE 基团的药物递送系统可以作为一种优异的热刺激响应型药物载体，药物释放的过程可以通过荧光"开/关"成像进行原位监测和验证。在药物递送系统的体内去向的研究中，AIE 荧光团除了出色的光稳定性、良好的生物相容性和高灵敏度外，还具有分辨率高且可长期跟踪的特点，研究人员借助 AIE 荧光团可以长期追踪药物的释放及其载体的降解。

总体而言，AIE 荧光团具有灵活的可控性、良好的生物相容性和卓越的成像质量。这些独特的特性使它们成为可视化药物递送系统在体外和体内去向的有力候选者，从而促进对药物递送系统在生物中去向研究的深入了解，有助于为临床治疗和诊断制定有效和安全的策略。

参 考 文 献

[1] Chiappini C，de Rosa E，Martinez J O，et al. Biodegradable silicon nanoneedles delivering nucleic acids intracellularly induce localized *in vivo* neovascularization. Nature Materials，2015，14（5）：532-539.

[2] Narasimhan V，Siddique R H，Lee J O，et al. Multifunctional biophotonic nanostructures inspired by the longtail glasswing butterfly for medical devices. Nature Nanotechnology，2018，13（6）：512-519.

[3] Hawkins M J，Soon-Shiong P，Desai N. Protein nanoparticles as drug carriers in clinical medicine. Advanced Drug Delivery Reviews，2008，60（8）：876-885.

[4] Gu Z L，Wang Q J，Shi Y B，et al. Nanotechnology-mediated immunochemotherapy combined with docetaxel and PD-L1 antibody increase therapeutic effects and decrease systemic toxicity. Journal of Controlled Release，2018，286：369-380.

[5] Han Y，Ding B X，Zhao Z Q，et al. Immune lipoprotein nanostructures inspired relay drug delivery for amplifying antitumor efficiency. Biomaterials，2018，185：205-218.

[6] Liu J，Wang P Y，Zhang X，et al. Rapid degradation and high renal clearance of Cu_3BiS_3 nanodots for efficient cancer diagnosis and photothermal therapy *in vivo*. ACS Nano，2016，10（4）：4587-4598.

[7] Zeng C T，Shang W T，Liang X Y，et al. Cancer diagnosis and imaging-guided photothermal therapy using a dual-modality nanoparticle. ACS Applied Materials & Interfaces，2016，8（43）：29232-29241.

[8] Noorlander C W，Kooi M W，Oomen A G，et al. Horizon scan of nanomedicinal products. Nanomedicine，2015，10（10）：1599-1608.

[9]　Vandeginste B，Essers R，Bosman T，et al. Three-component curve resolution in liquid chromatography with multiwavelength diode array detection. Analytical Chemistry，1985，57（6）：971-985.

[10]　Ning P，Wang W J，Chen M，et al. Recent advances in mitochondria-and lysosomes-targeted small-molecule two-photon fluorescent probes. Chinese Chemical Letters，2017，28（10）：1943-1951.

[11]　Luo J D，Xie Z L，Lam J W，et al. Aggregation-induced emission of 1-methyl-1, 2, 3, 4, 5-pentaphenylsilole. Chemical Communications，2001，18（18）：1740-1741.

[12]　Mei J，Leung N L C，Kwok R T K，et al. Aggregation-induced emission：together we shine，united we soar! Chemical Reviews，2015，115（21）：11718-11940.

[13]　Woods A，Patel A，Spina D，et al. In vivo biocompatibility，clearance，and biodistribution of albumin vehicles for pulmonary drug delivery. Journal of Controlled Release，2015，210：1-9.

[14]　Tang L，Yang X，Yin Q，et al. Investigating the optimal size of anticancer nanomedicine. Proceedings of the National Academy of Sciences of the United States of America，2014，111（2014）：15344-15349.

[15]　Bonomi R，Saielli G，Scrimin P，et al. An experimental and theoretical study of the mechanism of cleavage of an RNA-model phosphate diester by mononuclear Zn（Ⅱ）complexes. Supramolecular Chemistry，2013，25（9-11）：665-671.

[16]　Miller M A，Gadde S，Pfirschke C，et al. Predicting therapeutic nanomedicine efficacy using a companion magnetic resonance imaging nanoparticle. Science Translational Medicine，2015，7（314）：314-183.

[17]　Goncalves M S. Fluorescent labeling of biomolecules with organic probes. Chemical Reviews，2009，109（1）：190-212.

[18]　Liu X G，Yang L，Long Q，et al. Choosing proper fluorescent dyes，proteins，and imaging techniques to study mitochondrial dynamics in mammalian cells. Biophysics Reports，2017，3（4）：64-72.

[19]　Zhang X Y，Wang K，Liu M Y，et al. Polymeric AIE-based nanoprobes for biomedical applications：recent advances and perspectives. Nanoscale，2015，7（27）：11486-11508.

[20]　Wang L，Xia Q，Hou M R，et al. A photostable cationic fluorophore for long-term bioimaging. Journal of Materials Chemistry B，2017，5（46）：9183-9188.

[21]　Wu W B，Mao D，Hu F，et al. A highly efficient and photostable photosensitizer with near-infrared aggregation-induced emission for image-guided photodynamic anticancer therapy. Advanced Materials，2017，29（23）：1700548.

[22]　Zhang C Q，Jin S B，Yang K N，et al. Cell membrane tracker based on restriction of intramolecular rotation. ACS Applied Materials & Interfaces，2014，6（12）：8971-8975.

[23]　Wang X，Yang Y Y，Zhuang Y P，et al. Fabrication of pH-responsive nanoparticles with an AIE feature for imaging intracellular drug delivery. Biomacromolecules，2016，17（9）：2920-2929.

[24]　Iversen T G，Skotland T，Sandvig K. Endocytosis and intracellular transport of nanoparticles：present knowledge and need for future studies. Nano Today，2011，6（2）：176-185.

[25]　Zhu M T，Nie G J，Meng H，et al. Physicochemical properties determine nanomaterial cellular uptake，transport，and fate. Accounts of Chemical Research，2013，46（3）：622-631.

[26]　Cho K，Wang X，Nie S M，et al. Therapeutic nanoparticles for drug delivery in cancer. Clinical Cancer Research，2008，14（5）：1310-1316.

[27]　Tian M C，Xin X X，Wu R L G，et al. Advances in intelligent-responsive nanocarriers for cancer therapy. Pharmacological Research，2022，178：106184.

[28] Yatvin M B, Weinstein J N, Dennis W H, et al. Design of liposomes for enhanced local release of drugs by hyperthermia. Science, 1978, 202 (4374): 1290-1293.

[29] Ding Y M, Dai Y J, Wu M Q, et al. Glutathione-mediated nanomedicines for cancer diagnosis and therapy. Chemical Engineering Journal, 2021, 426: 128880.

[30] Ganta S, Devalapally H, Shahiwala A, et al. A review of stimuli-responsive nanocarriers for drug and gene delivery. Journal of Controlled Release, 2008, 126 (18): 187-204.

[31] Zhang Q, Shen C N, Zhao N N, et al. Redox-responsive and drug-embedded silica nanoparticles with unique self-destruction features for efficient gene/drug codelivery. Advanced Functional Materials, 2017, 27 (10): 1606229.

[32] Tu Y F, Peng F, White P B, et al. Redox-sensitive stomatocyte nanomotors: destruction and drug release in the presence of glutathione. Angewandte Chemie, 2017, 56 (26): 7620-7624.

[33] Dong Z Z, Bi Y Z, Cui H R, et al. AIE supramolecular assembly with FRET effect for visualizing drug delivery. ACS Applied Materials & Interfaces, 2019, 11 (27): 23840-23847.

[34] Hu J, Zhuang W H, Ma B X, et al. Redox-responsive biomimetic polymeric micelle for simultaneous anticancer drug delivery and aggregation-induced emission active imaging. Bioconjugate Chemistry, 2018, 29 (6): 1897-1910.

[35] Shi Z Q, Li Q Q, Mei L. pH-Sensitive nanoscale materials as robust drug delivery systems for cancer therapy. Chinese Chemical Letters, 2020, 31 (6): 1345-1356.

[36] Jones A T, Gumbleton M, Duncan R. Understanding endocytic pathways and intracellular trafficking: a prerequisite for effective design of advanced drug delivery systems. Advanced Drug Delivery Reviews, 2003, 55 (11): 1353-1357.

[37] Zhong J Y, Quan Y S, Zhao X Y, et al. Coassembling functionalized glycopolypeptides to prepare pH-responsive self-indicating nanocomplexes to manipulate self-assembly/drug delivery and visualize intracellular drug release. Biomaterials Advances, 2022, 134: 112711.

[38] Xue X D, Zhao Y Y, Dai L R, et al. Spatiotemporal drug release visualized through a drug delivery system with tunable aggregation-induced emission. Advanced Materials, 2014, 26: 712-717.

[39] Huber S, Jordan R. Modulation of the lower critical solution temperature of 2-alkyl-2-oxazoline copolymers. Colloid and Polymer Science, 2007, 286 (4): 395-402.

[40] Jia Y G, Chen K F, Gao M, et al. Visualizing phase transition of upper critical solution temperature (UCST) polymers with AIE. Science China Chemistry, 2020, 64 (3): 403-407.

[41] Iqbal S, Ahmed F, Wang Z Y, et al. Multi-stimuli responsive poly (N-isopropyl-co-tetraphenylethene) acrylamide copolymer mediating AIEgens by controllable tannic acid. Polymer, 2022, 249: 124824.

[42] Wang Y Y, Deng Y B, Luo H H, et al. Light-responsive nanoparticles for highly efficient cytoplasmic delivery of anticancer agents. ACS Nano, 2017, 11 (12): 12134-12144.

[43] Tao Y, Chan H F, Shi B, et al. Light: a magical tool for controlled drug delivery. Advanced Functional Materials, 2020, 30 (49): 2005029.

[44] Dai L L, Yu Y L, Luo Z, et al. Photosensitizer enhanced disassembly of amphiphilic micelle for ROS-response targeted tumor therapy in vivo. Biomaterials, 2016, 104: 1-17.

[45] Cai X L, Mao D, Wang C, et al. Multifunctional liposome: a bright AIEgen-lipid conjugate with strong photosensitization. Angewandte Chemie International Edition, 2018, 57 (50): 16396-16400.

[46] Li Y M, Wu Q, Kang M M, et al. Boosting the photodynamic therapy efficiency by using stimuli-responsive and AIE-featured nanoparticles. Biomaterials, 2020, 232: 119749.

[47] Yuan Y Y，Xu S D，Zhang C J，et al. Light-responsive AIE nanoparticles with cytosolic drug release to overcome drug resistance in cancer cells. Polymer Chemistry，2016，7（21）：3530-3539.

[48] Wang T T，Wei Q C，Zhang Z T，et al. AIE/FRET-based versatile PEG-Pep-TPE/DOX nanoparticles for cancer therapy and real-time drug release monitoring. Biomaterials Science，2020，8（1）：118-124.

[49] Liu J N，Bu J W，Bu W B，et al. Real-time *in vivo* quantitative monitoring of drug release by dual-mode magnetic resonance and upconverted luminescence imaging. Angewandte Chemie International Edition，2014，53（18）：4551-4555.

[50] Zhang R P，Fan Q L，Yang M，et al. Engineering melanin nanoparticles as an efficient drug-delivery system for imaging-guided chemotherapy. Advanced Materials，2015，27（34）：5063-5069.

[51] Chen X H，Gao H Q，Deng Y Y，et al. Supramolecular aggregation-induced emission nanodots with programmed tumor microenvironment responsiveness for image-guided orthotopic pancreatic cancer therapy. ACS Nano，2020，14（4）：5121-5134.

关键词索引